环境监测理论及技术实践研究

柳海燕 贾美欣 董 娟 著

吉林科学技术出版社

图书在版编目（ＣＩＰ）数据

环境监测理论及技术实践研究 / 柳海燕，贾美欣，
董娟著. -- 长春：吉林科学技术出版社，2024．8.
ISBN 978-7-5744-1808-0

Ⅰ．X83

中国国家版本馆CIP数据核字第2024GY7134号

环境监测理论及技术实践研究

著　　　柳海燕　贾美欣　董　娟
出 版 人　宛　霞
责任编辑　李万良
封面设计　南昌德昭文化传媒有限公司
制　　版　南昌德昭文化传媒有限公司
幅面尺寸　185mm×260mm
开　　本　16
字　　数　324.8 千字
印　　张　15.25
印　　数　1~1500 册
版　　次　2024年8月第1版
印　　次　2024年12月第1次印刷

出　　版　吉林科学技术出版社
发　　行　吉林科学技术出版社
地　　址　长春市福祉大路5788 号出版大厦A 座
邮　　编　130118
发行部电话/传真　0431-81629529 81629530 81629531
　　　　　　　　　　81629532 81629533 81629534
储运部电话　0431-86059116
编辑部电话　0431-81629510
印　　刷　三河市嵩川印刷有限公司

书　　号　ISBN 978-7-5744-1808-0
定　　价　84.00元

前　言

随着全球化的不断深入，人类社会正面临着前所未有的环境挑战。环境污染、生态破坏、气候变化等问题，不仅威胁着人类的生存环境，也对经济的可持续发展构成了严峻挑战。在这样的背景下，环境监测作为一项基础性工作，其重要性日益凸显。它不仅是环境保护的"眼睛"和"耳朵"，更是实现经济社会可持续发展的重要保障。

环境监测的核心目标是准确、及时地获取环境质量信息，评估环境状况，预警环境风险，并为环境管理和决策提供科学依据。它涉及到大气、水体、土壤、生物等多个领域，涵盖了从采样、分析到数据处理等一系列复杂过程。随着科技的进步，环境监测技术也在不断创新和发展，为环境保护工作提供了强有力的技术支撑。

本书首先探讨了环境监测的理论基础，环境系统的构成、环境科学的研究范畴以及环境监测在可持续发展中的角色。通过对环境监测目的、原理和重要性的阐述，为读者奠定了坚实的理论基础。接着专注于环境监测的采样技术，详尽介绍了空气、水质、土壤和生物样品的采集方法。每一技术环节均强调了精确性和代表性，确保了监测数据的科学性和有效性。随后聚焦于大气环境监测、水环境监测、土壤环境监测和海洋环境监测等内容，详细讨论了污染物的类型、检测技术和测定方法，为环境保护与环境管理提供技术支持。最后着眼于环境监测技术的前沿发展，讨论了创新技术在环境监测中的应用，包括环境污染的自动监测系统和新兴监测技术的发展，展望了环境监测技术的未来趋势。

本书旨在深入探讨环境监测的理论基础和关键技术，系统总结环境监测在不同领域的实践应用。我们希望通过本书的出版，能够为环境监测领域的科研人员、工程技术人员以及政策制定者提供有益的参考和指导，为推动我国环境监测事业的发展贡献一份力量。

在撰写本书的过程中，作者借鉴了国内外很多相关的研究成果，在此对相关学者、专家表示诚挚的感谢。

由于作者水平有限，书中有一些内容还有待进一步深入研究和论证，在此恳切地希望各位同行专家和读者朋友予以斧正。

作　者

目 录

第一章 环境监测的理论概述

第一节 环境系统及环境科学

一、环境的类型

所谓环境，是指主体（或研究对象）以外，围绕主体、占据一定的空间，构成主体生存条件的各种外界物质实体或社会因素的总和，是生命有机体及人类生产和生活活动的载体。所谓主体，是指被研究的对象，即中心事物。环境总是相对于某项中心事物而言，它因中心事物的不同而不同，随中心事物的变化而变化。中心事物与环境是既相互对立，又相互依存、相互制约、相互作用和相互转化的，在它们之间存在着对立统一的相互关系。在不同的场合，环境的含义会有一些差异。例如，环境法规中所指的环境，往往把应当保护的环境对象称为环境，可以说，直接或间接影响到人类的生存与发展的一切自然形成的物质、能量和自然现象的总体均可理解为环境。但在关注的角度和重点上，不同学科的学者对环境的概念有着不同的理解。对于环境科学来说，中心事物是人类，环境是以人类为主体，与人类密切相关的外部世界，即与人类生存、繁衍所必需的相适应的环境。这一环境指围绕着人群的空间及其可以直接或间接影响人类生活、生产和发展的各种物质与社会因素、自然因素及其能量的总体。

环境是一个非常复杂的体系。在分类时，一般可按环境的主体、性质和范围来划分。

1

（一）按环境的主体来划分

主要有两种划分体系，一是以人类为主体，其他生命物质和非生命物质都被视为环境要素，此类环境称为人类环境；二是以生物为主体，把生物体以外的所有自然条件都称为环境，亦即生物环境。

（二）按环境的性质来划分

按环境的性质来划分可分为自然环境、人工环境（也称半自然环境）、社会环境三类。在自然环境中，其主要的环境要素可再划分为大气环境、水环境、土壤环境、生物环境和地质环境等；人工环境可再分为城市环境、乡村环境、农业环境、工业环境等；社会环境又可再分为聚落环境、生产环境、交通环境、文化环境、政治环境、医疗休养环境等。

自然环境是人类出现之前就已存在的，人类赖以生存、生活和生产所必需的自然条件和自然资源的总称，即阳光、温度、气候、地磁、大气、水、岩石、土壤、动植物、微生物，以及地壳的稳定性等自然因素的总和，用一句话概括就是"直接或间接影响到人类的一切自然形成的物质、能量和自然现象的总体"，有时简称为环境。自然环境可以分为宇宙环境、地理环境（含聚落环境）和地质环境三个层次。其中宇宙环境（空间环境）涉及大气层以外的全部空间，人类对它的认识还很不足，是有待于进一步开发和利用的极其广阔的领域。地理环境指的是由大气圈、水圈、岩石圈（含土壤圈）组成的生物圈，是人类日前活动的主要场所，当前环境保护指的就是保护生物圈。生物圈为人类提供大量的生活、生产资料及可再生资源。地质环境指的是地表以下坚硬的地壳层，可以一直延伸到地核内部，它为人类提供丰富的矿产资源（包含不再生资源），对人类的影响将随着生产的发展而与日俱增，所以它在环境保护中是一个不可忽视的重要方面。

按照环境要素可以把自然环境分为大气环境、水体环境、土壤环境、生物环境、空间环境。水体环境，是指江河湖海、地下水、饮用水源地等贮水体，并包括水中的悬浮物、溶解物以及水生物在内的生态系统。土壤环境，是自然环境中的复杂系统，是人类得以存在和发展的基本条件。保护土壤环境，特别是与农作物和动植物生存直接有关的土壤环境，是环境保护的主要方面。生物环境，生物群落是自然生态系统的主体。空间环境，包括噪声、振动、微波以及空间布局、景观等多方面的内容。

按照环境要素的性质，可分为物理环境、化学环境、生物环境。物理环境，既包括气象、水文、地质、地貌等自然条件，也包括地震、海啸等自然灾害，以及人为因素造成的物理性污染和破坏等；化学环境是指环境要素的化学组成和化学变化，以及某些人为的化学污染等；生物环境是指生物群落的组合结构。这是一种抽象的划分方法，对环境质量和综合治理环境是有用处的。

人工环境是指由于人类的活动而形成的环境要素，是人类为了不断提高自己的物质和文化生活质量而创造的环境，包括由人工形成的物质、能量和精神产品，以及人类活动所形成的人与人之间的关系（上层建筑）等。

社会环境是在自然环境的基础上，人类经过长期有意识的社会劳动，加工和改造了的自然物质，创造的物质生产体系，积累的物质文化等所形成的环境体系，指人类的社会制度等上层建筑条件，包括社会的经济基础、城乡结构，以及同各种社会制度相适应的政治、经济、法律、艺术、哲学的观念与机构等。它是人类在长期生存发展的社会劳动中形成的。

根据社会环境所包含的要素的性质也可将其分为：物理社会环境，包括建筑物、道路、工厂等；生物社会环境，包括驯化的动植物等；心理社会环境，包括人的行为、风俗习惯、法律和语言等。

（三）按环境的范围来划分

按环境的范围来划分，可把环境分为宇宙环境、地球环境、区域环境、微环境和内环境。

1. 宇宙环境

宇宙环境指大气层以外的宇宙空间，由广阔的空间和存在其中的各种天体以及弥漫物质组成，对地球环境产生了深刻的影响。

2. 地球环境

地球环境指大气圈中的对流层、水圈、土壤—岩石圈和生物圈，又称为全球环境或地理环境。

3. 区域环境

区域环境指占有某一特定地域空间的自然环境，它是由地球表面的不同地区，五个自然圈相互配合而形成的。不同地区由于其组合不同产生了很大差异，从而形成各不相同的区域环境特点，分布着不同的生物群落。

4. 微环境

微环境指区域环境中，由于某一个（或几个）圈层的细微变化而产生的环境差异所形成的小环境，如生物群落的镶嵌性就是微环境作用的结果。

5. 内环境

内环境指生物体内组织或细胞间的环境，对生物体的生长发育具有直接的影响，如植物叶片的内部环境等。

二、环境系统

（一）环境系统概念

环境系统是指由自然环境、社会环境、经济环境组成的一个巨大系统，是一个具备时、空、量、构、序变化特征的，复杂的动态系统和开放系统，各子系统之间、各组分之间以及系统内外相互作用，进行物质的输入、输出和能量的交换，并构成网络系统，正是这种网络结构保证了环境系统的整体功能，起到协同作用，形成聚集效应，为人类和其他生物的生存与发展提供有益的物质与能量。自然环境系统由资源环境、要素环境和生物群落子系统组成，社会环境系统由政治、文化和人口子系统组成，经济环境系统由生产、流通和服务子系统组成。环境系统这种复杂的构成，决定了它必然具有特定的结构和功能。环境系统结构指的是环境整体（系统）中各组成部分（要素）在数量上的配比、空间位置上的配置关系以及相互间的联系。通俗地说，环境系统结构表示的是环境要素是怎样结成一个整体的。而环境系统功能是在环境结构运行中发挥出来的作用和功能，是环境系统结构运动和变化的外在表现。

环境系统的整体虽由部分组成，但其整体的功能却不是简单地由各组成部分功能之和来决定，而是由各部分之间通过一定的结构形式所呈现出的状态所决定的。环境系统和环境要素是不可分割地联系在一起的。一方面，当环境系统处于稳定状态时，它的整体性作用就决定并制约着各要素在环境系统中的地位、作用，以及各要素之间的数量比例关系；另一方面，各环境要素的联系方式和相互作用，又决定了环境系统的总体性质和功能。比如，各环境要素之间处于一种协调、和谐和适配的关系时，环境系统就处于稳定的状态。反之，环境系统就处于不稳定的状态。

环境各个系统之间，具有相互作用、相互联系、互有因果的关系，通过自然再生产、社会再生产、经济再生产进行物质、能量、价值和信息流动。三大系统及其内部各子系统都具有使物质、能量、价值和信息输入、贮存、利用、输出及交换的功能、结构，并表现出一定的影响和效率，这样环境系统就处在不断地运动变化之中。

（二）环境要素

环境要素，又称环境基质，是环境系统的基本环节，环境结构的基本单元。它是指构成人类环境整体的各个独立的、性质不同的而又服从整体演化规律的基本物质组分，包括自然环境要素、人工环境要素和社会环境要素。自然环境要素通常指水、大气、生物、阳光、岩石、土壤等。人工环境要素包括综合生产力、技术进步、人工产品和能量、政治体制、社会行为等。环境要素在形态、组成和性质上各不相同，它们是各自独立的；环境要素之间通过物质转换和能量传递两种方式密切联系，构成环境整体；环境要素有各自的演化规律，同时又共同遵从整体的演化规律。在不同的区域，环境要素的组成可能不同，各环境要素间的配比与布置也不尽相同，因此，环境结构和环境特性也会有程度上的差异。环境要素组成环境结构单元，环境结构单元又组成环境整体或环境系统。例如，由水组成水体，全部水体总称为水圈；由大气组成大气层，整个大气层总称为大气圈；由生物体组成生物群落，全部生物群落构成生物圈。

（三）环境系统结构

1. 环境系统结构的含义

环境系统结构是环境中各个独立组成部分（环境要素）在数量上的配比、空间位置上的配置、相互间的联系内容和方式。它是阐明环境整体性与系统性的一个基本概念。环境系统结构直接制约着环境系统间物质、能量、价值和信息流动的方向、方式和数量，且始终处于不断地运动变化之中，因此不同区域或不同时期的环境，其结构可能不同，由此呈现出不同的状态与不同的宏观特性，从而对人类社会活动的支持作用和制约作用也不同。沙漠地区的环境系统结构基本上是简单的物理学结构，而植被繁茂地区的环境结构，则主要是十分复杂的生态学结构。类似的，陆地和海洋、高原与盆地、城市与农村、水网地区与干旱地区之间的环境结构均有很大的不同。人们关于使人类社会和环境持续协调发展的着眼点，应是以合理、适当的环境系统结构为目标来选择恰当的人类行为。

环境系统结构实质上是环境要素的配置关系，包括自然环境和社会环境的总体环境各个独立组成部分在空间上的配置，是描述总体环境有序性和基本格局的宏观概念。环境的内部结构和相互作用直接制约着环境的物质交换和能量流动的功能，自然环境系统结构：从全球的自然环境看，可分为大气、陆地和海洋三大部分。聚集在地球周围的大气密度、温度、化学组成等都随着距地表的高度而变化。按大气温度随着距地表的高度的分布可分为对流层、平流层、中间层、热层等。对流层与人类的关系极为密切，地球上的天气变化多发生在对流层内。海与洋沟通组成了地球上的四大洋，即太平洋、大西洋、印度洋和北冰洋。社会环境系统结构：可分为城市、工矿区、村落、道路、桥梁、农田、牧场、林场、港口、旅游胜地和其他人工建筑物。

2. 环境系统结构的特点

就地球环境而言，环境系统结构的配置及其相互关系有圈层性、地带性、节律性、等级性、稳定性和变异性的特点。

（1）圈层性

在垂直方向上，整个地球环境的结构具有同心圆状的圈层性。在地球表面分布着土壤——岩石圈、水圈、生物圈、大气圈。在这种格局的支配下，地球上的环境系统与这种圈层相适应。地球表面是土壤——岩石圈、水圈、大气圈和生物圈的交会处，是无机界和有机界交互作用最集中的区域，它为人类的生存和发展提供了最适宜的环境。

（2）地带性

在水平方向，从赤道到南极，整个地球表面具有过渡状的分带性。太阳辐射能量到达地球表面，由于球面各处的位置、曲率和方向的不同，造成能量密度在地表分布的差异，因而产生与纬线相平行的地带性结构格局这种地带性分布的界线是模糊的、过渡性的。

（3）节律性

在时间上，地球表面任何环境结构都具有谐波状的节律性。地球上的各个环境系统，由于地球形状和运动的固有性质，在随着时间变化的过程中，都具有明显的周期节律性，这是环境结构叠加时间因素的四维空间的表现。

（4）等级性

在有机界的组成中，依照食物摄取关系，在生物群落的结构中具有阶梯状的等级性。地球表面的绿色植物利用环境中的无机成分，通过复杂的光合作用过程，形成碳水化合物，自身被高一级的消费者草食动物所取食；而草食动物又被更高一级的消费者肉食动物所取食；动植物死亡后，又由数量众多的各类微生物分解成为无机成分，形成一条严格有序的食物链结构。这种结构制约并调节生物的数量和品种，影响生物的进化以及环境结构的形态和组成方式。

（5）稳定性和变异

环境结构具有相对的稳定性、永久的变异性以及有限的调节能力。任何一个地区的环境结构，都处于不断的变化之中，在人类出现之前，只要环境中某一个要素发生变化，整个环境结构就会相应地发生变化，并在一定限度内自行调节，在新条件下达到平衡。人类出现以后，尤其是在现代生产活动日益发展、人口压力急剧增长的条件下，对于环境结构变动的影响，无论在深度和广度上，还是在速度和强度上，都是空前的。环境结构本身虽然具有自发的趋稳性，但是环境系统结构总是处于变化之中。

（四）环境系统功能

环境系统功能是环境要素及由其构成的环境状态对人类生活和生产所承担的职能和作用。对人类和其他生物来说，环境最基本的功能包括三个方面：其一，空间功能，指环境提供了人类和其他生物栖息、生＆繁衍的场所，且这种场所是适合其生存发展要求的；其二，营养功能，环境提供了人类及其他生物生长、繁衍所必需的各类营养物质及各类资源、能源（后者主要针对人类而言）等；其三，调节功能，如森林具有蓄水、防止水土流失、吸收二氧化碳、放出氧气、调节气候的功能。此外，各类环境要素包括河流、土壤、海洋、大气、森林、草原等皆具有吸收、净化污染物的功能，使受到污染的环境得到调节、恢复的功能。但这种调节功能是有限的，当污染物的数量及强度超过环境的自净能力（阈值）时，环境的调节功能将无法发挥作用。

三、环境科学

环境科学是现代社会经济和科学发展过程中形成的一门综合性很强的学科，它被定义为一门研究人类社会发展活动与环境（结构和功能）演化规律之间相互作用的关系、寻求人类社会与环境协同演化、持续发展途径与方法的科学。

环境科学的研究对象是"人类与环境"。通过研究它们之间对立统一的关系，充分认识两者之间的作用与反作用，掌握其发展规律，以便调整人类的社会行为，保护、发展和建设环境，从而确保环境为人类社会持续、协调、稳定的发展提供良好的支持和保证，促使环境朝着有利于人类的方向演化。

（一）环境科学的产生与特点

1. 环境科学的产生

自环境问题产生以来，人类就不断地为认识和解决环境问题而努力，人与自然的关系历来是哲学家和思想家关心的基本问题，在 20 世纪人类对大自然的索取超过了限度而得到报复的时候，科学家开始认真地研究环境问题，并希望予以解决。环境问题促成了环境科学的诞生及发展，环境科学已形成庞大的跨学科的研究系统。它的形成和发展过程与传统的自然科学、社会科学、技术科学都有着十分密切的联系。

现代科学技术在研究环境问题时取得了惊人的进步。例如，分析化学在仪器分析和微量分析方面的进展，直接应用于分析、检测和监测环境中的污染物质，现代分析手段已可以测定痕量污染物质，进而可以查清污染物的来源，在环境中的分布、迁移、转化和积累的规律，还可以研究其对生物体和人体的毒害机理，环境化学应运而生。应用现代工程技术来解决大气、水体、固体污染问题及噪声等物理污染的防治，从而产生环境工程学这一新兴学科。

在社会科学方面，哲学家从人、社会与自然是统一整体的观点来看待环境问题，产生了生态哲学的世界观和方法论，它既是环境科学的分支学科，又是环境科学的指导思想。环境物理学、环境生物学、环境医学、环境经济学、环境法学等也都相继产生。

环境科学发展到一个更高一级的新阶段，即把社会与环境的直接演化作为研究对象，综合考虑人口、经济、资源与环境等主要因素的制约关系，从多层次乃至最高层次上探讨人与环境协调演化的具体途径。它涉及科学技术发展方向的调整、社会经济模式的改变、人类生活方式和价值观念的变化等。与之相应，环境科学的定义是研究环境结构、环境状态及其运动变化规律，研究环境与人类社会活动间的关系，并在此基础上寻求正确解决环境问题，确保人类社会与环境之间演化、持续发展的具体途径的科学。

2. 环境科学的特点

环境科学为特定的研究对象，有如下特点。

（1）综合性

环境科学是在 20 世纪 60 年代随着经济高速发展和人口急剧增加形成的第一次环境问题高潮而兴起的一门综合性很强的重要学科。它涉及的学科面广，具有自然科学、社会科学、技术科学交叉渗透的广泛基础，几乎涉及现代科学的各个领域。同时，它的研究范围也涉及到人类经济活动和社会行为的各个领域，包括管理、经济、科技、军事等部门及文化教育等人类社会的各个方面。环境科学的形成过程和特定的研究对象，以及非常广泛的学科基础和研究领域，决定了它是一门综合性很强的重要的新兴学科。

（2）人类所处地位的特殊性

在"人类—环境"系统中，人与环境的对立统一关系具有共轴性，并成正相关。人类对环境的作用和环境的反馈作用相互依赖、互为因果，构成一个共轭体。人类对环境的作用越强烈，环境的反馈作用也越显著。人类作用成正效应时（有利于环境质量的恢复和改善），环境的反馈作用也成正效应（有利于人类的生存和发展）；反之，人类将受到环境的反噬（负效应）。

人类以"人类—环境"系统为对象进行研究时，人不仅是观察者、研究者，也是"演员"。环境科学理论既不同于自然科学，也不同于社会科学，因为人类社会存在于人类自身的主观决策过程中，一些环境科学专家对未来的预测如果能够实现，无疑是对其理论的确证。但是，由于人类有决策作用，可能正是由于预言的作用才提醒人们及早做出决策，采取有力措施避免出现所预言的不利于人类的环境问题（环境的不良状态）。从这个意义上说，即使是被否证的理论有时也是很有意义的。这是环境科学的又一重要特点。

（3）学科形成的独特性

环境科学的建立主要是从旧有经典学科中以分化、重组、综合、创新的方式进行的，它的学科体系的形成不同于旧有的经典学科。在萌发阶段，是多种经典学科运用本学科的理论和方法研究相应的环境问题，经分化、重组，形成环境化学、环境物理等交叉的分支学科，经过综合形成多个交叉的分支学科组成的环境科学。尔后，以"人类—环境"系统为特定研究对象，进行自然科学、社会科学、技术科学跨学科的综合研究，创立人类生态学、理论环境学的理论体系，逐渐形成环境科学特有的学科体系。

（二）环境科学的研究内容及其学科体系

1. 研究的主要内容

环境科学研究的内容十分丰富，还处在蓬勃发展之中，所以还很难把它定义为一个成熟的学科体系。环境科学主要是运用自然科学和社会科学等相关学科的理论、技术和方法来研究环境问题的科学。环境科学的研究内容大致可归纳成以下几个方面。

①人类和环境的关系，包括人类活动对环境的影响、环境变化对人类活动的制约等。

②环境质量的基础理论，包括环境质量状况的综合评价，污染物质在环境中的迁移、转化、增大和消失的规律、环境自净能力的研究，环境的污染破坏对生态的影响、环境容量与环境承载力评估等。

③环境污染的控制与防治，包括环境污染源调查、监测、控制工程、防治措施、污染物排除、分离、转化、资源化处理技术、自然资源合理利用、开发利用与保护等。

④环境监测分析技术、环境质量预报技术、污染物生态监测与治理预报等。

⑤环境污染与人体健康的关系、环境污染的危害，特别是环境污染所引起的致癌、致畸和致突变的研究及防治。

⑥环境管理、环境区域规划、环境专业规划、生态规划和生态环境规划等。

⑦环境可持续发展，主要包括区域可持续发展模式与评价、资源可持续利用、循环经济发展战略、生态工业园规划设计等。

2. 环境科学的学科体系

环境科学是综合性的新兴学科，已逐步形成多种学科相互交叉渗透的庞大的学科体系。环境科学的学科体系，通常被分为基础环境学与应用环境学两大类，也称综合环境学、部门环境学和应用环境学，或称环境基础科学、环境社会学及环境技术学。按教育部的学科体系分类，环境科学与工程被称为一级学科，环境科学（基础）与环境工程（应用）又分为许多细小的分支学科。

环境是一个有机的整体，环境污染又是极其复杂、涉及面相当广泛的问题。因此，在环境科学发展过程中，上述各个分支学科虽然各有特点，但又互相渗透、互相依存，它们是环境科学这个整体不可分割的组成部分。

（三）环境科学的基本任务

环境科学研究的目的是通过积极开展环境科学的研究，促进环境可持续发展，以利于发展生产和保障人民健康，为子孙后代造福。从环境科学总体上来看，它研究人类与环境之间的对立统一关系，掌握"人类—环境"系统的发展规律，调控人类与环境间的物质流、能量流的运行、转换过程，防止人类与环境关系的失调，维护生态平衡。通过系统分析，规划设计出最佳的"人类—环境"系统，并把它调节控制到最优化的运行状态。

1. 探索全球范围内自然环境演化的规律

全球性的环境包括大气圈、水圈、土壤——岩石圈、生物圈，它们总是在相互作用、相互影响中不断演化，环境变异也随时随地发生。在人类改造自然的过程中，为使环境向有利于人类的方向发展，就必须了解和掌握环境的变化过程，包括环境系统的基本特征、结构和组成，以及演化的机理等。

2. 揭示人类活动与生态环境之间的相互依存关系

人类是生存在生物圈内的，生物圈的状况好坏、是否会发生变化，是关系到人类能否生存与发展的大问题。探索和深入认识人与生物圈的相互关系是十分重要的。

一是研究生物圈的结构和功能，以及在正常状态下，生物圈对人类的保护作用，提供资源能源的作用，为人类提供生存空间和生存发展所必需的一切物质等。

二是探索人类的经济活动和社会行为（生产活动、消费活动）对生物圈的影响，已经产生的和将要产生的影响，好的或坏的影响，以及生物圈结构和特征发生的变化，特别是重大的不良变化及其原因分析。

三是研究生物圈发生不良变化后，对人类的生存和发展已造成和将要造成的不良影响，以及应采取的对策措施。

3. 协调人类的生产、消费活动同生态要求之间的关系

在上述两项探索研究的基础上，需要进一步研究协调人类活动与环境的关系，促进"人类—环境"系统协调、稳定地发展。

在生产、消费活动与环境所组成的系统中，物质、能量的迁移转化过程尽管异常复杂，但在物质、能量的输入和输出之间总量是守恒的，最终应保持平衡。生产与消费的增长，意味着取自环境资源、能源和排向环境的"废物"相应地增加了。环境资源是丰富的，环境容量是巨大的，但在一定的时空条件下环境承载力是有限的。盲目地发展生产和消费势必导致资源的枯竭和破坏，导致环境的污染和破坏，削弱人类的生存基础，损害环境质量和生活质量。因此，必须把发展经济和保护环境，作为两个不可偏废的目标纳入综合经济活动决策中。在"人类—环境"系统中人是矛盾的主要方面，必须主动调整人类的经济活动和社会行为（生产、消费活动的规模和方式），选择正确的发展战略，以求得人类与环境的协调、稳定发展。

第二节　环境问题与可持续发展

一、当代环境的主要问题

（一）大气环境日益恶化

1. 温室效应和全球变暖

温室效应是指大气中某些痕量气体增加，引起地球平均气温上升的情况。这类痕量气体主要包括二氧化碳（CO_2）、甲烷（CH_4）、臭氧（O_3）等，其中以 CO_2 的温室作用最明显，关于其产生的机理，多数人认为，CO_2 等气体对来自太阳的短波辐射具有高度的透过性，而对地面反射出来的长波辐射又具有高度的吸收性，它们将地面反射的长波辐射截留在大气层内，而将太阳能"捕获"，当这些 CO_2 等温室气体量增加时，温室气体量将阻止长波（红外线）辐射的外逸，同时又大量"捕获"太阳能。这将导致地球表面能量平衡改变，导致气温升高，全球气候变暖，从而干扰地球生态系统的自然发展和动态平衡。

气候变化一直是人们较为关注的环境问题之一。科学家们预言，人类如不采取果断和必要的措施，到 2030—2050 年，大气中二氧化碳含量将比工业革命时（1850）增加 1 倍，即 512096 毫克/立方米，全球平均气温有可能升高 1.5℃～4.5℃。变暖速度是过去 100 年的 5～10 倍，与此同时，海平面可能上升 30～50 厘米。温室效应是一种大规模的环境灾难。它不仅使全球气候变暖，还会使全球降水量重新分配，冰川和冻土融化，海平面上升。气候变暖会使亚热带向北扩展，北极地带的夏季明显变暖，大大延长作物的生长期。气候变暖还可能使半干旱的热带地区变得更加干旱。所以，气候变暖既危害自然生态系统，又威胁人类的食物供应和居住环境。生物是全球变暖首当其冲的受害者，森林、湿地和极地冻土的破坏，导致生存在其中的许多物种加速灭绝。海水变暖、冰川冰帽融化和海平面升高，亚洲低洼三角洲和泛滥平原上的水稻种植遭受的经济损失将无法估量；大片沿海湿地上的水产养殖将被吞没。最大威胁不是平均气温升高，而是出现极端高温。百年不遇的干旱，异乎寻常的热浪，行凶肆虐的飓风和龙卷风等带来的灾难是致命的，更加重了对食物供应的威胁。世界上大约有 1/3 的人口生活在沿海岸线 60 公里的范围内，如果全球变暖，海平面升高，一些城市、城镇和乡村有可能被淹没。

如上所述，导致温室效应和全球变暖的主要原因是大气中二氧化碳含量的增加。二氧化碳含量增加是因为人类石化燃料消耗量剧增和乱砍滥伐森林造成的。二氧化碳是产生温室效应的主要温室气体，起 55% 的作用；其他 39 种已知的温室气体如氧化亚氮、甲烷、氯氟烃、臭氧等起 45% 的作用。

控制全球气候变暖，控制温室效应，就必须控制大气中二氧化碳的含量。为此，一是必须尽量节约或减少石化燃料的使用量，提高燃料的热效率，大力开发各种新能源，改变能源结构。二是必须控制和制止乱砍滥伐森林，大力植树造林。

气候是人类赖以生存的条件。气候变暖是人类自身活动造成的灾难。为此，人们希望树立全球共同性的大气环境观念，提高国际合作，控制废气排放，减少石化燃料的使用，积极发展太阳能、风能、潮汐能、水能以及核能的利用。同时大力植树造林，增加植被，增强大自然净化的调节能力，降低空气中二氧化碳的含量，从而抑制由于全球变暖给人类带来的灾难。

2. 臭氧层破坏

臭氧是大气中的微量气体之一，主要集中在距地球表面 15 ~ 50 公里高空的平流层中。在这里臭氧的含量很丰富，形成一个臭氧浓度达 224 毫克 / 立方米的小圈层，即臭氧层。它与人类生存有着极其密切的关系，臭氧层对太阳光中的紫外线有极强的吸收作用，能吸收高强度紫外线的 99%，从而挡住太阳紫外线对地球人类和生物的伤害。臭氧层像一个巨大的过滤网，为地球上的生命提供天然的保护屏障。如果没有臭氧层的存在，所有紫外线全部到达地球，太阳光晒焦的速度比夏季烈日下的晒焦速度快 50 倍。

臭氧层耗竭，太阳光中紫外线大量辐射地面，紫外线辐射增强，对人类及其生存环境将造成极为不利的后果。有专家估计，如果臭氧层中臭氧含量减少 10%，地面不同地区的紫外线辐射将增加 19% ~ 22%，由此皮肤癌发病率将增加 15% ~ 25%。紫外线辐射增强，对生物产生的影响和危害令人不安。有专家认为，它将打乱生态系统中复杂的食物链和食物网，导致一些生物物种灭绝。有专家估计，它将使地球上 2/3 的农作物减产，导致粮食危机。紫外线辐射增强，还将导致全球气候变暖。

臭氧层破坏的主要原因是人造化工制品氯氟烃和哈龙（包括 5 种氯氟烃类物质和 3 种卤代烃物质）污染大气的结果。氯氟烃气体一经释放，就会慢慢上升到地球大气圈的臭氧层顶部。在那里，紫外线会把氯氟烃气体中的氯原子分解出来，氯原子再把臭氧中的一个氧分子夺去，使臭氧变成氧，从而使其丧失吸收紫外线的能力。在对流层顶部飞行的民航和军用飞机排出的氧化氮气体，也是破坏臭氧层的催化剂，农业无控制地使用化肥，会产生大量氧化氮；各种燃料的燃烧也会产生大量氧化氮。这些物质都是破坏臭氧层的因素，对地球上的生物生存将产生潜在的威胁。如何保护臭氧层，最方便有效的方法就是尽快停止生产和使用氯氟烃和哈龙。

然而，在当今世界上，从冷冻机、冰箱、汽车到硬质薄膜、软垫家具，从计算机到灭火器，都离不开氯氟烃。因此，必须研究新的代用品和技术。这不仅是资金问题，而且涉及有关工业结构的改变。对第三世界国家来说，停止生产和使用氯氟烃仍持冷淡态度，人类对臭氧层的保护仍将是一项十分艰巨的任务。

3. 酸雨的蔓延

酸雨是指 pH 值 < 5.6 的雨雪或其他方式（如雾、霜、露）形成的大气降水，是一

种大气污染现象。因大气中 CO_2 的存在，在正常降水中也会因 CO_2 溶于其中形成碳酸呈弱酸性。空气中 CO_2 正常浓度平均值为 621 毫克 / 立方米，此时雨水中饱和 CO_2 后的 pH 值为 5.6。故定 pH < 5.6 为酸雨指标。由于人为因素，向大气排放各种酸性物质，致使雨水中 pH 值降低就形成酸雨。

人为排出的二氧化硫（SO_2）和二氧化氮（NO_2）是形成酸雨的主要物质。酸雨的危害主要是破坏生态系统（如森林生态、水生生态等），改变土壤性质与结构，腐蚀各种设备、建筑物和损害人体呼吸道、皮肤等。近代产业革命以后，蒸汽机的发明和广泛运用，使生产力飞速发展。与此同时，它的动力资源——煤被大量开采和燃烧，人类毫无顾忌地向大气中源源不断地排放二氧化硫、一氧化碳（CO）、二氧化碳等污染气体，这个时期的大气污染主要属于煤烟型污染。随着石油工业的兴起，石油成为世界的主要能源，石油及其产品的广泛运用，极大地推动了世界经济的空前发展，但同时也向大气排放了大量的废弃物，即大量的碳氢化合物、二氧化硫、氢氧化物等，这种石油型空气污染和煤烟型污染相结合，加重了大气污染的程度，导致一些国家发生空气污染的事件。

近代酸雨危害更大，也正是世界大气污染严重的产物。主要是二氧化硫严重污染的必然结果。这些主要含二氧化硫的大气污染物在大气层中流动，速度很快。酸雨性烟雾在阳光和其他物质的影响下，缓慢氧化分别生成硫酸（H_2SO_4）和硝酸（HNO_3），而后遇雨便随雨而下，而后遇雨便随雨而下，。

我国的大气污染中，酸雨和浮尘是主要的污染。多年来，由于二氧化硫和氮氧化物的排放量日渐增多，酸雨的问题越来越突出。我国已是仅次于欧洲和北美的第三酸雨区。我国酸雨的分布地区主要是在长江以南的省份。

（二）自然灾害

广义的自然灾害，既包括突发性的自然灾害，也包括缓变的自然灾害。而狭义的自然灾害仅指突发性的自然灾害，如干旱、暴雨、洪涝、台风、风暴潮、海啸、海冰、冰雹、冰雪、低温冻害、雷电、森林火灾、地震、火山、滑坡、崩塌、泥石流，以及农林病、虫、草、鼠害和赤潮等。突发性自然灾害的致灾过程，一般是数小时至数日的时间。其中，地震是地球内力的长期积累，而突发致灾只有几秒至几十秒；干旱则是持续性的气候灾害，长达数十日、数月乃至数年；生物灾害的发生发展也是延续数月或更长的时间。

缓变的自然灾害是一种长期积累的，数年至百年以上时间的演化过程，称为环境灾害。如水土流失、土地荒漠化与盐渍化、温室效应与全球变暖、气候的长周期演变、地面沉降、海面上升、海水入侵、淡水淘汰趋势性减少等。

毋庸置疑，随着人口的迅速增加及其在地域上的相对集中，随着经济发展所带来的财富增多和财产密度增大，以及自然环境日趋恶化等因素，自然灾害所造成的损失在不断增长，已是一个全球性的现象。更重要的是它的冲击，可能导致人类生存条件的破坏、可持续发展能力的削弱，以及对社会安定的影响。

（三）水资源污染严重

水资源包括河流、湖泊、沼泽、水库、地下水、海洋水等。天然水从本质上看，应属于未受人类排污影响的各种天然水体中的水。但是水的范围在日益减少，只有在河流的源头、荒凉地区的湖泊、深层地下水、远离陆地的大洋等处，才可能取得代表或近似代表天然水质的天然水。

水资源污染，是指污染物进入河流、海洋、湖泊或地下水等水体后，使水体的水质和水体沉积物的物理、化学性质或生物群落组成发生变化，从而降低水体的使用价值和使用功能的现象。水资源产生污染主要是由人类的生活和生产活动造成的。人类生产活动产生污水；在工业生产过程中排出的废液、污水；农业生产中的化肥、农药，牧场、养殖场、农副产品加工厂的杂物排入水体，都可造成水资源的污染。

世界上的水资源污染是十分严重的，各地都有过沉痛的教训。莱茵河是欧洲经济上最重要的河流，由于人口和工业的增长，这条河流出口处有 1/5 是下水道污物和工业废水。由于抛弃在河道上的污染物太多，河流中通过河水冲淡、氧气和微生物作用的自净能力已经不奏效了。

（四）土壤污染

土壤是植物生长发育的基础。它最基本的特征就是具有肥力，能提供植物生长发育所必需的水分、养分、空气和热量等生活条件。土壤如果受到污染，不仅直接影响农作物的生长和农产品的质量，还会通过粮食、蔬菜、水果等食品的危害间接影响人体健康。因此，保护土壤不受污染具有十分重要的意义。

天然土壤具有纯粹的自然属性。人类最初开垦土地，主要是从中索取更多的生物量。已开垦的土地逐渐变得贫瘠，人们就向农田补充一些物质——肥料，农田获得了肥力，同时也受到了污染。自产业革命以来，特别是 20 世纪 50 年代以来，由于现代工农业生产的飞速发展，大气烟尘和废水对农田的不断侵袭，农药、化肥的大量施用，都严重影响了土壤的生产性能和利用价值，以致造成公害，直接危害着人类的健康。

除上述几种主要的环境污染类型外，还有因工业生产和采矿过程中的固体废弃物如炉渣、矿渣等的污染，这一切都将导致生态破坏。

（五）生态破坏

所谓生态破坏，是指生态系统的平衡遭到破坏，也就是外界的压力和冲击超过了系统的忍耐力或阈值，导致系统的结构和功能严重失调，从而威胁到人类的生存和发展。造成生态破坏的原因既有自然因素，也有人为因素。自然因素包括火山喷发、地震、海啸、泥石流和雷击火灾等。这些因素都可能在很短时间内使生态系统遭到破坏，甚至毁灭。然而，自然因素对生态系统的破坏和影响出现的频率不高，在地域分布上也有一定的局限性。因此，生态破坏的原因主要是人为因素造成的。人为因素包括毁坏植被、引进或消灭某一生物种群、建造某些大型工程，以及现代工农业生产过程中排出某些有毒物质和向农田喷洒大量农药等。这些人为因素都能破坏生态系统的结构和功能，引起生态失调，使人类生态环境的质量下降，甚至造成生态危机。

人类作为生物圈中的最新成员，在其全部历史时期内，同在自然的威严相比，他只是一个弱者。只是从一万年以前，人类进入农业社会以来，才具有可以同在自然相平衡的力量。人类进入工业社会后，尤其是随着科学技术的迅速发展，使人类从原来大自然的"奴隶"变成自然的"主人"，处处以胜利者与占领者的姿态出现，破坏了人类与自然界的和谐与平衡。最后被自然反噬。

二、环境容载力理论

（一）环境容载力概念与特点

环境容载力的概念是对环境容量与环境承载力两个概念的结合与统一。环境容量与环境承载力是环境系统的两个方面，它们紧密联系，共同体现和反映出环境系统的结构、功能与特征，但二者各有侧重。通过对环境容载力的评估，可以确定环境容量和环境承载力，建立环境质量的生态调控指标，从而确定区域社会经济与生态环境相适应的发展规模，是生态环境研究的重要理论。

1. 环境容载力的概念

（1）环境容量

环境容量从狭义上理解，其概念可以表述如下：一定时间、空间范围内的环境系统在一定的环境目标下对外加的污染物的最大允许承受量或负荷量。它往往是以环境质量标准为基础的污染物容纳阈值，即指基本环境基准，结合社会经济、技术能力制定的控制环境中各类污染物质浓度水平的限值。而广义的环境容量可以理解为某区域（城市）环境对该区域发展规模及各类活动要素的最大容纳阈值。这些区域环境容量包括自然环境容量（大气环境容量、水环境容量、土地环境容量）、人工环境容量（用地环境容量、工业容量、建筑容量、人口容量、交通容量等）等容量的总和即为整体环境容量。环境容量是环境质量中"量"的方面，是质量的量化表现或定量化表述。一般情况下，环境容量通常可以由绝对值或单位标准值来表示。

从生态系统的角度看，环境可分为大气环境、水环境、土地环境、社会经济环境，其环境容量可分为标准时空容量、污染物极限容量、人口极限容量、生态容量（包括环境占用和资源消耗）四个方面。这四个环境容量相互影响、相互制约。对城市发展来说，环境标准时空容量是目标容量，污染物极限容量和人口极限容量均是控制容量，生态容量是开发利用容量。在生态城市建设过程中，一旦人口或污染物总量超过环境极限容量时，环境承载力就受影响，这需由生态容量来调控，这样才能协调城市发展与环境容量的定量关系，彻底解决城市环境污染、人口增长、资源利用、生态建设之间的矛盾。

（2）环境承载力

环境承载力是指在一定时期、一定的状态或条件下、一定的区域范围内，在维持区域环境系统结构不发生质的变化、环境功能不遭受破坏的前提下，区域环境系统所能承受的人类各种社会经济活动的能力，或者说是区域环境对人类社会发展的支持能力。它包括两个组成部分，即基本环境承载力（或称差值承载力）和环境动态承载力（或称同化承载力），前者可通过拟定的环境质量标准减去环境本底值求得，后者指该环境单元的自净能力。环境承载力是环境质量的"质"的方面，是质量的质化表现或定性概括。

环境承载力也是各个环境要素在一定时期、一定的状态下对社会经济发展的适宜程度，具体包括气候要素（如气候生产指数、气候干旱指数等）、资源要素（如资源丰富度、资源开发强度等）、地形要素（如地形起伏度）等。

环境承载力可分为环境基本承载力、污染承载力、抗逆承载力、动态承载力四个方面，反映的是大气、水、土地环境、社会经济环境的动态和静态变化的水平。要得到环境承载力的结论，一般需要建立数值模拟模型和预测模型，分析大气、水、土地、社会经济环境的动态和静态变化趋势，最后确定环境承载力指数。

（3）环境容载力

环境容量强调的是区域环境系统对其自然灾害的削减能力和人文活动排污的容纳能力，侧重体现和反映环境系统的自然属性，即内在的自然秉性和特质；环境承载力则强调在区域环境系统正常结构和功能的前提下，环境系统所能承受的人类社会经济活动的能力，侧重体现和反映环境系统的社会属性，即外在的社会秉性和特质，环境系统的结构和功能是其承载力的根源。在区域的发展过程中，环境容量和环境承载力反映的是环境质量的两个方面，前者是环境质量表现的基础，反映的是环境质量的"量化"特征；后者是环境质量的优劣程度，反映的是环境质量的"质化"特征。一般来说，环境容量是以一定的环境质量标准为依据，反映的是环境质量的"量变"特征；而环境承载力是以环境容量和质量标准为基础，反映的是环境质量的"质变"特征。

环境容载力概念的提出主要是源于对环境容量与环境承载力两个概念的有机结合与高度统一，也是环境质量"量化"与"质化"的综合表述。从一定意义上讲，没有环境的容量和质量，就没有环境的承载力，环境的容载力就是环境容量和质量的承载力。因此，环境的容载力定义为：自然环境系统在一定的环境容量和环境质量的支持下，对人类活动所提供的最大的容纳程度和最大的支撑阈值。简言之，环境容载力是指自然环境在一定条件下所支撑的社会经济的最大发展能力。它可看作环境系统结构与社会经济活动相适宜程度的一种表示，环境容载力可以用环境容量分值和环境承载力指数来综合评价。在区域生态环境建设规划中，依据环境容载力评价结果，预测环境容量变动和承载力变动趋势，其结果可作为生态环境功能分区的主要依据。

2. 环境容载力的特点

环境系统是地球上较为复杂的生态系统之一，因而环境容载力涉及的学科及范围极为广泛，它在本质上反映了环境系统的复杂性，资源的价值性、密集性等，具有下述特征。

（1）有限性

在一定的时期及地域范围内，一定的自然条件和社会经济发展规模条件下，一定的环境系统结构和功能的条件下，区域环境系统对其人口、社会、经济及各项建设活动所提供的、最大的容纳程度和最大的支撑阈值或以最大的环境容量和环境质量支持城市社会经济发展的能力是有限的，即容载力是有限的。尤其是区域的社会经济发展规模、能力和环境系统的功能是决定区域环境容载力的主要因素。

（2）客观性

区域环境容载力本身是一个客观的量，是环境系统客观自然属性的反映，也是环境系统的客观自然属性在"质"的方面的衡量。在一定的区域环境容载力的评价指标体系下，其指标值的大小是固定的，不以人们的意志为转移，即从"质"的角度来讲，其"质"的量化的大小是固定的。

（3）稳定性

在一定的时期及地域范围内，一定的自然条件和社会经济发展规模条件下，一定的环境系统功能的条件下，区域环境的容载力具有相对的稳定性。如果把处于一定条件下的环境容载力看成一些数值，这些数值将是在一个有限的范围内上下波动，而不会产生大的变化。

（4）变动性

由于区域自然条件和社会经济发展规模、环境系统本身的结构和功能随城市发展总是处于不停的变动之中，这些变化一方面与环境系统自身的运动变化有关，另一方面与区域的发展对环境施加的影响有关。这些变化反映到区域环境容载力上，就是环境容载力在"质"与"量"这两种规定性上的变动。在"质"的规定性上的变动，表现为环境容载力评价指标体系的变动；在"量"的规定性上的变动，表现为环境容载力评价指标值大小上的变动。

（5）可调控性

区域环境容载力具有可调控性，这种可调控性表现为人类在掌握环境系统运动变化规律的基础上，根据自身的需求对环境系统进行有目的的改造，从而提高环境容载力。如城市通过保持适度的人口容量和适度的社会经济增长速度，从而提高环境的容载力。

（二）环境容载力的结构和功能

1. 环境容载力的结构

具有复杂结构的区域环境系统所反映出的环境容载力，是联系区域社会经济活动与生态环境的纽带和中介，反映区域社会经济活动和环境结构与功能的协调程度。从结构上可分为总量和分量两个部分，其中分量指大气、水、土壤、生物等环境（要素）的容量和水、土地、矿产资源（要素）的承载力，总量指环境的整体容量和自然资源的整体承载力。按照系统论的观点，系统整体的功能不小于各子系统功能之和，因此，环境整体容载力大于各个要素容载力的综合。

环境容载力的结构决定了环境容载力的功能，如果环境容载力结构合理，则容载力总量与分量相对较大，相应容载力的功能就强；而容载力的功能体现了容载力的结构。

2. 环境容载力的功能

环境容载力的功能，从外延上讲，主要包括对环境系统的保护和恢复；从内涵上讲，主要包括服务、制约、维护、净化、调节等多种功能。

（1）服务功能

服务功能是指环境系统以其有限的环境容载力直接或间接为区域生态系统的生存和活动服务的职能。在区域发展过程中，环境容载力的服务功能是多元化和全方位的，其服务对象是区域整体的一切活动，服务范围达至区域所有作用腹地并外延到区域周围地区。环境容载力通过其服务功能体现出环境系统资源价值性、维护性和效益性等特征。

（2）制约功能

制约功能是指环境系统以其有限的环境容载力限制区域生态系统发展规模的职能。环境容量的限制要求在区域发展过程中必须实行可持续发展，要进行环境保护和维护生态平衡；环境承载力的限制要求区域发展必须有序、有节制地进行，要不断提高环境资源的利用效率，注重利用技术的改良与创新。环境容载力制约着区域的社会进步、经济发展和生态环境恢复。

（3）净化功能

净化功能是指区域环境系统以其有限的环境容载力，通过各种自然环境作用及社会经济活动作用达到净化和美化区域的职能。区域要实现可持续发展，首先，必须实现生态环境的良性发展，打造一个优美适宜的生存环境；其次，由此改善社会和经济环境，造就一个良好、永续发展的环境，从而进一步提高区域的集聚能力并推动其进化发展。

（4）调节功能

调节功能是指区域环境系统以其有限的环境容载力在其环境受到外界干扰时做出指示和反应来进行自我调节的职能。当环境容载力超过其阈值时，环境系统就会立即做出反馈指示或报复反应，从而迫使自然和人文系统进行自律调节。自然系统会通过自然选择和优胜劣汰调节其生物总量，而人文系统则会发挥主观能动性，通过计划规划、布局调整和技术提高等进行调节。

（5）输送功能

输送功能是指环境系统以其有限的环境容载力，通过各种基础设施为区域生态系统提供必要的物质和能量保障的职能。若区域环境系统的容载力容量大、承载力强、结构好、性能优，便可积聚众多的生物流、物质流、能量流和信息流等，从而保证区域整体的正常运转。

（6）维护功能

维护功能是指环境系统以其有限的环境容载力，以上述特定的功能区设施条件维护区域自然环境系统、社会经济系统正常运行的职能。若区域环境系统的容载力容量大、承载力强、结构好、性能优，则有利于维护区域的生态平衡，加强抵御各种灾害、伤害的能力，保证区域的正常发展。

（7）效益功能

效益功能是指区域环境系统以其有限的环境容载力，通过生物流、物质流、能量流和信息流等途径产生环境、社会和经济综合效益的职能。环境容载力可产生直接的或间接的环境、社会和经济的综合效益，其中，更多的是产生间接的社会和经济效益。

显然，环境容载力是联系区域社会经济活动与生态环境的纽带和中介，反映区域社会经济活动与环境结构及功能的协调程度。区域环境容载力功能的大小与环境系统功能的强弱成对应的正相关，即环境系统功能是通过其容载力来体现和反映，而环境容载力则是其功能在"质"与"量"上的综合衡量。

三、可持续发展理论

（一）可持续发展的内涵

1. 可持续发展的概念及其含义

自里约世界环境与发展大会提出可持续发展的思想以后，在世界范围内兴起了研究可持续发展的热潮。可持续发展的概念自提出以来，它的定义至少有70多种，但最广泛使用的还是世界环境与发展委员会在《我们共同的未来》中提出的定义："可持续发展是既能满足当代人的需要，而又不对后代人满足其需要的能力构成危害的发展。"这个定义鲜明地表达了三重含义：

一是公平性。即满足当代人和后代人的基本需要，强调的是人的理性逻辑维。

二是可持续性。即实现长期、稳定的经济持续增长，使之建立在保护地球环境的基础之上，它侧重于发展的时间维（纵向性）。

三是和谐性。即实现社会、经济与环境的协调发展，侧重于发展的空间维（横向性）。这样一来，可以将可持续发展理解为，它是以公平性为准则的可持续性和和谐性发展或理性逻辑维、时间维和空间维的统一。

另外，从《21世纪议程》看，可持续发展对一个城市或者区域来说，从理论上包括三个相互联系的重要方面。

一是社会可持续发展：通过教育、居民消费和社会服务，提高人口的整体素质和健康水平，实现人口的再生产。通过可持续发展政策，消除贫困，改善居住环境，提高人口的生活质量，为经济环境的可持续发展奠定良好的社会基础。

二是经济可持续发展：包括农业、工业及第三产业的可持续发展，调整产业结构，优化经济发展机制，以相对少的资金投入，实现较高的产出，最终达到经济长期的持续增长。

三是环境资源的可持续利用：建立环境资源法规体系，控制生态危机和环境恶化局势，提高自然环境资源的综合利用率。

由此可见，首先发展是可持续发展的基本前提，而可持续发展则是发展的最高境界。对一个区域或者城市来说，可持续发展也是一个涉及经济、社会、科技及环境的综合性概念，更是一个动态概念，它包括经济的持续增长、社会的进步和环境的保护三个方面。从可持续发展的内涵而言，它包括：一是以自然资源的合理利用和良好的生态环境为基础；二是以经济发展及其集聚效益为前提；三是以人口、经济与环境协调发展为核心；四是以满足人口、社会多种发展需求为目标。一个区域或城市只要在发展过程中每一个时段内都能保持人口、经济同环境的协调，那么，这个区域或城市的发展就符合可持续发展的要求。

其次，发展是可持续发展的主体。发展是指经济的增长能不断满足持续人口增长的需求，即高于人口增长的经济增长速度，以保证人口的生存需求、受教育需求、自身发展需求。经济发展、人口增长与环境资源保护之间的协调，是可持续发展的先决条件。只有在协调发展的基础上，才有可能持续发展。而协调发展有其不同的层次和规模。在社会生产层次上，指产业部门和产品结构的合理、共同发展；在社会动态发展层次上，指社会在任意时段，只要保持资源、经济、环境、人口的协调，那么这个社会的发展就符合可持续发展原则；在社会关系层次上，强调人与自然的和谐统一，人类应遵循自然规律，按适度原则干预自然，合理利用自然界给予人类的一切，最终实现人与自然的共同发展，为整个社会的可持续发展创造条件。

2. 可持续发展的类型

关于可持续发展的类型问题，有一种观点将其分为一般可持续发展（全球或区域）和部门可持续发展两种。从可持续发展的内涵来看，可将其分为自然区域可持续发展、行政区域可持续发展、环境资源可持续发展和部门可持续发展四大类，其中部门可持续发展又分为社会可持续发展、经济可持续发展。

3. 可持续发展的基本观点

可持续发展论的基本观点可概括为：走可持续发展的道路，由传统发展战略转变为可持续发展战略，是人类对"人类—环境"系统的辩证关系、对环境与发展问题经过长期反思的结果，是人类做出的唯一的正确选择。可持续发展论要求在发展过程中坚持以下两个基本观点：一是要坚持以人类与自然相和谐的方式，追求健康而富有生产成果的生活，这是人类的基本权利；但却不应凭借手中的技术与投资，以耗竭资源、污染环境、破坏生态的方式求得发展。二是要坚持当代人在创造和追求今世的发展与消费时，应同时承认和努力做到使自己的机会和后代人的机会相平等；而不要只想先占有地球的有限资源，污染它的生命维持系统，危害未来全人类的幸福，甚至使其生存受到威胁。

4. 可持续发展模式与基本原则

可持续发展模式是对传统发展模式的彻底否定。传统发展模式基本上是一种"工业化实现模式"，它以工业增长作为衡量发展的唯一标志，把一个国家的工业化和由此产生的工业文明当作一个国家实现现代化的标志。但这种单纯片面追求增长的发展模式带来了严重后果：环境急剧恶化，资源日趋短缺，人民的实际福利水平下降。问题的症结在于，这样的经济增长没有建立在环境的可承载能力基础之上，没有确保支持经济长期增长的资源和环境基础受到保护和发展，相反，有的甚至以牺牲环境为代价谋求经济发展，其结果导致生态系统失衡乃至崩溃，经济发展因失去健全的生态基础而难以持续。

与传统发展模式相比，可持续发展模式具有极为深刻的哲理和丰富的内涵。其基本原则主要表现在突出强调发展的主题，坚持公平性、持续性原则，追求目标多元化下新的价值观和整体性，摒弃传统的生产消费方式和自然观念等方面。

（二）环境与发展综合决策

1. 建立环境与发展综合决策机制，保证可持续发展战略的实施

实施可持续发展战略是人类历史上一次根本性的转变，需要对"人与自然""环境与发展"的辩证关系有正确的认识，并对这些组合起来的大系统进行全过程调控，使人与自然相和谐、环境与发展相协调，这就必须从综合决策做起。

实行环境与发展综合决策，是市场经济条件下完善决策机制、提高决策科学水平的重要组成部分。人们所遇到的环境问题，相当一部分是因为当初在做经济技术决策时没有考虑环境原则（生态要求）而造成的。究其原因是决策层对环境与发展的辩证关系缺乏认识，环境保护没有进入经济技术决策的综合平衡。一代人的决策失误要几代人来补偿，这个代价实在太大了。所以，要提高对建立环境与发展综合决策制度必要性与紧迫性的认识，尽快建立综合决策制度，确保可持续发展战略的实施。

2. 加快建立和完善环境与发展综合决策的各项制度

实行环境与发展综合决策，事关经济和社会可持续发展的全局，必须按照法律、法规的要求，从制度上进行规范，采取相应的保障措施，尽快建立和完善相关的制度。

（1）建立重大决策环境影响评价制度

广义的环境影响评价，是指对人类在"人类—环境"系统中的所有经济活动和社会行为所造成的环境影响，以及对这个系统可能造成的冲击进行预测和评价。为适应环境与发展综合决策的要求，应对重大经济技术政策的制定、区域国土整治和资源开发战略、流域开发、城镇建设及工农业发展战略等重大决策事项，进行环境影响评价。

（2）建立环境与发展科学咨询制度

应成立由多学科专家组成的环境与发展科学咨询委员会，负责研究重大决策项目的环境影响评价和采取相应措施消除不良影响的可能性。特别是要研究重大决策和区域发展战略的环境与发展协调度，进行协调因子分析，提出战略对策，为领导决策提供科学依据。

（3）建立有利于可持续发展的资金保障制度

要将环境与发展重大项目纳入国民经济和社会发展计划，并在基本建设、技术改造、城市建设、水利开发等方面优先保证环境建设资金需求。尽快建立环境资源有偿使用机制，试行把环境因素纳入国民经济核算体系，使有关统计指标和市场价格能较准确地反映经济活动所造成的资源和环境变化；制定相应的政策，引导污染者、开发者成为防治污染和保护生态环境的投资主体；广泛运用多种形式拓宽环保投资渠道，尽可能多地为环境保护提供资金支持。

（4）建立环境与发展综合决策公众参与制度

对直接涉及群众切身利益的环境与发展综合决策，要通过召开公众听证会等形式，广泛听取各方面的意见，自觉接受社会公众的监督。要建立起相应的程序与机制，使广大群众能够及时了解环境与发展综合决策的内容，充分表达自己的意见和建议，并通过立法手段得以参与，且可以得到法律保障。

（5）建立重大决策监督与追究责任制度

对环境与发展中的重大决策事项，要主动接受人大、政协和舆论的监督。依法建立重大决策责任追究制度，对因决策失误造成重大环境问题或发生重大环境污染事故的，要追究有关领导的责任；构成犯罪的，要追究其刑事责任。

（6）建立环境与发展综合决策教育培训制度

要将提高决策层的环境与发展综合决策能力列入教育培训计划。党校（行政学院）要开设环境与发展综合决策课程，组织专家讲授可持续发展理论，并将掌握相关理论知识的情况纳入领导干部工作考核的内容中。

第三节　环境监测技术

一、环境分析和环境监测

由于环境污染产生了不利于人类生存的公害问题。为了寻求环境质量变化的原因，人们着手调查研究污染物的性质、来源、含量及分布状态，并对某些基本化学物质进行定性、定量的分析，这就是环境分析。环境分析主要是对人类因生产活动而排放于环境中的各因素和污染物质进行的分析，既可以在现场直接测定，也可以采集样品在实验室中进行。这种以不连续操作为特点的环境分析往往只能分析测定局部的、短时间的、单个的污染物质。对于单个污染物的分析研究是环境科学的重要基础，但是评价环境质量的好坏，仅对单个污染物短时间样品的分析是不够的，还需要有各种代表环境质量因素的数据。环境监测就是测定各种环境质量因素代表值的过程。环境监测的内容要比环境分析广泛得多，既包含直接污染物，也包含间接污染物。同时要想取得具有代表性的数据，就需要在一定区域范围内，对污染物进行长时间的连续监测。这些单靠化学分析是难以完成的，还必须应用物理测定技术，测定那些与物理因素或物理单位（如时间、温度、长度、流量等）有关的强度、状态，因而环境监测要求测定连续化和自动化。由此可见，环境分析是环境监测的发展基础，环境监测包括环境分析。环境监测测定的因素和使用的方法及技术都比环境分析要宽得多，除了化学监测、物理监测外，还有生物监测等手段。

二、环境监测的目的与分类

（一）环境监测的目的

环境监测的目的是准确、及时、全面地反映环境质量现状及发展趋势，为环境管理、污染源控制、环境规划提供科学依据。具体归纳为以下几个方面。

第一，对污染物及其浓度（强度）做时间和空间方面的追踪，掌握污染物的来源、扩散、迁移、反应、转化，了解污染物对环境质量的影响程度，并在此基础上，对环境污染做出预测、预报和预防。

第二，了解和评价环境质量的过去、现在和将来，掌握其变化规律。

第三，收集环境背景数据、积累长期监测资料，为制订和修订各类环境标准、实施总量控制、目标管理提供依据。

第四，实施准确可靠的污染监测，为环境执法部门提供执法依据。

第五，在深入广泛开展环境监测的同时，结合环境状况的改变和监测理论及技术的发展，不断改革和更新监测方法与手段，为实现环境保护和可持续发展提供可靠的技术保障。

（二）环境监测的分类

环境监测可按监测介质和监测目的进行分类。

1. 按监测介质分类

环境监测以监测介质（环境要素）为对象，分为大气污染监测、水质污染监测、土壤和固体废弃物监测、生物污染监测、生态监测、物理污染监测、放射性污染监测、电磁辐射监测、热污染控制监测等。

2. 按监测目的分类

按监测目的分类，可分为监视性监测、特定目的性监测和研究性监测。

（1）监视性监测

监视性监测又称常规监测或例行监测。监视性监测是对各环境要素的污染状况及污染物的变化趋势进行长期跟踪监测，从而为污染控制效果的评价、环境标准实施和环境改善情况的判断提供依据。所积累的环境质量监测数据，是确定一定区域内环境污染状况及发展趋势的重要基础。监视性监测包括以下两个方面的工作。

①环境质量监测。大气环境质量监测对大气环境中的主要污染物进行定期或连续的监测，积累大气环境质量的基础数据。据此定期编报环境空气质量状况的评价报告，为研究大气质量的变化规律及发展趋势，做好大气污染预测、预报提供依据。

水环境质量监测对江河、湖泊、水库以及海域的水体（包括底泥、水生生物）进行定期定位的常年性监测，适时地对地表水（或海水）质量现状及其污染趋势做出评价，为水域环境管理提供可靠的数据和资料。

环境噪声监测对各功能区噪声、道路交通噪声、区域环境噪声进行经常性的定期监测，及时、准确地掌握城区噪声现状，分析其变化趋势和规律，为城镇噪声管理和治理提供系统的监测资料。

②污染源监督监测。污染源监督监测是定期、定点的常规性的监督监测，监视和检测主要污染源排放污染物的时间、空间变化。监测内容包括主要生产、生活设施排放的各种废水监测，生产工艺废气监测，各种锅炉、窑炉排放的烟气、粉尘监测，机动车辆

尾气监测，噪声、热、电磁波、放射性污染监测等。

污染源监督监测旨在掌握污染源排向环境的污染物种类、浓度、数量，分析和判断污染物在时间、空间上的分布、迁移、稀释、转化、自净规律，掌握污染物造成的影响和污染水平，确定污染控制和防治对策，为环境管理提供长期的、定期的技术支持和技术服务。

（2）特定目的性监测

特定目的性监测又叫应急监测或特例监测，是不定期、不定点的监测。这类监测除一般的地面固定监测外，还有流动监测、低空航测、卫星遥感监测等形式。特定目的性监测是为完成某项特种任务而进行的应急性的监测，包括如下几个方面。

①污染事故监测。污染事故监测是对各种污染事故进行现场追踪监测，摸清其事故的污染程度和范围，造成危害的大小等。如油船石油溢出事故造成的海洋污染，核动力厂泄漏事故引起对周围空间的放射性污染危害，工业污染源各类突发性的污染事故等均属此类。

②纠纷仲裁监测。纠纷仲裁监测主要是解决执行环境法规过程中所发生的矛盾和纠纷而必须进行的监测，如排污收费、数据仲裁监测、调解处理污染事故纠纷时向司法部门提供的仲裁监测等。

③考核验证监测。考核验证监测主要是为环境管理制度和措施实施考核验证方面的各种监测，如排污许可、目标责任制、企业上等级的环保指标的考核、建设项目"三同时"竣工验收监测、治理项目竣工验收监测等。

④咨询服务监测。咨询服务监测是向社会各部门、各单位提供科研、生产、技术咨询，环境评价，资源开发保护等所需要进行的监测。

（3）研究性监测

研究性监测又叫科研监测，属于高层次、高水平、技术比较复杂的一种监测。包括以下几个方面的内容

①标准方法、标准样品研制监测。标准方法、标准样品研制监测是为制定、统一监测分析方法和研制环境标准物质（包括标准水样、标准气、土壤、尘、植物等各种标准物质）所进行的监测。

②污染规律研究监测。污染规律研究监测主要是研究确定污染物从污染源到受体的运动过程。监测研究环境中需要注意的污染物质及它们对人、生物和其他物体的影响。

③背景调查监测。该监测是专项调查监测某环境的原始背景值，监测环境中污染物质的本底含量。

④综合评价研究监测。该监测是针对某个环境工程、建设项目的开发影响评价进行的综合性监测。研究性监测往往需要联合多个部门、多个学科协作共同完成。

三、环境监测技术

环境监测技术包括采样技术、测试技术和数据处理技术等。下面仅介绍污染物的常

用分析测试技术。

（一）化学分析法

化学分析法是以化学反应为基础的分析方法，分为重量分析法和容量分析法（滴定分析法）两种。

1. 重量分析法

重量分析法是用适当方法先将试样中的待测组分与其他组分分离，转化为一定的称量形式，用称量的方法测定该组分的含量。重量分析法主要用于环境空气中总悬浮颗粒物、降尘、烟尘、生产性粉尘以及废水中悬浮固体、残渣、油类等项目的测定。

2. 容量分析法

容量分析法是将一种已知准确浓度的溶液滴加到含有被测物质的溶液中，根据化学计量定量反应完全时消耗标准溶液的体积和浓度，计算出被测组分的含量。根据化学反应类型的不同，容量分析法分为酸碱滴定法、配位滴定法、沉淀滴定法和氧化还原滴定法四种。容量分析法主要用于水中酸碱度、氨氮、化学需氧量、生化需氧量、溶解氧、六价铬（Cr^{6+}）、氰化物、氯化物、硬度、酚及废气中铅的测定。

（二）仪器分析法

仪器分析法是利用被测物质的物理或物理化学性质来进行分析的方法。例如，利用物质的光学性质、电化学性质进行分析。由于这类分析方法一般需要使用精密仪器，因此称为仪器分析法。

（三）光谱法

光谱法是根据物质发射、吸收辐射能，通过测定辐射能的变化，确定物质的组成和结构的分析方法。光谱法主要有以下几种。

1. 可见和紫外吸收分光光度法

可见和紫外吸收分光光度法是根据具有某种颜色的溶液对特定波长的单色光（如可见光或紫外线）具有选择性吸收，且溶液对该波长光的吸收能力（吸光度）与溶液的色泽深浅（待测物质的含量）成正比，即符合朗伯 - 比尔定律。在环境监测中可用可见和紫外吸收分光光度法测定许多污染物。如砷、铬、镉、铅、汞、锌、铜、酚、硒、氟化物、硫化物、氰化物、二氧化硫、二氧化氮等。各种新的分析方法不断出现，但紫外吸收分光光度法仍与原子吸收分光光度法、气相色谱法和电化学分析法成为环境监测中的四大主要分析方法。

2. 原子吸收分光光度法

原子吸收分光光度法（AAS）是利用处于基态待测物质原子的蒸气，对光源辐射出的特征谱线具有选择性吸收，其光强减弱的程度与待测物质的含量符合朗伯 - 比尔定律。该法能满足微量分析和痕量分析的要求，在环境如空气、水、土壤、固体废物的监测中被广泛应用。原子吸收分光光度法可以用来测定工业废水和地表水中的镉、锂、钠、铅、锰、钴、铬、铜、锌、铁、镁等，大气粉尘中汞、镉、铅、氰镍、铜等，土壤中的钾、钠、镁、铁、钙、铍等。

3. 原子发射光谱法

原子发射光谱法（AES）是根据气态原子受激发时发射出该元素原子所固有的特征辐射光谱，根据测定的波长谱线和谱线的强度对元素进行定性和定量分析的一种方法。由于等离子体新光源的应用，使等离子体发射光谱法发展很快，已用于清洁水、废水、底质、生物样品中多元素的同时测定。

4. 原子荧光光谱法

原子荧光光谱法（AFS）是根据气态原子吸收辐射能，从基态跃迁至激发态，再返回基态时产生紫外、可见荧光，通过测量荧光强度对待测元素进行定性、定量分析的一种方法。原子荧光分析对锌、镉、镁等具有很高的灵敏度。

5. 红外吸收光谱法

红外吸收光谱法是以物质对红外区域辐射的选择吸收，对物质进行定性、定量分析的方法。应用该原理已制成 CO、CO_2、油类等专用监测仪器。

6. 分子荧光光谱法

分子荧光光谱法是根据物质的分子吸收紫外、可见光后所发射的荧光进行定性、定量分析的方法。通过测量荧光强度可以对许多痕量有机和无机组分进行定量测定。在环境分析中主要用于强致癌物质——硒、铵、油类、沥青烟的测定。

（四）电化学分析方法

电化学分析方法利用物质的电化学性质，通过电极作为转换器，将被测物质的浓度转化成电化学参数（如电导、电流、电位等）再加以测量的分析方法。

第二章 环境监测的采样技术

第一节 环境空气样品采集

一、环境空气样品特征

（一）复杂性

一般来说，环境空气中污染物形态，以气态、蒸汽、气溶胶等形态存在。气态污染物，指某些大气污染物在常温常压下，以气体形式存在环境空气中，例如，二氧化硫（SO_2）、二氧化氮（NO_2）、一氧化碳（CO）、臭氧（O_3）等；蒸气，指某些物质在常温常压下为液体或固体，但因其沸点或熔点较低，故以蒸气态挥发到环境空气中，例如，汞、苯、酚等；气溶胶，指由固体颗粒或液体颗粒悬浮于环境空气中的悬浮体，因其性质与颗粒不同，常见的有总悬浮颗粒物（TSP）、可吸入颗粒物（PM10）、细颗粒物（PM2.5）、降尘等。

（二）变异性

环境空气中污染物浓度分布，随着监测点位与大气污染源之间距离加大，其浓度由近至远，逐渐降低；又因大气湍流或平流条件、风向风速不同，即使在以大气污染源为中心的等距离同心圆上，各方位监测点的大气污染物浓度也有极大差异。此外，大气污染物不同高度分布亦不均匀，随着地面高度增加，大气污染物浓度逐渐降低。这意味着，即使在同一监测点位，也难以采集到浓度完全相等的平行样品。

（三）无定形性

由于空气能够垂直运动、水平运动、分子扩散运动，因而，空气是无边界的。大气污染物在环境空气中的稀释、扩散、净化能力受云量、风向、风速、气温、气压、湿度、降水等多种气象因素影响；当各类大气污染物进入环境空气中，将随着气象条件扩散，其浓度、形态亦将瞬间发生变化，例如：烟（粉）尘有球形和非球形、粒径大小之分，一氧化碳（CO）排放到环境空气中变成二氧化碳（CO_2）等。

二、环境空气样品采集

《环境空气质量监测规范（试行）》（以下称《空气监测规范》）第 17 条规定："采用自动监测方法监测区域环境空气质量，应执行《环境空气质量自动监测技术规范》（HJ/T 193-2005）（以下称《自动监测规范》）规定方法和技术要求；国家环境空气质量监测网中的环境空气质量背景点、评价点监测，应优先选用自动监测方法。"

《空气监测规范》第 18 条规定："国家环境空气质量背景点的监测，还应具备完善的手工监测能力，并可使用手工监测方法监测非常规项目；采用手工监测方法监测区域环境空气质量，应执行《环境空气质量手工监测技术规范》（HJ/T 194-2005）（以下称《手工监测规范》）规定方法和技术要求。"

（一）环境空气自动采样

1. 采样设备

环境空气质量自动监测，指在监测点位采用连续自动监测仪器，对环境空气质量进行连续的样品采集、处理、分析过程。环境空气质量自动监测系统，由监测子站、中心计算机室、质量保证实验室、系统支持实验室等个四部分组成。

《自动监测规范》规定：多支路集中采样装置在使用多台点式监测仪器的环境空气监测子站中，除 PM10、PM2.5 监测仪器单独采样外，其他多台仪器可共用 1 套多支路集中采样装置采集样品。

多支路集中采样装置有两种组成形式，即：垂直层流式采样总管、竹节式采样总管。

（1）采样头

采样头设置在总管户外采样气体入口端，防止雨水和粗大颗粒物落入总管，同时，避免鸟类、小动物和大型昆虫进入总管。采样头设计，应保证采样气流不受风向影响，稳定进入总管。

（2）采样总管

采样总管内径选择 1.5 ~ 15cm 之间，采样总管内气流应保持层流状态，采样气体在总管内滞留时间应小于 20s；总管进口至抽气风机出口之间压降应小，所采集气体样品的压力应接近大气压；支管接头应设置采样总管层流区域内，各支管接头之间的间距大于 8cm。

（3）制作材料

多支路集中采样装置制作材料，应选用不与被监测污染物发生化学反应和不释放干扰物质的材料。一般以聚四氟乙烯或硼硅酸盐玻璃等作为制作材料；仅监测 SO_2，NO_2 或氮氧化物（NO_x）的采样总管，也可选用不锈钢材料。监测仪器与支管接头连接的管线，也应选用不与被监测污染物发生化学反应和不释放干扰物质的材料。

（4）其他技术要求

①为防止因室内外环境空气温度差异，致使采样总管内壁结露吸附监测物质，需对总管和影响较大管线外壁加装保温套或加热器，一般加热温度控制在 30 ~ 50℃。

②监测仪器与支管接头连接管线长度不大于 3m，同时，应避免空调机出风直接吹向采样总管和与仪器连接的支管线路。

③为防止环境空气中灰尘落入监测分析仪器，应在监测仪器采样入口与支管气路结合部之间，安装孔径不大于 5μm 聚四氟乙烯过滤膜。

④在监测仪器管线与支管接头连接时，为防止结露水流和管壁气流波动的影响，应将管线与支管连接端伸向总管接近中心的位置，然后再做固定。

⑤在不使用采样总管时，可直接使用管线采样，但是，采样管线应选用不与被监测污染物发生化学反应和不释放干扰物质的材料，采样气体滞留在采样管线内时间应小于 20s。

⑥在监测子站中 PM10、PM2.5 虽单独采样，但为防止颗粒物沉积于采样管管壁，采样管应垂直，并尽可能缩短采样管长度；为防止采样管内冷凝结露，可采取加温措施，一般加热温度控制在 30 ~ 50℃。

环境空气监测子站由采样装置、监测分析仪、校准设备、气象观测仪器、数据传输设备、子站计算机或数据采集仪，以及站房环境条件保证设施（空调、除湿设备、稳压电源等）组成。

2. 采样频率与时间

《自动监测规范》规定：采用环境空气质量自动监测系统监测时，各监测项目数据采集频率和时间执行以下要求：

①环境空气质量自动监测系统采集的连续监测数据，应能满足每小时算术平均值计算要求；在每小时中采集到的监测分析仪器正常输出一次值大于 75% 时，本小时监测结果有效，使用本小时内所有正常输出一次值计算的算术平均值作为该数据的小时平均值。

②《环境空气质量标准》（GB 3095–2012）规定："SO_2、NO_2、NOX、CO、PM10、PM2.5 应有不小于 45min/h 有效采样时间，每日应不小于 20 个有效小时（O_3 不小于 6h/8h）或采样时间平均浓度值为有效日平均值，每月应不小于 27 个有效日（2 月为不小于 25 个有效日）平均浓度值为有效月平均值，每年应不小于 324 个有效日平均浓度值为有效年平均值；TSP、苯并 [a] 芘（B[a]P）、铅（Pb）每日应不小于 24 个有效

小时采样时间平均浓度值为有效日平均值，每月应不小于 5 个分布均匀有效日平均浓度值为有效月平均值，每年应不小于 60 个分布均匀有效日平均浓度值为有效年平均值；Pb 每季应不小于 15 个分布均匀有效日平均浓度值为有效季平均值。"

3. 异常值取舍

①低浓度未检出结果和在监测分析仪器零点漂移技术指标范围内负值，取监测仪器最低检出限 1/2 数值，作为监测结果，参加统计。

②有子站自动校准装置的系统，仪器在校准零 / 跨度期间，发现仪器零点漂移或跨度漂移超出漂移控制限，应从发现超出控制限时刻起到仪器恢复调节控制限以下时间段内的监测数据作为无效数据，不参加统计；但应对该数据标注，作为参考数据保留。

③手工校准的系统，仪器在校准零 / 跨度期间，发现仪器零点漂移或跨度漂移超出漂移控制限，应从发现超出控制限时刻前一日起到仪器恢复调节控制限以下时间段内的监测数据作为无效数据，不参加统计；但应对该数据标注，作为参考数据保留。

④在仪器校准零 / 跨度期间的数据作为无效数据，不参加统计；但应对该数据标注，作为仪器检查依据予以保留。

⑤若监测子站临时停电或断电，则从停电或断电时起至恢复供电后仪器完成预热为止时段内的任何数据都为无效数据，不参加统计；恢复供电后，一般仪器完成预热需要 0.5 ~ 1h。

（二）环境空气手工采样

环境空气质量手工监测，指在监测点位使用采样装置采集一定时段的环境空气样品，将采集的样品在实验室使用分析仪器分析、处理的过程。24h 连续采样，指 24h 连续采集一个环境空气样品，监测大气污染物日平均浓度的采样方式。

1. 24h 连续采样

《手工监测规范》规定的 24h 连续采样，适用于环境空气中 SO_2、NO_2、NO_X、PM10、PM2.5、TSP、B[a]P、氟化物（F^-）、Pb 样品采集；大气污染物采样频率与采样时间确定，执行《环境空气质量标准》（GB 3095-2012）"污染物浓度数据有效性最低要求"规定。

（1）气态污染物监测

①采样亭。即是安放采样系统各组件、便于采样的固定场所。采样亭面积及其空间大小，应视合理安放采样装置、便于采样操作而定。一般面积应不小于 $5m^2$，采样亭墙体应具有良好的保温和防火性能，室内温度应维持 25±5℃。

②采样系统。气态污染物采样系统，由采样头、采样总管、采样支管、引风机、气体样品吸收装置、采样器等部分组成。

③采样前准备。

a. 采样总管和采样支管清洗；应定期清洗，清洗周期视当地空气湿度污染状况确定。

b. 气密性检查：按连接采样系统各装置，确认采样系统连接正确后，实施采样系统气密性检查。

c.采样流量检查：使用通过检定合格的流量计校验采样系统的采样流量，每月不低于1次，每月采样流量误差应小于5%，若误差超过此值，应清洗限流孔或更换新限流孔；限流孔清洗或更换后，应校准其流量。

d.温度与时间控制系统检查：检查吸收瓶温控槽与临界限流孔，温控槽的温度指示是否符合要求；检查计时器的计时误差是否超出误差范围。

④采样。

a.将装有吸收液的吸收瓶（内装50.0mL吸收液）连接至采样系统中，启动采样器采样。记录采样流量、开始采样时间、温度和压力等参数。

b.采样结束后，取下样品，并将吸收瓶进、出口密封，记录采样结束时间、采样流量、温度和压力等参数。

（2）颗粒物监测

①采样系统。采样系统由颗粒物切割器，滤膜、滤膜夹、颗粒物采样器组成，或者由滤膜、滤膜夹、具有符合切割特性要求的采样器组成。

②采样前准备与滤膜处理。

（a）采样器流量校准：执行《环境空气总悬浮颗粒物的测定重量法》（GB/T15432-1995）相关规定。

（b）采样前准备与滤膜处理：TSP采样执行《环境空气总悬浮颗粒物的测定重量法》（GB/T 15432-1995）、PM10采样执行《大气飘尘浓度测定方法》（GB 692186）、F-采样执行《环境空气 – 氟化物质量浓度的测定滤膜氟离子选择电极法》（GB/T 15433-1995）、B[a]P采样执行《环境空气苯并[a]芘测定高效液相色谱法》（GB/T 15439-1995）、Pb采样执行《环境空气铅的测定火焰原子吸收分光光度法》（GB/T 15264-94）相关规定。

③采样。

a.打开采样头顶盖，取出滤膜夹，使用清洁干布擦掉采样头内滤膜夹与滤膜支持网表面灰尘，将采样滤膜毛面向上，平放滤膜支持网上；同时，核查滤膜编号，放上滤膜夹，拧紧螺丝，以不漏气为宜，安好采样头顶盖，启动采样器采样；记录采样流量、开始采样时间、温度和压力等参数。

b.采样结束后，取下滤膜夹，使用银子轻轻夹住滤膜边缘，取下样品滤膜，并检查采样过程中滤膜是否有破裂现象，或滤膜上尘的边缘轮廓不清晰现象；若有，则该样品膜作废，需重新采样。

确认无破裂后，将滤膜采样面向里对折两次放入与样品膜编号相同的滤膜袋（盒）中；记录采样结束时间、采样流量、温度和压力等参数。

2. 间断采样

间断采样，指在某一时段或1h内采集一个环境空气样品，监测该时段或该小时环境空气中污染物平均浓度所采用的样品采集方法。

（1）采样频率与时间

环境空气中 SO_2、NO_2、NOX、PM10、PM2.5、TSP、B[a]P、氟化物（F^-）、Pb 采样频率与采样时间，应依据《环境空气质量标准》（GB 3095-2012）中"污染物浓度数据有效性最低要求"确定；若欲获得 lh 平均浓度值，样品采集时间应不低于 45min：欲获得日平均浓度值，SO_2、NO_2、NO_X、PM10、PM2.5 累计采样时间应不低于 20h（O_3 不低于 6h/8h），TSP、Pb、B[a]P、F^- 累计采样时间应不低于 24h。

环境空气中除上述以外的其他大气污染物采样频率与采样时间，应依据环境监测目的、区域大气污染物浓度一般水平、监测分析方法最低检出限再确定。

（2）气态污染物采样

①采样系统组成。气态污染物采样系统由气样捕集装置、滤水井和气体采样器组成。

②采样前准备。

a. 根据监测项目与采样时间，准备待用气样捕集装置或采样器。

b. 按要求连接采样系统，并检查采样系统连接是否正确。

c. 气密性检查，检查采样系统是否有漏气现象；若有，应及时排除或更换新

d. 采样流量校准，启动抽气泵，将采样器流量计指示流量调节至所需采样流量；使用经检定合格的标准流量计，校准采样器流量计。

③采样。

a. 将气样捕集装置串联至采样系统中，核对样品编号，并将采样流量调至所需流量，开始采样：记录采样流量、开始采样时间、气样温度、压力等参数：气样温度和压力，可分别使用温度计和气压表现场同步测量。

b. 采样结束后，取下样品，将气体捕集装置进、出气口密封，记录采样流量、采样结束时间、气样温度、压力等参数；按相应项目标准监测分析方法要求，运输和保存待测样品。

（3）颗粒物采样

间断采样时，有关颗粒物采样的采样系统、采样前准备、采样方法同前"24h 连续采样（2）颗粒物监测"规定。

3. 无动力采样

无动力采样，指将采样装置或气样捕集介质暴露于环境空气中，不需要抽气动力，依靠环境空气中待测大气污染物分子自然扩散、迁移、沉降等作用而直接采集污染物的采样方式。监测结果可代表一段时间内待测环境空气污染物的时间加权平均浓度或浓度变化趋势。

（1）采样频率与时间

大气污染物无动力采样频率与时间，应根据监测点位环境空气中大气污染物浓度水平、分析方法检出限、不同监测目的确定。通常，硫酸盐化速率、氟化物采样时间为 7 ~ 30d，若欲获得月平均浓度值，样品采样时间应不小于 15d。

（2）硫酸盐化速率

将使用碳酸钾溶液浸渍的玻璃纤维滤膜（碱片）曝露于环境空气中，环境空气中 SO_2、硫化氢（HS）、硫酸雾等与浸渍滤膜上的碳酸钾发生反应，生成硫酸盐而被固定的采样方法。

①采样装置。采样装置由采样滤膜和采样架组成。采样架由塑料皿、塑料垫圈、塑料皿支架构成。

②采样滤膜（碱片）制备。将玻璃纤维滤膜剪成直径 70mm 圆片，毛面向上，平放150mL 烧杯口上，使用刻度吸管在每张滤膜上均匀滴加 30% 碳酸钾溶液 1.0mL，使其扩散直径为 5cm。将滤膜置于 60℃ 下烘干，贮存于干燥器内备用。

③采样。将滤膜毛面向外置入塑料皿中，使用塑料垫圈压好边缘；将塑料皿中滤膜面向下，使用螺栓固定塑料皿支架上，并将塑料皿支架固定距地面高 3 ~ 15m 支持物上，距基础面相对高度应大于 1.5m，记录采样点位、样品编号、放置时间等。

采样结束后，取出塑料皿，使用锋利小刀沿塑料垫圈内缘刻下直径为 5cm 样品膜，将滤膜样品面向里对折后放入样品盒（袋）中；记录采样结束时间，并核对样品编号与采样点。

（3）氟化物

环境空气中氟化物采样方法，执行《环境空气氟化物的测定石灰滤纸氟离子选择电极法》（GB/T 15433–1995）规定。

4. 采样系统气体状态参数观测

气体状态参数，指采样气路中气样状态参数，用以计算标准状态下采样体积。

主要有：温度观测，观测采样系统中温度计量仪表指示值，其精度为 ±0.5℃；压力观测，观测采样系统中压力计量仪表指示值，其精度为 ±O.1kPa。

5. 采样点气象参数观测

在采样过程中，应观测采样点位环境温度、大气压力；有条件时，可观测相对湿度、风向、风速等气象参数：

①环境气温观测，一般所用温度计温度测量范围 –40 ~ 45℃，精度 ±0.5℃。

②大气压观测，一般所用气压计测量范围 50 ~ 107kPa，精度 ±O.1kPa。

③相对湿度观测，一般所用湿度计测量范围 10% ~ 100%，精度 ±5%。

④风向观测，一般所用风向仪测量范围 0° ~ 360°，精度 ±5°。

⑤风速观测，一般所用风速仪测量范围 1 ~ 60m/s，精度 ±0.5m/s。

第二节　环境水质样品采集

一、地表水环境样品采集

（一）样品特征

1. 水系复杂性

我国地域辽阔、江河湖库纵横交错、流域和近岸海域面积大、地区间气候带分布不同，长江、黄河、淮河等大型河流横贯诸多省、自治区、直辖市和气候带，尤其长三角、珠三角等河网地区水系和经济发达。地表水系的复杂性和经济社会发展速度与规模，决定了地表水体的生物多样性和水质复杂性。就地表水系宏观环境而言，特大型、大型河流与湖泊因其径流量大，污染物稀释、自净能力较强，水质较优；小型湖库、城乡沟壑，尤其季节性河流湖库，因其径流量小和闸坝人工调控影响，污染物稀释、自净能力较弱，水质较差，有些沟壑甚至常年为污水沟。

2. 水质变异性

各类地表水体是动态变化体，其水量、水质随着大气降水、地表径流、污染源变化而改变。在江河湖库、沟壑、近岸海域等不同地表水体中，某些组分变化规律可能存在一定关系，但有些组分之间却毫无关系，地表水质样品组分的变异性，以及水质样品采集数量，决定了其测定值与真实值接近程度。

一般来说，由某地表水体大量水质样品得到的平均值较为接近其真实值，故而，欲得到更为准确、可靠的地表水质监测结果，必须增加水质样品采集数量；然而，不是地表水质采样数量越多越好，应以尽可能少的地表水质样品得到代表性较好的水质监测结果。

地表水质变异性，可能存在随机变化和周期变化，亦可能是自然变化或人类活动引起的变化；我国江河湖库、沟壑、近岸海域水质变化，是自然与城乡经济社会活动影响的综合表现。

（1）随机变化

地表水质的随机变化无规律可循，多是突发性环境事件引起的，例如：雨季集中降水地表径流污染、突发性环境污染与生态破坏事故等，都可能引发某流域和水体地表水质急剧变化。

（2）周期变化

除地区气候异常及其自然灾害外，地表水循环有一定的周期性规律。地表水体稀释、自净能力与水量、气温、光合作用、污染物排放总量、闸坝人工调控等关系密切，例如：降水量和季节性气温变化、植物季节性生长及其腐殖质致使地表水体组分发生周期性变化，光合作用可引起水中溶解氧（DO）循环周期变化，闸坝人工调控水量、城乡污废水排放影响地表水质变化亦有周期性规律。

3. 水质不均匀性

因河流湖库类型、流域面积、径流量和地区经济社会发展速度、规模不同，其辖域地表水体不同区段的水质不均匀。地表水质的不均匀性，主要类型有：①某水系由2条以上1～5级支流湖库组成，前者为不混合的夏季湖库垂直热分层现象，后者为污废水入河后的混合现象；②均匀水体中，某些污染物呈不均匀分布，例如：石油类、动植物油趋于上浮，悬浮性固体则悬浮在水体中间层，总固体趋于下沉；地表水体中不同部位化学与生化反应亦不尽相同，进而引起水质不均匀性；城乡水污染物排入地表水体，引起 DO 不同程度降低，地表水体表层水藻生长引发 pH 值变化等。

鉴于具体地表水体的特殊性，必然引起该水体不同区段和不同部位或层位水质样品存在一定差异性，导致具体地表水质样品采集的复杂性。

（二）样品采集

1. 采样频率与时间

《地表水和污水监测技术规范》（HJ/T 91-2002）（以下称《水监测规范》）规定：依据不同地表水体环境功能、水文要素和水污染源、水污染物排放等实际情况，力求以最低的采样频率，取得最有时间代表性的水质样品，既满足反映水质状况要求，又切实可行。

①集中式饮用水水源地、省（自治区、直辖市）交界断面中需要重点控制的监测断面，采样不小于1次/月；国控水系、河流、湖泊、水库监测断面，逢单月采样1次，全年采样6次；地表水系背景断面，每年采样1次。

②受潮汐影响的监测断面，分别在大潮期和小潮期采样；每次采集涨、退潮水样，分别测定；涨潮水样应在断面处水面涨平时采样，退潮水样应在水面退平时采样。

③若某必测项目连续3年均未检出，且在断面附近确定无新增排放源，现有污染源排污量未增情况下，采样1次/年测定；必测项目一旦检出，或在断面附近有新排放源或现有污染源有新增排污量时，即恢复正常采样。

④国控监测断面或垂线，采样1次/月，采样日期为每月5～10日内；若遇特殊自然现象，或当发生水环境污染事件时，按"应急监测"采样原则，随时增加采样频率。突发性水环境污染事件应急监测，一般分为事故现场监测和跟踪监测两部分，其采样原则：

a. 现场监测采样。现场监测采样，一般以环境污染事件发生地及其附近区域为主，根据现场具体情况和污染水体特性，布点采样、确定采样频次；江河应在环境污染事件发生地及其下游布点采样，同时，在环境污染事件发生地上游采集对照样品；湖（库）

以环境污染事件发生地为中心，按水流方向，在一定间隔的扇形或圆形布点采样，同时采集对照样品。

环境污染事件发生地应设立明显标志，若有必要，则实施环境污染事件发生地现场录像和拍照。

环境污染事件发生地现场应采集平行双样，1份供现场快速测定，1份送回实验室测定；若有必要，同时采集环境污染事件发生地底质样品。

b. 跟踪监测采样。水污染物质进入地表水体后，随着稀释、扩散、降解作用，其浓度会逐渐降低；为掌握环境污染事件发生地污染程度、范围及其变化趋势，在环境污染事件发生后，往往应实施连续跟踪监测，直至地表水体环境恢复正常。

江河污染跟踪监测，根据污染物质性质、数量、河流水文要素等，沿河段设置数个采样断面，并在采样点位设立明显标志；采样频率，根据环境污染事件的污染程度确定。

湖泊与水库污染跟踪监测，应依据实际情况布点，但在出水口和集中式饮用水源取水口处必须设置采样点位；因湖（库）水体一般较稳定，应考虑不同水层采样；采样频率不小于 2 次 /d。

⑤在流域污染源限期治理、限期达标排放计划中和流域受纳污染物总量控制（削减）规划中，以及为此实施的同步监测，执行"流域监测"相关规定。

a. 流域监测原则。流域监测，以掌握流域水环境质量现状及其变化趋势，为流域规划中限期达标的监督检查服务，并为流域管理和区域管理的水污染防治监督管理提供依据。根据流域规划设置的监测断面，一般分为限期达标断面、责任考核断面、省（自治区、直辖市）界断面。

b. 流域同步监测。流域同步监测，根据管理需要组织全流域监测站，在大致相同时段内实施主要控制项目的监测。由国务院环境保护行政主管部门统一组织，国家级环境监测机构（中国环境监测总站）负责点位（断面）认证、监测全程序技术指导、监测资料审核汇总和报告编写；监测期间，国家级环境监测机构派专家赴重点地区现场监督、技术指导，相关省级、地级市、县级环境监测机构负责具体实施本地区同步监测工作。

流域常规监测 1 次 / 月，实施时间由国家级环境监测机构与流域网长单位、相关省级环境监测机构协商确定；同步监测频率，根据需要确定。

c. 流域监测项目。流域监测，以常规水质监测项目为主，结合流域管理需要、区域污染源分布、污染物排放特征等适当增减监测项目，并经环境保护行政主管部门审批。每次流域同步监测中，pH 值、高锰酸盐指数（CODMn）、化学需氧量（CODCr）、氨氮（NH_3-N）、砷（As）、汞（Hg）、石油类、总氮、总磷为必测项目；湖库监测，增加叶绿素。

d. 流域污染物通量监测。增加采样频次并测量流量，以平均浓度和流量计算污染物通量，亦可用多个瞬时浓度积分计算污染物通量；流量测量，将监测断面分成若干区间分别测量后求积，亦可将流速仪法简化成两点法测量。

⑥为配合局部水流域的河道整治，及时反映整治的效果，应在一定时期内增加采样频次，具体由整治工程所在地方环境保护行政主管部门制定。

2. 水质样品采集

（1）采样前准备

《水监测规范》规定："地表水质样品采集前，主要任务有：一是确定采样负责人：主要负责制订水质采样计划，并组织实施；二是制订采样计划：首先，采样负责人应充分了解监测目的和要求，监测断面周围环境，熟悉采样方法、现场测定技术、水样容器洗涤、样品保存技术，采样计划主要内容：采样垂线、采样点位、测定项目与数量（其中：现场测定项目）、采样质量保证、采样时间与路线、采样人员分工、采样器材与交通工具、安全保障措施等：三是采样器材与现场测定仪器准备：采样器的材质和结构应符合《水质采样器技术要求》中相关规定，新启用容器，应事先作更充分的清洗，容器应做到定点、定项；已用容器的一般洗涤与水样保存方法。"

（2）采样方法

①采样器：地表水质样品采集，常用采样器主要有：聚乙烯塑料桶、单层采水瓶、直立式采水器、自动采样器。

②采样量：通常地表水质监测采集瞬时水样，水样量应考虑重复分析和质量控制需要，并留有余地。

③水样保存：在水样采入或装入容器后，加入规定的保存剂。

④石油类样品：采样前，首先破坏可能存在的油膜，使用直立式采水器，将玻璃材质容器安装于采水器支架中，将其置入300mm深度，边采水边向上提升，在到达水面时剩余适当空间。

⑤现场测定项目。

水温：使用经检定的温度计，直接插入采样点水中测量；深水温度，使用电阻温度计或颠倒温度计测量，温度计应在测点放置5～7min，待测得水温恒定不变后读数；

pH值：使用精度0.1的pH计测定，测定前应清洗和校正pH计；

溶解氧（DO）：使用膜电极法测定，防止膜上附着微气泡；

透明度：使用塞氏盘法测定；

电导率：使用电导率仪测定：

氧化还原电位：使用铂电极和甘汞电极，以mV计或pH计测定；

浊度：使用目视比色法或浊度仪测定；

感官指标描述：使用相同比色管，分取等体积水样和蒸馏水作比较，进行颜色定性描述，现场记录水中气味（嗅）、水面有无油膜等；

水文参数：水文测量执行《河流流量测验规范》（GB 50179-2015），潮汐河流各监测点位采样时，应同时记录潮位：

气象参数：主要观测气温、气压、风向、风速、相对湿度、天气状况等。

⑥注意事项：采样时，不可搅动水底沉积物，应保证采样点位置准确，必要时使用GPS定位：认真填写《水质采样记录表》，使用签字笔填写现场记录，字迹端正、清晰，项目完整；保证采样按时、准确、安全；采样结束前，应核对采样计划、记录与水样，若有错误或遗漏，立即补采或重采；若采样现场水体不均匀，无法采集有代表性样品，

应详细记录不均匀和实际采样情况，供使用该数据者参考，并向环境保护行政主管部门反映现场情况。

测定石油类水样，应在水面至 300mm 单独采集柱状水样，全部用于测定，且采样瓶（容器）不得使用采集的水样冲洗；测定溶解氧（DO）、生化需氧量（BOD_5）和有机污染物等项目时，水样必须注满容器，上部不留空间，并有水封口。测定湖库水中 CODMn、CODCr、总氮、总磷、叶绿素时，水样静置 30min 后，使用吸管一次或多次移取水样，吸管进水嘴尖应插至水样表层 50mm 以下位置，再加入保存剂保存；测定 SS、DO、BOD5、硫化物、石油类、余氯、粪大肠菌群、放射性等项目，应单独采样。

若水样中含沉降性固体，例如泥沙等，应分离除去。分离方法：将所采水样摇匀后倒入筒形玻璃容器，例如：1 ~ 2L 量筒，静置 30min，将不含沉降性固体但含悬浮性固体的水样移入盛样容器，并加入保存剂。

（3）采样记录与运输

在《水质采样记录表》中，认真填写采样现场描述与现场测定项目等相关内容。凡可现场测定项目，均应在采样现场测定；水样运输前，应将容器内外盖旋紧；装箱时，使用泡沫塑料等分隔，以防水样破损；箱体应有"切勿倒置"等明显标志，同一采样点样品瓶，尽可能装在同一箱中；若分装若干个箱内，各箱内均应有同样采样记录表；运输前，检查所采水样是否已全部装箱；运输时，有专门押运人员；水样移交分析化验部门时，应认真办理交接手续。

二、地下水环境样品采集

《地下水环境监测技术规范》（HJ/T 164-2004）（以下称《地下水监测规范》）规定了地下水采样原则、采样频率与时间、采样前准备、采样方法、采样记录等项内容。

（一）采样频率与时间

1. 采样频率确定原则

依据不同水文地质条件和地下水监测井使用功能，结合当地污染源及其污染物排放实际情况，力求以最低采样频率，取得最有时间代表性的样品，达到全面反映区域地下水质状况、污染原因和规律之目的。为反映地表水与地下水的水力联系，地下水采样频率与时间尽可能与地表水相一致。

2. 采样频率与时间

背景值监测井和区域性控制的空隙承压水井，枯水期采样 1 次 / 年；污染源控制监测井逢单月采样 1 次，全年采样 6 次；集中式生活饮用水地下水源监测井，采样 1 次 / 月。

污染源控制监测井某一监测项目，如果连续 2 年测定值均小于控制标准值 1/5，且监测井附近确实无新增污染源和现有污染源未增加排污量情况下，该项目枯水期采样 1 次 / 年；一旦监测结果大于控制标准值 1/5，或监测井附近有新增污染源或现有污染源新增排污量时，即恢复正常采样频率。

同一水文地质单元的监测井采样时间应尽可能相对集中，采样日期不宜跨度较大；若遇特殊情况或出现突发性环境污染事件，可能影响地下水水质时，应随时增加采样频率。

（二）水样采集技术

1. 采样前准备

《地下水监测规范》规定："地下水采样前准备，主要有：一是确定采样负责人：主要负责制订采样计划并组织实施；二是制订采样计划：首先，采样负责人应了解监测目的和要求，监测井周围环境，熟悉采样方法、现场测定技术、水样容器洗涤、样品保存技术，采样计划主要内容：采样目的、监测井位、监测项目（含现场测定项目）、采样数量、采样时间与路线、采样人员与分工、采样质量保证、采样器材与交通工具、安全保障措施等；三是采样器材与现场监测仪器准备：采样器，主要指采样器和水样容器：采样器的材质和结构，应符合《水质采样器技术要求》中相关规定。"

（1）采样器

地下水水质采样器分为自动式与人工式两类。自动式，使用电动水泵采样；人工式，分为活塞式与隔膜式采样器，可按要求选用。地下水水质采样器，应能在监测井中准确定位，并可取到足够量的水样。

（2）水样容器选择与清洗

水样容器选择原则：容器不得引起新的玷污，容器壁不应吸收或吸附某些待测组分，容器壁不应与待测组分发生反应，可严密封口且易于开启，容易清洗并可反复使用。

（3）现场监测仪器

水位、水量、水温、pH 值、电导率、浑浊度、色、臭、味等现场监测项目，应在实验室内准备好所需仪器设备，安全运输至监测现场，使用前检查，确保其性能正常。

2. 水样采集方法

①地下水水质监测，通常采集瞬时水样；需要测量水位的井水，采样前应首先测量地下水位。

②从水井中采集水样，必须充分抽吸后采集；抽吸水量不得少于井内地下水体积的 2 倍，采样深度应在地下水水面 0.5m 以下，确保水样能代表地下水水质。

③封闭的生产井，可在抽水时由水泵房出水管放水阀处采样，采样前应将抽水管中存余水量放净；自然喷出地表的泉水，可在涌水处出口水流中心采样；采集不自喷泉水时，将滞留在抽水管的积水汲出，新鲜水更替后再行采样。

④地下水采样前，除 BOD_5、有机污染物、细菌类检测项目外，首先应使用采样水荡洗采样器和水样容器 2～3 次；测定 DO、BOD_5、挥发性与不挥发性有机污染物水样，采样时，水样必须注满容器，上部不留空隙，但准备冷冻保存的样品不可注满容器，否则，水样冷冻后，因水样提及膨胀使容器破裂；测定 DO 水样采集后，现场固定，盖好瓶塞后需用水封口；测定 BOD_5、硫化物、石油类、重金属、细菌类、放射性等项目的水样，

应分别单独采样。

⑤地下水监测项目所需水样采集量，已考虑重复分析和质量控制需要，并留有余地；水样采入或装入容器后，立即按要求加入保存剂；采样结束前，应核对采样计划、采样记录与水样数量，若发生错采或漏采，应立即重新采集或补采地下水样品。

3. 水样采集记录

地下水样品采集后，立即将水样容器（瓶）盖紧、密封、粘贴标签，标签一般应包括：监测井号、采样日期与时间、监测项目、采样人等；使用墨水笔或签字笔，现场填写地下水采样记录表，字迹端正、清晰，各栏内容填写齐全。

地下水采样记录，包括采样现场描述和现场测定项目记录两部分内容，采样人员必须认真填写。

三、近岸海域环境样品采集

《近岸海域环境监测技术规范》（HJ 442-2020）规定了近岸海域水质监测频率与时间、监测项目、样品采集与管理等三项内容。

（一）监测频率与项目

《近岸海域环境监测技术规范》规定：近岸海域水质监测频率：一般 2 ~ 3 次 / 年；监测日期：3—5 月、7—8 月、10 月。

1. 必测项目

水深、水温、盐度、pH 值、悬浮物（SS）、溶解氧（DO）、化学需氧量（CODCr）、生化需氧量（BOD5）、活性磷酸盐、无机氮（氨氮、硝酸盐氮、亚硝酸盐氮）、非离子氨、石油类、汞、镉、铅、铜、锌、砷；

2. 选测项目

天气、海况、风向、风速、气温、气压、色、嗅、味、浑浊度、透明度、漂浮物质、硫化物、氯化物、活性硅酸盐、总有机碳、挥发酚、氰化物、总铬、六价铬、镍、硒、铁、锰、粪大肠菌群、阴离子表面活性剂、六六六、滴滴涕、有机磷农药、苯并[a]芘、多氯联苯、狄氏剂。

（二）样品采集与管理

1. 采样准备

《近岸海域环境监测技术规范》规定：海水采样器应具良好注充性和密闭性，材质耐腐蚀、无玷污、无吸附，可在恶劣气候与海况下操作；一般来说，可使用抛浮式采水器采集石油类样品，Niskin 球盖式采水器采集表层水样，GO-F10 阀式采水器分层采样，亦可结合 CTD 参数监测器联用的自动控制采水系统采集各层水样。

2. 采样层次

《近岸海域环境监测技术规范》规定的近海岸海域海水采样层次，见表2-1。

表2-1 近海岸海域海水采样层次

水深范围 /m	标准层次 /m
< 10	表层水
10 ~ 25	表层水，底层水
> 25	原则分3层，可视水深酌情加层

说明：表层，指海面以下0.1 ~ 1.0m；底层，河口与港湾海域最好取距海底2m水层，深海或大浪时可酌情增大与海底距离。

3. 样品采集

《近岸海域环境监测技术规范》规定的海水样品采集方法有：①项目负责人或首席科学家负责和船长协调与海上作业、船舶航行的关系，在保证安全的前提下，航行应满足监测作业的需要；②依据环境监测方案要求，获取样品和资料：③水样分装顺序基本原则是：不过滤的样品首先分装，需要过滤的样品后分装，一般来说，按 SS、DO、BOD_5 → pH →营养盐→重金属→ $CODCr$ →有机污染物→叶绿素→浮游植物（水采样）顺序分装样品；若 $CODCr$、Hg 需测试非过滤态，则按 S、DO、BOD_5 → pH →有机污染物→ Hg → pH →盐度→ $CODCr$ →营养盐→其他重金属→叶绿素→浮游植物（水采样）顺序分装样品；④在规定时间内完成海上现场检测样品，同时做好非现场检测样品预处理。

海水采样时，应注意：在大雨或特殊气象条件下，应停止海上采样工作；采样船到站前20min，停止排污和冲洗甲板，关闭厕所通海管路，直至监测作业结束；严禁用手玷污所采样品，防治样品瓶塞（盖）玷污，观测和采样结束，立即检查有无遗漏，再通知船舶起航；遇有赤潮和溢油等情况，应按应急监测等规定，要求跟踪监测。

4. 样品标准和记录

海水采样前应做好样品瓶唯一性标记，采样瓶注入样品后，应立即将样品信息在采样记录表中详细记录、内容齐全：原始记录表应统一编号、字迹端正、不得涂改，需要改正时，在错误数据上画一横线，将正确数据填写其上方，并在其右下方盖章或签名，不得撕页；海上现场监测原始记录应使用硬质铅笔书写，以免被海水沾糊；原始记录必须有填表人、测试人、校核人签名，并随同监测结果报出；低于检测限的测试结果，使用"最低检出限（数据）"表示。

5. 样品保存与运输

（1）基本要求

抑制微生物、减缓化合物或络合物水解与氧化还原作用，减少组分挥发或吸附损失，防止玷污。

（2）保存方法

海水样品保存方法有三：①冷藏（冻）法 —— 样品在 4℃冷场或将水样迅速冷冻，暗处贮存；②充满容器法 —— 采样时应使样品充满容器，盖紧瓶塞，加固不使其松动；③化学 —— 加入化学试剂、控制溶液 pH 值，加入抗菌剂、氧化剂、还原剂。

（3）样品运输

①样品装运前必须逐件与样品登记表、样品标签、采样记录核对，无误后分类装箱；②塑料容器应拧紧内外盖，贴好密封袋；③玻璃瓶应拧紧磨口塞，再用铝箔包裹，样瓶包装应严密，装运中耐颠簸；④使用隔板隔离玻璃容器，充填样品装运箱空隙，使箱内容器牢固；⑤DO 样品应用泡沫塑料等软物质充填样品箱，防止振动和曝气，并冷藏运输；⑥不同季节应采取不同的保护措施，保证样品运输环境条件，装运液体样品容器其侧面应粘贴"此端向上"标签，"易碎·玻璃"标签应粘贴箱顶；⑦样品运输应附清单，注明：实验室分析项目、样品种类、样品数量等；⑧做好样品交接、保存、清理过程记录；⑨设置专项样品保管室，由专人负责样品与相应采样记录交接，及时做好样品保存与分析测试过程结束后废样品清理工作。

第三节　土壤底质样品采集

一、土壤环境样品采集

土壤指陆地上可生长作物的疏松表层，由固、液、气相组成，其主体是固体，具多孔体的机械截留、吸附和生物吸附性，易接受环境中各类污染物且流动、迁移、混合较困难。

一般认为，土壤（含底质）采样误差，对土壤环境监测结果的影响往往大于分析测定误差；欲获取具有代表性土壤样品，其样品采集管理不可忽视。

（一）监测项目与频率

《土壤环境监测技术规范》（HJ/T 166-2004）（以下称《土壤监测规范》）规定：土壤环境监测项目分为常规项目、特定项目、选测项目，监测频率与其相应。

1. 特定项目

根据当地环境状况，确认在土壤中积累较多、环境危害较大、影响范围广、毒性较强的污染物，或者环境污染事件造成土壤环境严重不良影响的物质。

2. 选测项目

一般来说，包括新纳入并在土壤中积累较少的污染物、因环境污染导致土壤性状发生改变的土壤性状指标，以及生态环境指标等。

土壤环境监测项目与频率，见表 2-2。

表 2-2　土壤环境监测项目与频率

项目类别		监测项目	监测频率
常规项目	基本项目	pH、阳离子交换量	1 次 /3 年，农田夏或秋收后采样
	重点项目	镉、铬、汞、砷、铅、铜、锌、镍、六六六、滴滴涕	
特定项目（污染事故）		特征项目	及时采样，根据污染物变化趋势决定监测频率
选测项目	影响产量项目	全盐量、硼、氟、氮、磷、钾等	1 次 /3 年，农田夏或秋收后采样
	污水灌溉项目	有机质、硫化物、挥发酚、氰化物、六价铬、烷基汞、苯并 [a] 芘、石油类等	
	POPs 与高毒类农药	苯、挥发性卤代烃、有机磷农药、PCB、PAH 等	
	其他项目	结合态铝（酸雨区）、硒、钒、氧化稀土总量、铜、铁、锰、镁、钙、钠、铝、硅、放射性比活度等	

土壤环境监测频率，原则执行表 2-2 规定；常规监测项目可结合当地实际，适当降低监测频率，但不低于 1 次 /5 年；选测项目，可结合当地实际情况，适当提高监测频率。

（二）土壤样品采集

《土壤监测规范》中规定，土壤环境样品采集，一般来说，应包括以下三个阶段：

第一阶段，前期采样：根据背景资料与现场踏勘结果，采集一定数量的样品分析测定，用于初步验证污染物空间分异性和判断土壤污染程度，制定土壤环境监测方案，即：选择布点方式、确定监测项目、样品数量提供依据，前期采样可与现场调查同步实施。

第二阶段，正式采样：根据《土壤环境监测方案》相关要求，采样人员实施拟定环境监测区域现场土壤样品采集。

第三阶段，补充采样：正式采样测试后，发现土壤环境监测样点未满足总体设计需要，必须增设采样点位，补充采样。面积较小的土壤环境污染调查、突发性土壤环境污染事件调查，可结合实际情况，直接采样。

1. 区域环境背景土壤采样

在拟定采样点位，可采表层土样或土壤剖面。一般土壤环境监测，采集表层土，采样深度 0 ~ 20cm：土壤背景、环境评价、突发性环境污染事件等特殊要求监测，必要时选择部分采样点位，采集土壤剖面样品，一般土壤剖面规格为长 1.5m、宽 0.8m、深 1.2m；挖掘土壤剖面应使观察面向阳，表土和底土分两侧堆置。

一般来说，每个土壤剖面采集 A、B、C 三层土样；地下水位较高时，土壤剖面挖至地下水出露时为止；山地、丘陵土层较薄时，土壤剖面挖至风化层；B 层发育不完整（不发育）的山地土壤，仅采集 A、C 两层；干旱地区，土壤剖面发育不完善的土壤，在表土层 5 ~ 20cm、心土层 50cm、底土层 100cm 左右采样。

水稻土，按 A 耕作层、P 犁底层、C 母质层或 G 潜育层、W 潜育层分层采样，P 层太薄的剖面，仅采集 A、C 两层或 A、G 层或 A、W 层；A 层特别深厚，沉积层不甚发育，1m 内见不到母质的土类剖面，按 A 层 5～20cm、A/B 层 60～90cm、B 层 100～200cm 采集土壤；草甸土、潮土，一般在 A 层 5～20cm、Ci 层或 B 层 50cm、C2 层 100～120cm 处采样。

土壤采样顺序自下而上，先采集剖面的底层样品，再采集中层样品，最后采集上层样品；测量重金属的样品，尽可能使用竹片或竹刀去除与金属采样器接触的部分土壤，再用竹片或竹刀取样。

土壤剖面，每层样品采集 1kg 左右，装入样品袋；一般样品袋由棉布缝制而成，若是潮湿样品，可内衬塑料袋（供无机化合物测定）或将样品置于玻璃瓶内（供有机化合物测定）。

在采集土壤样品的同时，由专人填写样品标签、采样记录；标签一式两份，一份放入袋中，一份系在袋口，标签应标注采样时间、地点、样品编号、监测项目、采样深度、经纬度。

采样结束后，需逐项检查采样记录、样袋标签和土壤样品，若有缺项和错误，及时补齐更正；将底土和表土按原层回填至采样坑中，方可离开现场，并在采样示意图上标出采样地点，避免下次采集相同处剖面土样。

2. 农田土壤采样

（1）剖面样品

特定调查研究监测，需了解污染物在土壤中垂直分布时，采集土壤剖面样，采样方法同"区域环境背景土壤采样"。

（2）混合样品

一般来说，农田土壤环境监测采集耕作层土样，种植一般农作物采集 0～20cm，种植果林类农作物采集 0～60cm；为保证土壤样品代表性，降低监测费用，采取采集混合样方案，即每个土壤单元设 3～7 个采样区，单个采样区可以是自然分割的一个田块，也可由多个田块构成，范围以 200m×200m 左右为宜，每个采样区的样品为农田土壤混合样，主要方法如下：

①对角线法：适用于污灌农田土壤，对角线分 5 等份，以等分点为采样分点；

②梅花点法：适用于面积较小，地势平坦，土壤组成和污染程度相对比较均匀的地块，设分点 5 个左右；

③棋盘式法：适宜中等面积、地势平坦、土壤不够均匀的地块，设分点 10 个左右；受污泥、垃圾等固体废物污染的土壤，分点应在 20 个以上；

④蛇形法：适宜面积较大、土壤不够均匀且地势不平坦的地块，设分点 15 个左右，多用于农业污染型土壤；各分点混匀后，用四分法取 1kg 土样装入样品袋，多余部分弃去；样品标签和采样记录等要求同"区域环境背景土壤采样"。

3. 建设项目土壤环境评价监测采样

（1）非机械干扰土

如果建设项目工程施工或工业企业生产未翻动土层，表层土受污染可能性最大，但不排除对中下层土壤影响。工业企业生产或即将生产导致的污染物，以生产工艺废水、废气、固体废物等形式污染周围土壤环境，采样点位以污染源为中心放射状设点为主，在主导风向和地表水径流方向适当增加采样点（与污染源距离远于其他采样点位）；以水污染型为主的土壤按水流方向带状布点，采样点位自排污沟口起由密渐疏；综合污染型土壤监测布点，采用综合放射状、均匀、带状布点法，此类监测不采混合样；混合样虽能降低监测费用，但缺失污染物空间分布信息，不利于掌握建设项目工程施工、工业企业生产对土壤的影响状况。

表层土样采集深度 0～20cm；每个柱状样取样深度均为 100cm，分取 3 个土样：表层样（0～20cm），中层样（20～60cm），深层样（60～100cm）。

（2）机械干扰土

由于建设项目工程施工或工业企业生产中，土层受到翻动影响，污染物在土壤中的纵向分布不同于非机械干扰土。

采样点位设置，同"非机械干扰土"；各采样点取 1kg 土样装入样品袋，样品标签和采样记录等要求同"区域环境背景土壤采样"；采样总深度由实际情况而定，一般同土壤剖面样采样深度，确定采样深度有以下三种方法供参考。

①随机深度采样。该采样方法适用于土壤污染物水平方向变化较小的土壤环境监测单元，采样深度由下式计算：

$$深度 = 剖面土壤总深 \times RN$$

（2-1）

式中 RN=0～1 之间的随机数；RN 由随机数骰子法产生，《随机数的产生及其在产品质量抽样检验中的应用程序》（GB/T 10111-2008）推荐的随机数骰子是由均匀材料制成的正 20 面体，在 20 个面上，0～9 各数字均出现 2 次，使用时，根据需产生的随机数的位数选取相应骰子数，并规定好每种颜色骰子各代表的位数；《土壤监测规范》使用 1 个骰子，其出现的数字除以 10 即为 RN，当骰子出现数为。时，规定此时 RN 为 1。

②分层随机深度采样。该采样方法适用于绝大多数土壤采样，土壤纵向（深度）分三层，每层采 1 个样品，每层采样深度由下式计算：

$$深度 = 每层土壤深 \times RN$$

（2-2）

式中 RN=0～1 之间的随机数，取值方法同式（2-1）中 RN 取值。

③规定深度采样。该采样方法适宜预采样（为初步了解土壤环境污染随深度变化，制定土壤环境监测采样方案）和挥发性有机物监测采样，表层土多采集样品，中下层土等间距采样。

4. 城市土壤采样

城市土壤是城市生态环境的重要组成部分。虽然城市土壤不用于农业生产，但其环境质量对城市生态系统影响极大。城区内大部分土壤被道路和建（构）筑物覆盖，仅有小部分土壤由植被覆盖，《土壤监测规范》中城市土壤主要指后者；因其复杂性，分两层采样，上层（0～30cm）可能是回填土或受人为影响大的土壤，另一层（30～60cm）为人为影响相对较小部分，两层分别取样监测。

城市土壤监测点位，以网距2000m的网格布点为主，功能区布点为辅，每网格设1个土壤采样点位。各类专项研究或专项调查中土壤监测采样点位，可适当加密。

5. 污染事件监测土壤采样

突发性环境污染事件不可预料，接到举报后立即组织土壤采样。现场调查和勘查，取证土壤被污染时间，根据污染物及其土壤影响，确定监测项目，尤其污染事件的特征污染物是监测重点。依据污染物色度、印渍、味（嗅），结合地形、地貌、风向、风速等因素，初步界定污染事件对土壤的污染范围。

①若是固体污染物抛洒污染型，待清扫后，采集表层5cm土样，采样点数不小于3个。

②若是液体倾翻污染型，污染物流入低洼处的同时，向深度方向渗透并向两侧横向扩散，则每个土壤监测点位分层采样；距事发地土壤样品点位应较密，采样深度较深，距事发地相对远处土壤样品点位应较疏，采样深度较浅，土壤采样点位不小于5个。

③若是爆炸污染型，以放射线同心圆方式布点监测，土壤采样点位不小于5个；爆炸中心应分层采样，周围采集表层土（0～20cm）。

④污染事件土壤监测，应设置2～3个对照点，各点（层）取1kg土样装入样品袋，有腐蚀性或需测定挥发性化合物时，改用广口瓶盛装土样；含易分解有机物的待测定土壤样品，采集后置于低温（冰箱）中，直至运送、移交实验室。

6. 样品流转

①装运前核对：在采样现场，土壤样品必须逐件与采样登记表、样品标签、采样记录核对，无误后分类装箱。

②运输中防损：运输过程中，严防土壤样品损失、混淆、玷污；光敏感样品，应有避光外包装。

③样品交接：由专人将土壤样品送实验室，送样者和接样者双方同时清点核实样品，并在样品交接单签名确认。

二、底质环境样品采集

底质或沉积物，是矿物质、岩石、土壤的自然侵蚀产物、生物过程的产物，有机质的降解物、水污染物与河床母质等随水流迁移而沉积在地表水体底部堆积物的统称，蓄积了各类污染物，显著表现水环境的物理、化学、生物污染现象，可记录某水环境污染历史，反映难降解污染物累计特征。

（一）地表水底质采样

《水监测规范》指出，底质监测样品，主要用于了解地表水体中易沉降、难降解污染物的累积情况。

1. 底质样品采集

底质采样点位，通常为地表水质采样垂线正下方，当正下方无法采样时，可略作移动，移动情况应在采样记录表中详细注明；底质采样点位应避开河床冲刷、底质沉积不稳定，以及水草茂盛、表层底质易受搅动处；湖泊与水库底质采样点位，一般应设在主要污染源排放口与湖泊或水库水体混合均匀处。

2. 采样量与容器

通常底质采样量 1 ~ 2kg，一次采样量不足时，可在周围采集若干次，并将样品混匀，剔除样品中砾石、贝壳、动植物残体等杂物；在较深水域，一般常用掘式采泥器采样；在浅水区或干涸河段，使用塑料勺或金属铲等即可采样；在样品尽可能沥干水分后，使用塑料袋包装或用玻璃瓶盛装；供测定有机物的样品，使用金属器具采样，置于棕色磨口玻璃瓶中，瓶口不应沾污，以保证磨口塞可塞紧。

3. 采样记录与交接

底质样品采集后应及时将样品编号，贴标签，并将底质外观性状如泥质状态、颜色、嗅味、生物现象等情况填入采样记录表。采集的样品和采样记录表运回后一并交予实验室，并办理交接手续。

（二）海水沉积物采样

《近岸海域环境监测技术规范》中规定了近岸海域海水沉积物监测频率与时间、监测项目、样品采集与管理三项内容。具体如下：

1. 监测频率与项目

近岸海域海水中沉积物监测样品采集，一般 1 次 /2 年，采样日期：5—8 月份。

①必测项目：粒度、总磷、总氮、有机碳、石油类、汞、镉、铅、锌、铜、砷、六六六、滴滴涕。

②选测项目：色、臭、味、氧化还原电位、废弃物及其他、硫化物、大肠菌群、粪大肠菌群、多氯联苯、沉积物类型等。

2. 样品采集与管理

（1）样品采集

①采样器材准备。根据不同需要，沉积物可使用掘式（抓式）采样器、锥式（钻式）采样器、管式采样器、箱式采样器采样，一般采样器要求钢材强度高、耐磨性能较好，使用前应去除油脂并清洗干净。

掘式（抓式）采样器，适用于采集较大面积表层样品；锥式（钻式）采样器，适用于采集较少的沉积物样品；管式采样器，适用于采集柱状样品；箱式采样器，适用于大面积、一定深度沉积物样品采集。

一般来说，辅助器材包括：电动或手摇绞车、木质或塑料接样盘、塑料刀、塑料勺、烧杯、采样记录表、塑料标签卡、铅笔、记号笔、钢卷尺、接样箱等。

②容器选择与处理。贮存沉积物样品的容器，主要为广口硼硅玻璃瓶、聚乙烯袋、聚苯乙烯袋，其中：聚乙烯与聚苯乙烯袋适用于痕量金属样品贮存。湿样待测项目、硫化物等样品贮存，不得使用聚乙烯袋，可用棕色广口玻璃瓶。

用于分析有机物的沉积物样品应置于棕色玻璃瓶中，瓶盖衬垫洁净铝箔或聚四氟乙烯薄膜。聚乙烯袋强度有限，使用时，可用两个新袋双层加固，不得有任何标志或字迹。

沉积物采集样品容器使用前，须用（1+2）硝酸浸泡 2 ~ 3d，再用去离子水清洗、晾干。

③表层样品采集。表层沉积物样品，一般使用掘式采泥器采集，即将采泥器与钢丝绳末端连接，检查是否牢固，测量采样点水深；慢速启动绞车，提起已张口采样器，扶送缓慢入水，稳定后常速深入至距底 3 ~ 5m 处，全速入底部，然后，慢速提升采泥器，离地后快速提升；将采泥器降至采样盘上，打开采泥器耳盖，倾斜采泥器使上部水缓慢流出，再定性描述和分装。

表层沉积物的分析样品，一般取上部 0 ~ 2cm 沉积物。若一次采样量不足，应再次采样。

④柱状样采集。垂直断面沉积物样品，使用重力采样器采集，亦即：船舶驶至采样点后，首先采集表层沉积物样品，以了解沉积物类型，若为砂质，则不宜采集柱状样品；将采样管与绞车连接好，检查是否牢固；缓慢启动绞车，手扶采样管下端，小心送至船舷外，再用钩将其置入水中；待采样管在水中停稳后，按常速将其降至距底 5 ~ 10m 处，视重力和沉降物类型而定，再以全速砸入沉积物中；缓慢提升采样管，离开沉积物后再快速提升至水面，出水面后减速提升，待采样管下端高于船舷后立即停车，使用铁钩钩住管体，将其转入船舷内，平放甲板上；小心倾倒采样管上部积水，测量采样深度，再将柱状样品缓缓挤出，按顺序接放在接样箱上，定性描述和处理，清洗采样管备用；若柱状样品长度不足或重力采样管斜插入沉积物时，视情况重新采样。

（2）样品现场描述

沉积物样品分装前，及时作好沉积物色、嗅、厚度和沉积物类型等现象描述，并详细记录。

（3）样品标志和记录

采样前，沉积物样品瓶应编号：装样后贴标签，使用记号笔，将站号写在容器上，以免标签脱落混乱样品；塑料袋表面需贴胶布，使用记号笔注明站号，并将写好的标签放入袋中、扎口封存，认真做好采样记录。

（4）样品保存与运输

根据沉积物样品保存条件，实施样品封装和保存：盖紧样品容器盖，避免任何玷污或蒸发。运输时，应防止沉积物样品容器破裂。

第四节 环境生物样品采集

一、陆地生物样品采集

《生物遗传资源采集技术规范（试行）》（HJ 628-2011）规定了中国野生生物遗传资源——动物、植物、大型真菌等的采集程序、技术规程与注意事项等。采集生物遗传资源的基本程序，包括：采样前准备、实地采集、样品处理和贮存、记录等。

（一）采样前准备

①采集国家重点保护野生动物、野生植物的遗传资源（见《国家重点保护野生动物名录》和《国家重点保护野生植物名录（第一批）》），应按国家相关法律法规的规定，向相关主管部门提出申请；需要在自然保护区内采集遗传资源，应向保护区管理机构提出申请，获得批准后方可实施采集。

②采集重点保护和濒危生物遗传资源前，应充分研究其形态、生理和分布，避免因采集活动造成不可挽回的破坏。

③采集生物遗传资源前，应制定完备的采样方案，了解野生生物分布区域，依据当地自然状况，制定采集路线图，避免漫无目的的采集活动，以免破坏自然栖息地。

④生物遗传资源采集路线，应采取从生物种群（居群）分布边缘向中心地带推进方式，优先采集生物种群（居群）边缘分布的个体；若在保护区内采集，应按实验区、缓冲区顺序行进。

（二）采样人员

应对采样人员进行专门培训，使其掌握目标采集生物物种的分类学、形态学知识，以及野生动物生活习性、栖息环境、捕捉技巧等。

（三）采样器料

①野生动物捕捉工具，包括：捕捉网、自制陷阱、麻醉枪（针）等，应依据采集对象选择。

②野生动物处理器材，包括：医用或科学实验级剪刀、解剖刀、镊子、带帽塑料试管或离心管、带帽广口瓶、滴管、封口塑料袋、锡箔盒、乳胶手套、手摇离心机等；样品采集前，采样器材应洗净并消毒，避免污染组织和传染疾病。

③生物采样记录工具，包括：记号笔、标签纸、铅笔等。

④生物处理和贮存材料，包括：蒸馏水、液氨、干冰、90%～100%乙醇、DNA缓冲液、抗凝剂等。

（四）采样方式与对象

生物遗传资源采集时，应首先选择非损伤性取样；可通过搜集动物脱落的毛发和羽毛、粪便、食物残渣、卵壳、蛹壳等样品，从样品残留细胞中提取遗传资源。无法进行非损伤性取样或需要较高质量遗传资源时，可采取非损伤性取样，除非特殊需要不得进行伤害性取样。各生物类群的常用非损伤性取样方法如下：

1. 哺乳动物

大型哺乳动物，可用麻醉枪击捕捉；小型哺乳动物，例如：啮齿类动物等可用捕笼活捉，再用麻醉针麻醉。捕捉到哺乳动物后，采集带有毛囊的毛发或自颈（耳）静脉采血；采集对象，以成熟个体为主，尽可能不捕获幼体或繁殖期、哺乳期的母体。

2. 鸟类

可采取网捕鸟类，根据鸟类体型变化，确定网眼大小；依据鸟类生活习性，选择其经常出没的林缘、水域、草地等设点张网捕获；捕捉到鸟类后，采集羽毛或自翅（腿）采血。

3. 两栖与爬行动物

可采取陷阱、网具、套索等方法，捕捉两栖动物、爬行动物；捕获到两栖动物、爬行动物后，剪取其脚趾或尾尖。

4. 鱼类

可采用渔网捕捞鱼类，根据鱼类大小，选择渔具和确定网眼大小；捕获鱼类后，剥离其鳞片或剪取鳍条。

5. 无脊椎动物

根据无脊椎动物类群和生活习性，制定采样方案。飞行昆虫，可采取网扫、灯诱捕捉；爬行的昆虫和软体动物等，可采取陷阱捕获；水生和底栖软体动物、扁形动物、节肢动物等，可采取抄网、拖网、采泥器等工具捕捞。捕获无脊椎动物后，采集翅、壳、肌肉等组织。

6. 植物与大型真菌

参照动物非伤害性取样原则采集植物和大型真菌。可采集新鲜的叶、芽、花、种子、子实体等组织，尽可能地下的根、茎。

（五）样品采集量

尽可能采集少量生物样本，一般来说，取其50μL血液或200mg组织即可。如果科研或开发工作需要，可适当增加采样量，但不得造成生物体正常生长、繁殖、活动影响。必须严格控制重点保护和濒危物种的采集量。

（六）样品处理与贮存

①采样时，采样人员应佩戴经消毒的乳胶手套，使用镊子夹取样品；生物样品采集

后，须用蒸馏水冲洗。

②采集的动物组织放入洁净的塑料管或广口瓶中，封闭后置入液氨或干冰中贮存，亦可加入 90% ~ 100% 乙醇或 DNA 缓冲液，将动物组织浸泡保存。

③采集的动物血液样品中，应加入抗凝剂并充分混匀；待其自然沉降或使用手摇离心机，将血液细胞与血浆分离，弃去血浆，将血液细胞置入液氨或干冰中贮存。

④采集的植物组织放入洁净的塑料袋中，按 1∶10 比例加入硅胶，再挤出袋中空气，袋口封闭后入锡箔盒中避光保存。

⑤采集的生物样品，至少应分 2 份贮存，以避免过失性风险。生物样品应在 7d 内送实验室分析或长期保存。

（七）动物采样后处理

采集后遗传资源的动物不得弃之不顾，应对其创口进行止血和消毒处理，待其苏醒后原地释放，不得将捕捉的动物带出原栖息地外释放。

（八）处理与安全措施

采集或处理活体动物样品时，应谨慎、快速操作，尽可能减轻其痛苦。

采集野生动物遗传资源时，应采取充分的安全防范措施。在捕捉和处理野兽、毒蛇等危险性动物时，应规避被其伤害。对于潜在疫源动物，例如，啮齿类动物、鸟类等，应注意防疫保护，必要时进行免疫注射。

（九）采样记录

①采集的生物遗传资源样品应及时编号标记，做好详细档案记录，以便向相关主管部门或保护区管理机构备案。

②生物遗传资源样品档案记录的基本内容，应包括：采样人姓名、所属机构、联系地址、联系方式等基本信息，审批部门及其文号，采集生物遗传资源使用目的，采样时间，样品编号，采样地信息（地理位置、植被类型、栖息地状况、地理坐标、海拔高度、气温、相对湿度、实地拍摄照片等），采集生物遗传资源信息（中文名、学名、分类地位、采集形态、采集数量等）。

二、海洋生物样品采集

《近岸海域环境监测技术规范》规定了近岸海域海洋生物监测频率与时间、监测项目、样品采集与管理三项内容。

（一）监测频率与项目

海洋生物例行监测，原则按春季、夏季、秋季、冬季监测 4 个时期，考虑实际监测能力，监测频率可酌情跨年度安排，监测时间可与海水水质监测相结合。

①必测项目：浮游植物、大型浮游动物、叶绿素、粪大肠菌群、底栖生物（底内生物）。

②选测项目：初级生产力、赤潮生物、中小型浮游动物、底栖生物（底上生物）、大型藻类、细菌总数、鱼类回避反应。

（二）样品采集与管理

1．采样层次

微生物，采集表层样品；叶绿素 a、浮游植物定量样品采样层次，均同海水水质样品采集；浮游植物定量样品水样采集量 500mL 或 1000mL，浮游植物和浮游动物定性样品采集，距底 2m 垂直拖至海水表层。

2．样品采集

（1）采样前准备

根据近岸海域监测站点、监测项目、采样层次，配备足够采样瓶、固定剂、其他采样器材，选择适宜的监测用船。

（2）采样操作

必须在采样船停稳后，实施生物采样。根据采样时气象与海流条件，可适当调整采样方位，确保海上采样作业方便、安全。

（3）生物采样

微生物采样，使用无菌采水器，确保采样全过程无菌操作，避免玷污；浮游生物采样，使用浅水 Ⅰ、Ⅱ、Ⅲ 型浮游生物网，拖网速度：下网不大于 1m/s、起网约 0.5m/s；底内生物采样，使用 0.1m² 静力式采样器，取样 5 次 / 站点，特殊情况下取样不小于 2 次 / 站点，若采样条件不许可，可使用 0.05m² 采泥器，但需增加采样次数；底上生物采样，使用阿氏拖网，拖网速度控制在 2 节左右，每个监测站点拖网时间 10min。

3．样品保存与运输

①微生物样品：采集后应尽快分析，时间不大于 12h；否则，应将微生物样品置于冰瓶或冰箱中，但亦不得超过 24h。

②叶绿素样品：采集后应立即过滤，然后，使用铝箔将滤膜包裹起来，在 –20℃ 条件下干燥保存，待测。

③浮游植物水采样品：采集后，加入 6‰ ~ 8‰ 卢戈氏液（碘片溶于 5%KI 溶液中形成的饱和溶液）：浮游生物网采集样品，加入 5%（V/V）甲醛溶液，摇匀。

④浮游动物样品：采集后，加入 5%（V/V）甲醛溶液，摇匀。

⑤底栖生物样品：采集后，经现场海水冲洗干净；临时性保存，使用 5% ~ 7%（V/V）中性甲醛溶液：永久性保存，使用 75%（V/V）丙三醇乙醇溶液或 75%（V/V）乙醇溶液；底栖生物固定样品，超过 2 个月未分离鉴定，应更换 1 次固定液。

盛装海洋生物样品的容器在运输过程中，应采取各种措施，防止破碎或倾覆，保证样品的完整性；海洋生物样品运输应附有采样清单，在采样清单上应注明分析项目、样品种类和数量。

4．采样记录与移交

海洋生物样品采集过程中，必须认真做好相应记录；采样过程中出现的异常现象，应作出详细记录。海洋生物样品交接，必须做好交接记录，同时备案。

三、潮间带生态监测

《近岸海域环境监测技术规范》规定了近岸海域潮间带生态监测频率与时间、监测项目、样品采集与管理三项内容。

（一）监测频率与项目

开展潮间带生态例行监测前，应进行背景调查，综合调查拟监测断面春季、夏季、秋季、冬季潮间带生态背景状况。实际监测，可选取其中 1 或 2 个季节监测；监测时间应在调查月大潮汛期实施监测。

1．必测项目

①潮间带生物：种类、群落结构、生物量、栖息密度。

②沉积物质量：有机碳、硫化物、石油类、沉积物类型。

③水质：水温、pH 值、盐度、溶解氧（DO）、石油类、营养盐等。

2．选测项目

①沉积物质量：总汞、镉、铅、砷、氧化还原电位。

②水质：悬浮物（SS）、化学需氧量（CODs）。

（二）样品采集与管理

①潮间带水质、沉积物质量样品采集与管理，分别执行近岸海域水质、沉积物监测"样品采集与管理"相关要求。

②潮间带生物样品采集与管理，执行《海洋监测规范第 7 部分：近海污染生态调查和生物监测》（GB 17378.7–2007）相关规定。

四、生物体污染物残留量监测

《近岸海域环境监测技术规范》规定了近岸海域生物体污染物残留量监测频率与时间、监测项目、样品采集与管理等内容。

（一）监测频率与项目

在生物成熟期开展监测，1 次 / 年。结合各地实际情况，一般监测时间在年内 8—10 月，不同年份采样时间尽可能保持一致。

①必测项目：总汞、镉、铅、砷、铜、锌、铬、石油类、六六六、滴滴涕。

②选测项目：粪大肠菌群、多氯联苯（PCBs）、多环芳烃（PAHs）、麻痹性贝毒（PSP）。

（二）样品采集与管理

1. 种类选择

（1）选择原则

产量丰富，最好是食用的经济作物：本区域定居者，生命周期要求大于 1 年；有适当大小，可提供足够的组织进行分析；对污染物有足够的蓄积能力。

（2）种类选择

以贝类为主，根据海区（海滩）特征，可增选鱼类、甲壳类、藻类。

（3）采样种类

根据我国海洋生物分布特征，建议采样贝类：贻贝、牡蛎、蛤类等；鱼类：黄鱼、梅童鱼、鲳鱼等；甲壳类：梭子蟹、鳄、虾等；藻类：海带、紫菜、马尾藻等，具体种类视当地实际情况而定。

2. 样品采集

（1）采样点位

潮间带区域的贝类，应定点采集；沿岸潮下带和近岸海域的贝类、鱼、虾、藻类样品，在当地养殖场、渔船、渔港采集。

（2）采样数量

贝类，采样体长大致相似的个体约 1kg；大型藻类，采样量约 100g；甲壳类、鱼类等生物，采样量约 1.5kg，以保证足够数量（一般需要 100g 肌肉组织）的完好样品，用于实验分析。

（3）样品处理

所采样品，使用现场海水冲洗干净；用于细菌学检测的样品，采样全过程实行无菌操作。

（4）样品登记

样品采集后，认真做好现场描述和样品登记编号。现场描述内容，包括生物个体大小、颜色、死亡数量、机械损伤或其他异常个体，记录生物个体生活环境等。生物样品名称，一律采用俗名与学名同时记录，样品登记时按顺序编号填写，使用铅笔记录采样时间、栖息地、采集的生物名称等。

3. 样品保存与运输

（1）样品保存

采集的生物样品，应放入洁净的双层聚乙烯塑料袋中，冰冻保存（-10 ~ -20℃）；用于细菌学检测的样品，置入冰瓶冷藏（0 ~ 4℃）保存且不超过 24h。

（2）样品运输

生物样品采集后，若是长途运输，须将样品置入冰箱中，始终使其处于低温状态，并防止玷污。

4. 样品处理

生物样品中，贝类取其软体组织（可食用部分），鱼类取其肌肉部分，虾类、蟹类取其可食用部分（不含壳），藻类除去附着器；然后，将其置入高速组织捣碎机中，制成匀浆备用；用于细菌学检测的样品处理所用器具，须经灭菌处理。

第三章 大气环境监测

第一节 空气污染及监测

一、空气污染物及其存在状态

（一）大气与空气

大气是指包围在地球周围的气体，其厚度达 1000～1400km，世界气象组织按大气温度的垂直分布将大气分为对流层、平流层、中间层、热成层、逸散层。而空气则是指对人类及生物生存起重要作用的近地面约 10km 内的气体层（对流层），占大气总质量的 95% 左右。一般来说，空气范围比大气范围要小得多。但在环境污染领域，"大气"与"空气"一般不予区分，常作为同义词使用。

自然状态下，大气是由混合气体、水汽和杂质组成。根据其组成特点可分为恒定组分、可变组分、不定组分。氮气、氧气、氧气占空气总量的 99.97%，在近地层大气中上述气体组分的含量几乎认为是不变的，称为恒定组分。可变的组分包括二氧化碳、水蒸气、臭氧等。这些气体受地区、季节、气象以及人们生活和生产活动的影响，随时间、地点、气象条件等的不同而变化。不定组分是由自然因素和人为因素形成的气态物质和悬浮颗粒，如尘埃、硫、硫氧化物、硫化氢、氮氧化物等。

（二）空气污染物及其存在状态

空气污染物系指由于人类活动或自然过程排入空气的并对人或环境产生有害影响的物质。空气污染物种类繁多，是由气态物质、挥发性物质、半挥发性物质和颗粒物质（PM）的混合物组成的，其组成成分形态多样，性质复杂。目前已发现有害作用而被人们注意到的有 100 多种。

1. 空气污染物的分类

依据空气污染物的形成过程，通常将空气污染物分为一次污染物和二次污染物。

一次污染物是直接从各种污染源排放到大气中的有害物质，常见的主要有二氧化硫、氮氧化物、一氧化碳、碳氢化合物、颗粒性物质等；颗粒性物质中包含苯并 [a] 芘等强致癌物质、有毒重金属、多种有机物和无机物等。

二次污染物是一次污染物在大气中相互作用或它们与大气中的正常组分发生反应所产生的新污染物。常见的二次污染物有硫酸盐、硝酸盐、臭氧、醛类（乙醛和丙烯醛等）、过氧乙酰硝酸酯（PAN）等。二次污染物的毒性一般比一次污染物的毒性大。

2. 空气中污染物的存在状态

由于各种污染物的物理、化学性质不同，形成的过程和气象条件也不同，因此，污染物在大气中存在的状态也不尽相同。一般按其存在状态分为分子状态污染物和粒子状态污染物两类。分子状态污染物也称气体状态污染物，粒子状态污染物也称气溶胶状态污染物或颗粒污染物。

（1）气体状态污染物

气体状态污染物指常温常压下以气体或蒸气形式分散在空气中的污染物质。

气体分子是指常温常压下以气体形式分散到空气当中的污染物质，常见的如二氧化硫、氮氧化物、一氧化碳、氯化氢、氯气、臭氧等；蒸气分子是指常温常压下的液体或者固体，由于沸点或熔点低，挥发性大，而能以蒸气态挥发到空气中的物质，如苯、苯酚、汞等。

该类污染物，无论是气体分子还是蒸气分子，都具有运动速度较大、扩散快、在空气中分布比较均匀的特点。其扩散情况与自身的比重有关，比重大者向下沉降，如汞蒸气等；相对密度小者向上飘浮，并受气象条件的影响，可随气流扩散到很远的地方。

（2）颗粒污染物

在空气污染中，颗粒污染物是分散在空气中的微小液体和固体颗粒。可根据大气中的粉尘（或烟尘）颗粒的大小，将其分为飘尘、降尘和总悬浮微粒。

①飘尘：飘尘指大气中粒径小于 10μm 的固体颗粒。它能较长期地在大气中飘浮，有时也称浮游粉尘。飘尘能长驱直入人体，侵蚀人体肺泡，以碰撞、扩散、沉积等方式滞留

在呼吸道不同的部位，粒径小于 5Mm 的多滞留在上呼吸道，对人体健康危害大，因此也称为可吸入颗粒物（IP 或 PM10，PM2.5）。可吸入颗粒物具有胶体性质，故又称气溶胶。

通常所说的烟（其粒径在 $0.01 \sim 1 \mu m$）、雾（粒径在 $10 \mu m$ 以下）、灰尘也是用来描述可吸入颗粒物存在形式的。烟是某些固体物质在高温下由于蒸发或升华作用变成气体逸散于空气中，遇冷后又凝聚成微小的固体颗粒悬浮于空气中形成的。雾是由悬浮在空气中微小液滴构成的气溶胶。通常所说的烟雾是烟和雾同时构成的固、液混合态气溶胶，如硫酸烟雾、光化学烟雾等。尘是分散在空气中的固体微粒，如交通车辆行驶时所带起的扬尘等。

②降尘：指大气中粒径大于 $10 \mu m$ 的固体颗粒。在重力作用下它可在较短时间内沉降到地面。

③总悬浮微粒（TSP）：总悬浮微粒系指大气中粒径小于 $100 \mu m$ 的所有固体颗粒。

（三）空气中污染物的时空分布特征

在环境空气中，污染物的时空分布及其浓度与污染物排放源的分布、排放量，以及地形、地貌、气象等条件密切相关，因而大气污染物质含量及分布随着时间、空间的变化而明显改变。了解大气中污染物的时空分布特点，对于获得正确反映大气污染实况的监测结果有重要意义。

1. 污染物在空气中时空分布受气象条件变化的影响显著

气象条件改变会显著影响空气中污染物的稀释与扩散情况，进而影响其时空分布特征。风向、风速、大气湍流、大气稳定度等气象条件总在不停地改变，因而，同一污染源对同一地点在不同时间所造成的地面空气污染浓度往往相差数倍至数十倍；同一时间不同地点也相差甚大。二氧化氮等一次污染物因受逆温层及气温、气压等限制，清晨和黄昏浓度较高，中午较低；光化学烟雾等二次污染物，因在阳光照射下才能形成，故中午浓度较高，清晨和夜晚浓度低。风速大于大气不稳定，则污染物稀释扩散速度快，浓度变化也快；反之，稀释扩散慢，浓度变化也慢。

2. 污染物在空气中时空分布因污染源类型和污染物性质不同而不同

污染源的类型、排放规律及污染物的性质不同，其时空分布特点也不同。点污染源或线污染源排放的污染物浓度变化较快，涉及范围较小；大量地面小污染源（如分散供热锅炉等）构成的面污染源排放的污染浓度分布比较均匀，并随气象条件变化有较强的变化规律。质量轻的分子态或气溶胶态污染物高度分散在空气中，易扩散和稀释，随时空变化快；质量较重的尘、汞蒸气等，扩散能力差，影响范围较小。

3. 污染物在空气中时空分布因地形地貌的改变而变化

地形地貌影响风向、风速和大气稳定度，进而影响空气污染物的时空分布特征。相同排放强度的同一类污染源在平原地区与在山谷地区、在郊区农村与在城镇市区所造成的污染情况不同。同一空气污染事故，发生在不同地形地貌的区域，其空气中污染物含量的分布也不同。

二、空气污染监测分类

空气污染监测一般可分为以下三种：

（一）污染源的监测

如对烟囱、机动车排气口的检测。目的是了解这些污染源所排出的有害物质是否达到现行排放标准的规定；对现有的净化装置的性能进行评价；通过对长期监测数据的分析，可为进一步修订和充实排放标准及制订环境保护法规提供科学依据。

（二）环境污染监测

监测对象不是污染源而是整个空气。目的是了解和掌握环境污染的情况，进行空气污染质量评价，并提出警戒限度；研究有害物质在空气中的变化规律，二次污染物的形成条件；通过长期监测，为修订或制订国家卫生标准及其他环境保护法规积累资料，为预测预报创造条件。

（三）特定目的的监测

选定一种或多种污染物进行特定目的的监测。例如，研究燃煤火力发电厂排出的污染物对周围居民呼吸道的危害，首先应选定对上呼吸道有刺激作用的污染物 SO_2、H_2SO_4、雾、飘尘等做监测指标，再选定一定数量的人群进行监测。由于目的是监测污染物对人体健康的影响，所以测定每人每日对污染物接受量，以及污染物在一天或一段时间内的浓度变化，就是这种监测的特点。

三、空气污染监测方案的制订

制订空气污染监测方案首先需要根据监测目的进行调查研究，收集必要的基础资料，然后经过综合分析，确定监测项目，设计布点网络，选定采样频率、采样方法和监测技术，建立质量保证程序和措施，提出监测结果报告要求及进度计划。

在对空气污染进行监测时，人们不可能对全部空气进行监测，所以只能选择性地采集部分空气的气样。要使气样具有代表性，能准确地反映空气污染的状况，必须控制好以下几个步骤：根据监测目的调查研究，收集必要的基础资料；然后经过综合分析，确定监测项目，布设采样网点；选择采样方法、时间、频率；建立质量保证程序和措施；提出监测报告要求及进度计划等。

（一）监测目的

①通过对空气环境中主要污染物进行定期或连续的监测，判断空气质量是否符合国家制定的空气质量标准，并为编写空气环境质量标准状况评价报告提供依据。

②为研究空气质量的变化规律和发展趋势，开展空气污染的预测预报工作提供依据。

③为政府部门执行有关环境保护法规，开展环境质量管理及修订空气环境质量标准提供基础资料和依据。

（二）基础资料的收集

1.污染源分布及排放情况

将污染源类型、数量、位置及排放的主要污染种类、排放量和所用的原料、燃料及消耗量等调查清楚。另外，要注意将高烟囱排放的较大污染源与低烟囱排放的小污染源区别开；将一次污染物和由于光化学反应产生的二次污染物区别开。

2.气象资料

污染物在大气中的扩散、输送和一系列的物理、化学变化在很大程度上取决于当时的气象条件。因此，要收集监测区域的风向、风速、气温、气压、降水量、日照时间、相对湿度、温度的垂直梯度和逆温层底部高度等资料。了解本地常年主导风向，大致估计出污染物的可能扩散概况。

3.地形资料

地形对当地的风向、风速和大气稳定情况等有影响，因此是设置监测网点时应考虑的重要因素。

4.土地利用和功能分区情况

工业区、商业区、混合区、居民区等不同功能区，其空气污染状况及空气质量要求各不相同，因而在设置监测网点时，必须分别予以考虑。因此，在制订空气污染监测方案时应当收集监测区域的土地利用情况及功能区划分方面的资料。

5.人口分布及人群健康情况。

开展空气质量监测是为了了解空气质量状况，保护人群健康。因此收集掌握监测区域的人口分布、居民和动植物受空气污染危害情况以及流行性疾病等资料，对制订监测方案、分析判断监测结果是非常有用的。

6.监测区域以往的大气监测资料

可以利用已有的监测资料推断分析应设监测点的数量和位置。

（三）监测项目确定

空气中的污染物质多种多样，应根据优先监测的原则，选择那些危害大、涉及范围广、测定方法成熟，并有标准可比的项目进行监测。

1.必测项目与选测项目

必测项目：SO_2、氮氧化物、TSP、硫酸盐化速率、灰尘、自然降尘量。

选测项目：CO、飘尘、光化学氧化剂、氟化物、铅、Hg、苯并[a]芘、总烃及非甲烷烃。

2.连续采样实验室分析项目

必测项目：SO_2、氮氧化物、总悬浮颗粒物、硫酸盐化速率、灰尘、自然降尘量。

选测项目：CO、可吸入颗粒物（PM10、PM2.5）、光化学氧化剂、氟化物、铅、苯并[a]芘、总烃及非甲烷烃。

3. 空气环境自动监测系统监测项目

必测项目：SO_2、NO_2、总悬浮颗粒物或可吸入颗粒物（PM10、PM2.5）、CO。

选测项目：臭氧、总碳氢化合物。

（四）监测网点的布设

1. 采样点布设原则和要求

①采样点应设在整个监测区域的高、中、低三种不同污染物浓度的地方。

②采样点应选择在有代表性的区域内，按工业和人口密集的程度以及城市、郊区和农村的状况，可酌情增加或减少采样点。

③采样点要选择在开阔地带，应在风向的上风口，采样口水平线与周围建筑物高度的夹角应不大于300°。测点周围无局部污染源，并应避开树木及吸附能力较强的建筑物。交通密集区的采样点应设在距人行道边缘至少1.5m远处。

④各采样点的设置条件要尽可能一致或标准化，使获得的监测数据具有可比性。

⑤采样高度应根据监测目的而定。研究大气污染对人体的危害，采样口应在离地面1.5 ~ 2m处；研究大气污染对植物或器物的影响，采样点高度应与植物或器物的高度相近。连续采样例行监测采样高度为距地面3 ~ 15m，以5 ~ 10m为宜；降尘的采样高度为距地面5 ~ 15m，以8 ~ 12m为宜。TSP、降尘、硫酸盐化速率的采样口应与基础面有1.5m以上的相对高度，以减少扬尘的影响。

2. 采样点数目

在一个监测区内，采样点的数目设置是一个与精度要求和经济投资相关的效益函数，应根据监测范围大小、污染物的空间分布特征、人口分布密度、气象、地形、经济条件等因素综合考虑再确定。

3. 采样点布设方法

（1）功能区布点法

功能区布点法多用于区域性常规监测。布点时先将监测地区按环境空气质量标准划分成若干"功能区"，如工业区、商业区、居民区、居住与中小工业混合区、市区背景区等（表3-1为典型城市功能分区表），再按具体污染情况和人力、物力条件在各区域内设置一定数目的采样点。各功能区的采样点数不要求平均，一般在污染较集中的工业区和人口较密集的居民区多设采样点。

表3-1　典型城市功能分区表

功能区类别	名称	功能区划分
A	居住区	居民稠密，区内没有中小工业，100m内没有主要交通干线，不受远距离高架源的影响或影响很微，居民主要暴露在本区或临近同类地区的污染源中
B	居住区	居民稠密，区内没有中小工业，100m内没有主要交通干线，不受远距离高架源的影响或影响很小。区内具有现代化设施，使用清洁能源

功能区类别	名称	功能区划分
C	商业区	商业繁华、交通拥挤、行人稠密、建筑物被交通干线环绕
D	居住与中小工业混合区	人口稠密，中小工业密度高，工业建筑房屋与居民居住房屋相互交错
E	工业区	人口稠密，区内有大型工业企业，生活居住与工业企业之间有密切关系
F	市区背景区	绿化较好，有水面镶嵌，直径100m内没有商业、工业、交通干线、居住设施的城市中心地带
G	非市区背景区	距城市较远，周围没有工厂、交通干线、居住设施，地处城市主导风向的上风方位

（2）网格布点法

对于多个污染源，且在污染源分布较均匀的情况下，通常采用网格布点法。此法是将监测区域地面划分成若干均匀网状方格，采样点设在两条直线的交点处或方格中心。网格大小视污染强度、人口分布及人力、物力条件等确定。若主导风向明显，下风向设点要多一些，一般约占采样点总数的60%。

（3）同心圆布点法

同心圆布点法主要用于多个污染源构成的污染群，且重大污染源较集中的地区。先找出污染源的中心，以此为圆心在地面上画若干个同心圆，再从圆心作若干条放射线，将放射线与圆周的交点作为采样点。圆周上的采样点数目不一定相等或均匀分布，常年主导风向的下风向应多设采样点。例如，同心圆半径分别取5km、10km、15km、20km，从里向外各圆周上，分别设4、8、8、4个采样点。

（4）扇形布点法

扇形布点法用于孤立的高架点源，且主导风向明显的地区。以点源为顶点，成45°扇形展开，夹角可大些，但不能超过90°，采样点设在扇形平面内距点源不同距离的若干弧线上。每条弧线上设3或4个采样点，相邻两点与顶点的夹角一般取10°～20°。在上风向应设对照点。

（5）平行布点法

平行布点法适用于线性污染源。线性污染源如公路等，在距公路两侧1m左右布设监测网点，然后在距公路100m左右的距离布设与前面监测点对应的监测点，目的是了解污染物经过扩散后对环境产生的影响。在前后两点对比采样的时候注意污染物组分的变化。

在采用同心圆布点法和扇形布点法时，应考虑高架点源排放污染物的扩散特点，在不计污染物本底浓度时，点源脚下的污染物浓度为零，随着距离增加，很快出现浓度最大值，然后按指数规律下降。因此，同心圆或弧线不宜等距离划分，而是靠近最大浓度值的地方密一些，以免漏测量大浓度的位置。

以上几种采样布点的方法，可以单独使用，也可以综合使用，目的就是要有代表性的反映污染物浓度，为大气环境监测提供可靠的样品。

（五）采样时间和采样频率

采样时间指每次从开始到结束所经历的时间，也称采样时段。采样频率指一定时间范围内的采样次数。

采样时间和频率要根据监测目的、污染物分布特征及人力物力等因素决定。短时间采样，试样缺乏代表性，监测结果不能反映污染物浓度随时间的变化，仅适用于事故性污染、初步调查等的应急监测。增加采样频率，也就相应地增加了采样时间，积累足够多的数据，样品就具有较好的代表性。

最佳采样和测定方式是使用自动采样仪器进行连续自动采样，再配以污染组分连续或间歇自动监测仪器，其监测结果能很好地反映污染物浓度的变化，能取得任意一段时间（一天、一月或一季）的代表值（平均值）。

监测项目不同，其采样频率和采样时间也不同。我国城镇空气质量监测的采样频率和时间规定见表 3-2，对污染物监测数据的统计有效性规定见表 3-3。

表 3-2　采样时间和采样频率

检测项目	采样时间和频率
二氧化硫	隔日采样，每天连续采（24±0.5）小时，每月 14～16 天，每年 12 个月
氮氧化物	同二氧化硫
总悬浮颗粒物	隔双日采样，每天连续采（24±0.5）小时，每月 5～6 天，每年 12 个月
灰尘自然降尘量	每月采样（30±2）天，每年 12 个月
硫酸盐化速率	每月采样（30±2）天，每年 12 个月

表 3-3　环境空气污染物监测数据统计的有效性规定

污染物项目	平均时间	数据有效规定
二氧化硫（SO_2）、二氧化氮（NO_2）、颗粒物（粒径小于或等于 10 μm）、颗粒物（粒径小于等于 2.5 μm）、氮氧化物（NO_x）	年平均	每年至少有 324 个日平均浓度值。每月至少有 27 个日平均浓度值（2 月至少有 25 个日平均浓度值）
二氧化硫（SO_2）、二氧化氮（NO_2）、一氧化碳（CO）、颗粒物（粒径小于或等于 10 μm）、颗粒物（粒径小于或等于 2.5 μm）、氮氧化物（NO_x）	24 小时平均	每日至少有 20 个小时平均浓度值或采样时间
臭氧（O_3）	8 小时平均	每 8 个小时至少有 6 个小时平均浓度值

第二节　气态无机污染物与有机污染物的测定

一、气态无机污染物的测定

（一）二氧化硫（SO₂）的测定

SO₂ 是一种无色、易溶于水、有刺激性气味的气体，是主要空气污染物之一，是例行监测的必测项目。环境空气 SO₂ 测定的国标方法是四氯汞盐盐酸副玫瑰苯胺分光光度法和甲醛吸收副玫瑰苯胺分光光度法。

1. 四氯汞盐盐酸副玫瑰苯胺分光光度法

（1）测定原理

空气中的 SO₂ 被四氯汞钾溶液吸收后，生成稳定的二氯亚硫酸盐络合物；该络合物再与甲醛及盐酸副玫瑰苯胺作用，生成紫色络合物，其颜色深浅与 SO₂ 含量成正比；在548nm 或 575nm 处测定吸光度，比色定量。该方法具有灵敏度高、选择性好等优点，但吸收液毒性较大。

（2）测定要点

首先配制好所需试剂，用空气采样器采样；然后按要求，用亚硫酸钠标准溶液配制标准色列、试剂空白溶液，并将样品吸收液显色、定容；最后，在最大吸收波长处以蒸馏水作参比，用分光光度计测定标准色列、试剂空白和样品试液的吸光度；以标准色列SO₂ 含量为横坐标，相应吸光度为纵坐标，绘制标准曲线，并计算出计算因子（标准曲线斜率的倒数），按下式计算空气中 SO₂ 浓度：

$$C=\frac{A-A_0 \cdot B_S}{V_0} \cdot \frac{V_t}{V_a}$$

（3-1）

式中 C —— 空气中 SO₂ 浓度（mg/m³）；

A —— 样品试液的吸光度；

A_0 —— 试剂空白溶液的吸光度；

B_S —— 计算因子，μg/ 吸光度；

V_0 —— 换算成标准状况下的采样体积（L）；

V_t —— 样气吸收液总体积（mL）；

V_a —— 测定时所取样气吸收液体积（L）。

（3）注意事项

①有两种操作方法：一种方法是所用盐酸副玫瑰苯胺显色溶液含磷酸量较少，最终 A 显色溶液 pH 值为 1.6±0.1，呈红紫色，最大吸收波长在 548nm 处，试剂空白值较高，最低检出限为 0.75μg/25mL；当采样体积为 30L 时，最低检出浓度为 0.025mg/m³。另一种方法是所用盐酸副玫瑰苯胺显色溶液含磷酸量较多最终显色溶液 pH 值为 1.2±0.1，呈蓝紫色，最大吸收波长在 575nm 处，试剂空白值较低，最低检出限为 0.40μg/7.5mL；当采样体积为 10L 时，最低检出浓度为 0.04mg/m3，灵敏度略低。

②温度、酸度、显色时间等因素影响显色反应，标准溶液和试样溶液操作条件应保持一致。

③氮氧化物、臭氧、锰、铁、铬等离子对测定有干扰。采样后放置片刻，臭氧可自行分解；加入磷酸和乙二胺四乙酸二钠盐可消除或减小某些金属离子的干扰。

2. 甲醛吸收副玫瑰苯胺分光光度法

该方法避免了使用毒性大的四氯汞钾吸收液，在灵敏度、准确度诸方面均可与四氯汞钾溶液吸收法相媲美，且样品采集后相当稳定，但操作条件要求较严格。

（1）测定原理

气样中 SO_2 的被甲醛缓冲溶液吸收后，生成稳定的羟基甲磺酸加成化合物，加入氢氧化钠溶液使加成化合物分解，释放出 SO_2 与盐酸副玫瑰苯胺反应，生成紫红色络合物，其最大吸收波长为 577nm，用分光光度法测定。

该方法最低检出限为 0.20μg/10mL。当用 10mL 吸收液采气 10L 时，最低检出浓度为 0.020mg/m³。

（2）测定要点

该方法的测定要点除吸收液不同外，其余过程与四氯汞盐盐酸副玫瑰苯胺分光光度法基本相同。即先配试剂，再采样，再配制标准色列和试剂空白溶液；再显色定容，最后测定吸光度、绘制标准曲线和计算空气 SO_2 浓度。

（二）氮氧化物的测定

空气中的氮氧化物（NO_X）以一氧化氮（NO）、二氧化氮（NO_2）、三氧化二氮（N_2O_3）、四氧化二氮（N_2O_4）、五氧化二氮（N_2O_5）等多种形态存在，但其中主要存在形态是 NO_2 和 NO。NO 为无色、无臭、微溶于水的气体，在空气中极易被氧化成 NO_2，而 NO_2 是棕眼红色具有强刺激性臭味的气体，其毒性比 NO 高四倍，是引起支气管炎、肺损害等疾病的有害物质。因而，环境空气的氮氧化物污染，多通过测定 NO_2 含量来分析。

环境空气 NO_2 含量测定的国标方法是 Saltzman 法，即盐酸萘乙二胺分光光度法。测定环境空气 NOX，则常用三氧化铬－石英砂氧化盐酸萘乙二胺分光光度法。

1. 盐酸萘乙二胺分光光度法测定 NO_2 含量

该方法采样与显色同时进行，操作简便，灵敏度高，是国内外普遍采用的方法。当采样 4～24L 时，测定空气中 NO_2 的适宜浓度范围为 0.015～2.0mg/m³。

（1）测定原理

用冰乙酸、对氨基苯磺酸和盐酸萘乙二胺配成吸收液采样，空气中的 NO_2 被吸收转变成亚硝酸和硝酸。在冰乙酸存在的条件下，亚硝酸与对氨基苯磺酸发生重氮化反应，然后再与盐酸萘乙二胺偶合，生成玫瑰红色偶氮染料，其颜色深浅与气样中 NO_2 浓度成正比。因此，可用亚硝酸盐配制标准溶液，再用分光光度计测定吸光度，计算回归方程和空气中 NO_2 浓度。

（2）计算公式

$$C_{NO_2} = \frac{(A_1 - A_0 - a) \cdot V \cdot D}{b \cdot f \cdot V_0}$$

（3-2）

式中 C_{NO_2} —— 空气中 NO_2 的浓度，以 NO_2 计（mg/m^3）；

A_1—— 吸收瓶中的吸收液采样后的吸光度；

A_0—— 空白试剂溶液的吸光度；

b—— 回归方程式的斜率，吸光度（$mL/$ 淄）；

a—— 回归方程式的截距；

V—— 采样用吸收液体积（mL）；

V_0—— 换算为标准状况下的空气样品体积（L）；

D—— 气样吸收液稀释倍数；

f——Saltzman 实验系数（0.88），当空气中 NO_2 浓度高于 $0.720mg/m^3$ 时为 0.770

（3）注意事项

①由于吸收液吸收空气中的 NO_2 后，并不是 100% 生成亚硝酸，还有一部分生成硝酸，因而，计算结果时需要用 Saltzman 实验系数进行换算。该系数是用 NO_2 标准混合气体进行多次吸收实验测定的平均值，表征在采样过程中被吸收液吸收生成偶氮染料的亚硝酸量与通过采样系统的 NO_2 总量的比值。f 值受空气中 NO_2 的浓度、采样流量、吸收瓶类型、采样效率等因素影响，故测定条件应与实际样品保持一致。

②吸收液应为无色，宜密闭避光保存；如显微红色，说明已被污染，应检查试剂和蒸馏水的质量。

2. 三氧化铬 - 石英砂氧化盐酸萘乙二胺分光光度法测定 NO_2 含量

（1）测定原理

在盐酸萘乙二胺分光光度法测定环境空气 NO_2 含量的显色吸收液瓶前，接一内装三氧化铬 - 石英砂氧化管。采样时，空气样品中的 NO 在氧化管内被氧化成 NO_2，和气样中的 N0 一起进入吸收瓶，与吸收液发生吸收、显色反应，于波长 540 ~ 545nm 处用标准曲线法进行定量测定，其测定结果为空气中 NO 和 NO_2 的总浓度采样后的测定步骤和结果计算方法与 NO_2 浓度测定相同。

（2）注意事项

①三氧化铬 – 石英砂氧化管应于相对湿度 30% ~ 70% 条件下使用，发现吸湿板结或变成绿色应立即更换。

②空气中三氧化铬浓度超过 0.250mg/m³ 时，会产生正干扰，采样时在吸收瓶入口端串接一段 15 ~ 20cm 长的硅橡胶管，可排除干扰。

（三）臭氧的测定

臭氧（O_3）是高空平流层大气的主要组分成分，在对流层近地面大气中含量极微。近地面空气气中的氧气（O_2）在太阳紫外线的照射下或受雷击也能反应生成环境空气中 O_3 量大时，会刺激黏膜、损害中枢神经系统，引起人体患支气管炎，并产生头痛等症状。在夏天中午的强紫外线作用下，O_3 与烃类及 NO_X 作用引发光化学烟雾污染。环境空气 O_3 测定的国标方法是紫外光度法和靛蓝二磺酸钠分光光度法。

1. 紫外光度法

（1）测定原理

O_3 对 254nm 附近紫外光有特征吸收，吸光度与气样 O_3 浓度间的关系符合朗伯 – 比尔定律。空气样和经 O_3 去除器的背景气交变（每 10s 完成一个循环）地通过气室，分别吸收光源经滤光器射出的特征波长紫外光，由光电检测系统（光电倍增管和放大器）检测透过空气样的光强 I 和透过背景气的光强 I_0，经数据处理器根据 I / I_0 值算出空气样 O_3 浓度，直接显示和记录消除背景干后的 O_3 浓度值。为防止背景气中其他成分的干扰，仪器须定期输入标准气进行量程校准。

（2）测定要点

开机接通电源使仪器预热 1h 以上，待仪器稳定后连接气体采样管，准备现场测定。将臭氧分析仪与数据记录仪（或计算机）连接，以备记录臭氧浓度。仪器准备好后，带到监测现场进行空气臭氧浓度现场测定并及时记录数据。

（3）注意事项

①紫外臭氧分析仪运转期间，至少每周检查一次仪器零点、跨度和各项操作参数。每季度进行一次多点校正。

②本法虽不受常见空气成分的干扰，但 20μg/m³ 以上的苯乙烯、5μg/m³ 以上的苯甲醛 100μg/m³ 以上的硝基苯酚以及 100μg/m³ 以上的反式甲基苯乙烯，都会对紫外臭氧测定仪产生干扰，影响臭氧的测定。

2. 靛蓝二磺酸钠分光光度法

（1）测定原理

用含有靛蓝二磺酸钠的磷酸盐缓冲溶液作吸收液采集空气样品，则空气中的 O_3 与吸收液中蓝色的靛蓝二磺酸钠等摩尔反应，褪色生成靛红二磺酸钠。在 610nm 处测量吸光度，用标准曲线定量。

（2）注意事项

①本方法适合于高臭氧含量气样的测定，当采样体积为 5 ~ 30L 时，测定范围为 0.030 ~ 1.200mg/m³。

② Cl_2、ClO_2、NO_2、SO_2、H_2S、PH_3 和 HF 等对 O_3 测定有干扰，但一般情况下，空气中上述气体的浓度很低，不会造成显著误差。

（四）一氧化碳的测定

CO 是一种无色、无味的有毒气体，是含碳物质不充分燃烧的产物，是环境空气的主要污染物之一。CO 易与血液中的血红蛋白结合形成碳氧血红蛋白，使血液输送氧的能力降低，引发人体缺氧症状，严重时会导致心悸亢进、窒息或死亡。环境空气中 CO 测定的国标方法是非分散红外吸收法，此外，也可用汞置换法或气相色谱法测定。

本节以非分散红外吸收法为例介绍测定环境空气 CO 含量的方法。

1. 测定原理

当 CO、CO_2 等气态分子受到红外辐射（1 ~ 25μm）照射时，将吸收各自特征波长的红外光，引起分子振动能级和转动能级的跃迁，产生振动 – 转动吸收光谱（红外吸收光谱）。在一定气态 CO（或 CO_2 等气态物质）浓度范围内，吸光度（吸收光谱峰值）与 CO 浓度间的关系符合朗伯 – 比尔定律。因而测空气样品吸光度即可确定气态 CO 浓度。

该方法因具有操作简便、测定快速、不破坏被测物质和能连续自动监测等优点而被广泛使用。此外，该方法还可用于 CH_4、SO_2、NH_3 等气态污染物质的监测。

2. 非分散红外吸收 CO 监测仪

从红外光源发射出能量相等的两束平行光，被同步电机 M 带动的切光片交替切断。一路参比光束（其 CO 特征吸收波长光强度不变）通过滤波室（内充 CO 和水蒸气，用以消除干扰光）、参比室（内充不吸收红外光的气体，如氮气）射入检测室。另一路测量光束通过滤波室、测量室射入检测室。由于测量室内有气样通过，则气样中的 C。吸收了部分特征波长的红外光，使射入检测室的光束强度减弱，且 CO 含量越高，光强减弱越多。检测室被一电容检测器（由厚 5 ~ 10μm 金属薄膜和一侧距薄膜 0.05 ~ 0.08mm 距离处固定的圆形金属片组成）分隔为上、下两室，均充有等浓度 CO 气体。由于射入检测室的参比光束强度大于测量光束强度，使两室中气体的温度产生差异，导致下室中的气体膨胀压力大于上室，使金属薄膜偏向固定金属片一方，从而改变了电容器两极间的距离，也就改变了电容量，其变化量与气样 CO 浓度成定量关系。将电容量变化信号转变成电流变化信号，再经放大和处理后由指示仪表和记录仪显示记录测量结果。

3. 测定要点

①仪器调零：开机接通电源预热 30min，启动仪器内装泵抽入 N_2，用流量计控制流量为 0.5L/min，调节仪器校准零点。

②仪器标定：在仪器进气口通入流量为 0.5L/min 的 CO 标准气体进行校正，调节仪器灵敏度电位器，使记录器指针在 CO 浓度的相应读数位置。

③样品分析：将样品气体通入仪器进气口，待仪器读数稳定后，直接读取仪表显示的气样 CO 浓度。

④结果计算：将仪器显示的 CO 浓度值代入下式，将其换算成标准状态下的质量浓度 C（mg/m³）。

$$C(mg/m^3) = 1.25x$$

（3-3）

式中 C——标准状态下 CO 的质量浓度（mg/m³）；

x——仪器显示的 CO 浓度（μL/L）；

1.25——标准状态下 CO 气体浓度单位由 μL/L 换算到 mg/m³ 的换算系数。

4. 注意事项

CO 的红外吸收峰在 4.5μm 附近，CO_2 的在 4.3μm 附近，H_2O（气）的在 3μm 和 6μm 附近，因此空气中 CO_2 和水蒸气（H_2O）对 CO 的测定会产生干扰。采用气体滤波室可以消除 CO_2 和水蒸气（H_2O）的干扰。另外，还可用冷却除湿法去除水蒸气的干扰，用窄带光学滤光片将红外光限制在 CO 吸收的窄带范围内以消除 CO_2 的干扰。

（五）硫化氢的测定

硫化氢主要采用火焰光度气相色谱法。

硫化氢等硫化物含量较高的气体样品可直接用注射器取样 1～2mL，注入安装有火焰光度检测器（FPD）的气相色谱仪分析，当直接进样体积中硫化物绝对量低于仪器检出限时，则需以浓缩管在以液氧为制冷剂的低温条件下对 1L 气体样品中的硫化物进行浓缩，浓缩后将浓缩管连入色谱仪并加热至 100℃，使全部浓缩成分流经色谱柱分离，由 FPD 对各种硫化物进行定量分析。在一定浓度范围内，各种硫化物含量的对数与色谱峰高的对数成正比。

样品气体浓度的计算公式如下：

$$c = \frac{f \times 10^{-3}}{V_{nd}}$$

（3-4）

式中 c——气样中硫化物组分浓度（mg/m³）；

f——硫化物组分绝对量（ng）；

V_{nd}——换算成标准状态下进样或浓缩体积（L）。

该方法适用于恶臭污染源排气和环境空气中硫化氢、甲硫醇、甲硫醇和二甲二硫的同时测定。气相色谱仪的火焰光度检测器（GC-FPD）对四种成分的检出限为（0.2×10^{-9}）～（1.0×10^{-9}）g，当气体样品中四种成分浓度高于 1.0mg/m³ 时，可取 1～2mL 气体样品直接注入气相色谱仪进行分析。对 1L 气体样品进行浓缩，四种成分的方法检出限分别为（0.2×10^{-3}）～（1.0×10^{-9}）mg/m³。

（六）氟化物的测定

大气中的气态氟化物主要是氟化氢及少量的氟化硅和氟化碳，颗粒态氟化物主要是冰晶石、氟化钠、氟化铝、氟化钙（萤石）等。氟化物污染主要来源于含氟矿石及其以燃煤为能源的工业过程。测定天气中氟化物的方法有滤膜采样－氟离子选择电极法，石灰滤纸采样－氟离子选择电极法，分光光度法等。

1. 滤膜采样－氟离子选择电极法

用磷酸氢二钾溶液浸渍的玻璃纤维滤膜或碳酸氢钠－甘油溶液浸渍的玻璃纤维滤膜采样，则大气中的气态氟化物被吸收固定，颗粒态氟化物同时被阻留在滤膜上。采样后的滤膜用水或酸浸取后，用氟离子选择电极法测定。

分别测定气态、颗粒态氟化物时，采样时需用三层膜，第一层采样膜用孔径 $0.8\,\mu m$ 经柠檬酸溶液浸渍的纤维素酯微孔滤膜先阻留颗粒态氟化物，第二、三层用磷酸氢二钾浸渍过的玻璃纤维滤膜采集气态氟化物。用水浸取滤膜，可测定水溶性氟化物；用盐酸溶液浸取，可测定酸溶性氟化物；用水蒸气热解法处理滤膜，可测定总氟化物。采样滤膜应分别处理和测定。另取未采样的浸取吸收液的滤膜 3 ~ 4 张，按照采样滤膜的测定方法测定空白值（取平均值）。

按式（3-5）计算氟化物的含量。

$$氟化物\ \rho(F，mg/m^3)=(m_1+m_2-2m_0)/Vn$$

$$（3-5）$$

式中 m_1——上层浸渍膜样品中的氟含量（μg）；

m_2——下层浸渍膜样品中的氟含量（μg）；

m_0——空白浸渍膜平均氟含量（$\mu g/$张）；

V_n——标准状态下的采样体积（L）。

颗粒态氟化物浓度的测定：将第一层采样膜经酸浸取后，用氟离子选择电极即可测得。计算公式如下：

$$\rho = (m_3 - m_0)/V_n$$

$$（3-6）$$

式中 ρ —— 酸溶性颗粒态氟化物浓度（mg/m^3）；

m_3——第一层膜样品中的氟含量（淄）；

m_0——采样空白膜中平均氟含量（昭）；

V_n——标准状态下的采样体积（L）。

应注意测定样品时的温度与制作标准曲线时的温差不得超过 $±2℃$；正确配制好氟离子标准溶液；高浓度盐类会干扰并减慢响应时间，可加入大量的钠盐或钾盐（恒量）消除；注意氟离子电极的保管、预处理和使用。

2. 石灰滤纸采样－氟离子选择电极法

空气中的氟化物与浸渍在滤纸上的氢氧化钙反应而被固定，用总离子强度调节缓冲液提取后，以氟离子选择电极法测定。该方法不需要抽气动力，操作简便，且采样时间长，得出的石灰滤纸上氟化物的含量，反映了放置期间空气中氟化物的平均污染水平。

（七）硫酸盐化速率的测定

硫酸盐化速率是指大气中含硫污染物变为硫酸雾和硫酸盐雾的速度。测定方法有二氧化铅－重量法、碱片－重量法、碱片－铬酸锐分光光度法、碱片－离子色谱法等。下面介绍二氧化铅－重量法和碱片－重量法。

1. 二氧化铅－重量法

大气中的二氧化硫、硫酸雾、硫化氢等与二氧化铅反应生成硫酸铅，用碳酸钠溶液反应，使硫酸铅转化为碳酸铅，释放出硫酸根离子，再加入氯化根溶液，生成硫酸钡沉淀，用重量法测定，结果以每日在 $100cm^2$ 的二氧化铅面积上所含 SO_3 的质量（mg）表示。

PbO_2 采样管的制备是在素瓷管上涂一层黄蓍胶乙醇溶液，将适当大小的湿纱布平整地绕贴在素瓷管上，再均匀地刷上一层黄蓍胶乙醇溶液，除去气泡，自然晾至近干后，将 PbO_2 与黄蓍胶乙醇溶液研磨制成的糊状物均匀地涂在纱布上，涂布面积约为 $100cm^2$，晾干移入干燥器存放。采样是将 PbO_2 采样管固定在百叶箱中，在采样点上放置（30±2）d。注意不要靠近烟囱等污染源。收样时，将 PbO_2 采样管放入密闭容器中。准确测量 PbO_2 涂层的面积，将采样管放入烧杯中，用碳酸钠溶液淋湿涂层，用镊子取下纱布，并用碳酸钠溶液冲洗瓷管，取出。搅拌洗涤液，盖好，放置 2～3h 或过夜。将烧杯在沸水浴上加热近沸，保持 30min，稍冷，倾斜过滤并洗涤，获得样品滤液。在滤液中加甲基橙指示剂，滴加盐酸至红色并稍过量。在沸水浴上加热，赶除 CO_2，滴加 BaCk 溶液至沉淀完全，再加热 30min，冷却，放置 2h 后，用恒重的玻璃砂芯坩埚抽气过滤，洗涤至滤液中无氯离子。将坩埚于 105～110℃烘箱中烘至恒重。同时，将保存在干燥器内的两支空白采样管按同法操作，测其空白值。按式（3-7）计算测定结果。

$$硫酸盐化速率\left[mgSO_3 / (100cm^2 PbO_2 \cdot d) \right] = \frac{m_s - m_0}{s \cdot n} \times \frac{M(SO_3)}{M(BaSO_4)} \times 100$$

（3-7）

式中 m_s —— 样品管测得 $BaSO_4$ 的质量（mg）；

m_0 —— 空白管测得 $BaSO_4$ 的质量（mg）；

S —— 采样管上 PbO_2 涂层面积（cm^2）；

n —— 采样天数，准确至 0.1d；

$\dfrac{M(SO_3)}{M(BaSO_4)}$ —— SO_3 与 $BaSO_4$ 相对分子量之比值（0.343）。

应注意 PbO_2 的粒度、纯度、表面活度；PbO_2 涂层厚度和表面湿度；含硫污染物的浓度及种类；采样期间的风速、风向及空气温度、湿度等因素均会影响测定。用过的玻璃砂芯坩埚应及时用水冲出其中的沉淀，用温热的 EDTA－氨溶液浸洗后，再用（1+4）盐酸溶液浸洗，最后用水抽滤，仔细洗净，烘干备用。

2. 碱片 - 重量法

将用碳酸钾溶液浸渍的玻璃纤维滤膜暴露于大气中，碳酸钾与空气中的二氧化硫等反应生成硫酸盐，加入氯化钡溶液将其转化为硫酸钡沉淀，用重量法测定，结果以每日在 $100cm^2$ 碱片上所含 SO_3 的质量（mg）表示。

测定时先制备碱片并烘干，放入塑料皿（滤膜毛面向上，用塑料垫圈压好边缘），至现场采样点，固定在特制的塑料皿支架上，采样（30±2）d。将采样后的碱片置于烧杯中，加入盐酸使二氧化碳逸出，捣碎碱片并加热近沸，用定量滤纸过滤，得到样品溶液，加入 $BaCl_2$ 溶液，得到 $BaSO_4$ 沉淀，将沉淀烘干、称重。同时，将一个没有采样的烘干的碱片放入烧杯中，按同样方法操作，并测其空白值。按式（3-8）计算测定结果。

$$硫酸盐化速率 \left[mgSO_3 / (100cm^2 碱片 \cdot d) \right] = \frac{m_s - m_0}{s \cdot n} \times \frac{M(SO_3)}{M(BaSO_4)} \times 100$$

（3-8）

式中 m_s——样品碱片中测得的 $BaSO_4$ 的质量（mg）；

m_0——空白碱片中测得的 $BaSO_4$ 的质量（mg）；

S——采样碱片有效采样面积（cm^2）；

n——碱片采样放置天数，准确至 0.1d。

二、有机污染物的测定

（一）挥发性有机物（VOCs）的测定

近年来，已有很多在人类一般生活环境中检测出多种有毒有害挥发性有机化合物（VOCs）的报道，人们对生活环境、特别是对室内空气污染的关心程度逐渐提高。由于在这些有毒有害 VOCs 中还含有致畸变、致癌性的物质，因此，长期暴露在这样的环境中，将会对人体造成健康损害，引发疾病。

环境空气中 VOCs 的测定的国标方法为吸附管采样 - 热脱附 / 气相色谱 - 质谱法。

1. 基本原理

采用固体吸附剂富集环境空气中挥发性有机物，将吸附管置于热脱附仪中，经气相色谱分离后，用质谱法进行检测。通过与待测目标物标准质谱图相比较和保留时间进行定性，外标法或内标法定量。

2. 样品采集

①采样流量：10 ~ 200mL/min；采样体积：2L。当相对湿度大于 90% 时，应减小采样体积，但最少不应小于 300mL。

②将一根新吸附管连接到采样泵上，按吸附管上标明的气流方向进行采样。在采集样品过程中要注意随时检查调整采样流量，保持流量恒定。采样结束后，记录采样点位、时间、环境温度、大气压、流量和吸附管编号等信息。

③样品采集完成后，应迅速取下吸附管，密封吸附管两端或放入专用的套管内，外面包裹一层铝箔纸，运输到实验室进行分析。

新购的吸附管或采集高浓度样品后的吸附管需进行老化。老化温度350℃，老化流量40mL/min，老化时间10～15min。吸附管老化后，立即密封两端或放入专用的套管内，外面包裹一层铝箔纸。包裹好的吸附管置于装有活性炭或活性炭硅与胶混合物的干燥器内，并将干燥器放在无有机试剂的冰箱中，4℃保存，7d内分析。

④候补吸附管的采集：在吸附管后串联一根老化好的吸附管。每批样品应至少采集一根候补吸附管，用于监视采样是否穿透。

⑤现场空白样品的采集：将吸附管运输到采样现场，打开密封帽或从专用套管中取出，立即密封吸附管两端或放入专用的套管内，外面包裹一层铝箔纸。同已采集样品的吸附管一同存放并带回实验室分析。每次采集样品，都应至少带一个现场空白样品。

3. 测定要点

用微量注射器分别移取25μL、50μL、125μL、250μL和500μL的标准贮备溶液至10mL容量瓶中·用甲醇（分析纯级）定容，配制目标物浓度分别为5.0mg/L、10.0mg/L、25.0mg/L，50.0mg/L和100.0mg/L的标准系列。用微量注射器移取1.0μL标准系列溶液注入热脱附仪中，按照仪器参考条件，依次从低浓度到高浓度进行测定，绘制校准曲线。

将采完样的吸附管迅速放入热脱附仪中，按照一定条件进行热脱附，载气流经吸附管的方向应与采样时气体进入吸附管的方向相反。样品中目标物随脱附气进入色谱柱进行测定。按与样品测定相同步骤分析现场空白样品。

（1）热脱附仪参考条件

传输线温度：130℃；吸附管初始温度：35℃；聚焦管初始温度：35℃；吸附管脱附温度：325℃；吸附管脱附时间：3min；聚焦管脱附温度：325℃；聚焦管脱附时间：5min；一级脱附流量：40mL/min；聚焦管老化温度：350℃；干吹流量：40mL/min；干吹时间：2min。

（2）气相色谱仪参考条件

进样口温度：200℃；载气：氮气；分流比：5：1；柱流量（恒流模式）：1.2mL/min；升温程序：初始温度30℃，保持3.2min，以11℃/min升温到200℃保持3min。为消除水分的干扰和检测器的过载，可根据情况设定分流比。

（3）质谱参考条件

扫描方式：全扫描；扫描范围：35～270amu；离子化能量：70eV；接口温度：280℃。为提高灵敏度，也可选用选择离子扫描方式进行分析。

4. 注意事项

①温度和风速会对样品采集产生影响。采样时，环境温度应小于40℃；风速大于5.6m/s时，采样时吸附管应与风向垂直放置，并在上风向放置掩体。

②吸附管中残留的VOCS对测定的干扰较大，严格执行老化和保存程序能使此干扰

降到最低。

③新购吸附管都应标记唯一性代码和表示样品气流方向的箭头，并建立吸附管信息卡片，记录包括吸附管填装或购买日期、最高允许使用温度和使用次数等信息。

（二）苯系物的测定

苯、甲苯、二甲苯和苯乙烯等都属于低取代芳烃，是空气中常见的苯系物。

苯、甲苯、二甲苯一般是共存的，工业上把它们称为三苯。苯及苯化合物主要来自于合成纤维、塑料、燃料、橡胶等，隐藏在油漆、各种涂料的添加剂以及各种胶黏剂、防水材料中，还可来自燃料和烟叶的燃烧。国际卫生组织已经把苯定为强烈致癌物质。苯系物主要指三苯和苯乙烯。

环境空气中苯系物的测定的国标方法为固体吸附／热脱附－气相色谱法。

1. 基本原理

用填充聚 2，6-二苯基对苯 K（Tenax）采样管，在常温条件下，富集环境空气中的苯系物，采样管连入热脱附仪，加热后将吸附成分导入带有氢火焰离子化检测器（FID）的气相色谱仪进行分析。

2. 样品采集

①采样前应对采样器进行流量校准。在采样现场，将一只采样管与空气采样装置相连，调整采样装置流量，此采样管仅作为调节流量用，不用作采样分析。

②常温下，将老化后的采样管去掉两侧的聚四氟乙烯帽，按照采样管上流量方向与采样器相连，检查采样系统的气密性。以 10 ~ 200mL/min 的流量采集空气10 ~ 20min。若现场大气中含有较多颗粒物，可在采样管前连接过滤头。同时记录采样器流量、当前温度和气压。

③采样完毕前，再次记录采样流量，取下采样管，立即用聚四氟乙烯帽密封。

④将老化后的采样管运输到采样现场，取下聚四氟乙烯帽后重新密封，不参与样品采集，并同已采集样品的采样管一同存放。每次采集样品，都应采集至少一个现场空白样品。

3. 测定要点

分别取适量的标准贮备液，用甲醇（色谱纯）稀释并定容至 1.00mL，配制质量浓度依次为 5μg/mL、10μg/mL、20μg/mL、50μg/mL 和 100μg/mL 的校准系列。

将老化后的采样管连接于其他气相色谱仪的填充柱进样口，或类似于气相色谱填充柱进样口功能的自制装置，设定进样口（装置）温度为 50℃，用注射器注射 1.0μL 标准系列溶液，用 100mL/min 的流量通载气 5min，迅速取下采样管，用聚四氟乙烯帽将采样管两端密封，得到 5ng、10ng、20ng、50ng 和 100ng 校准曲线系列采样管。将校准曲线系列采样管按吸附标准溶液时气流相反方向接入热脱附仪分析，根据目标组分质量和响应值绘制校准曲线。

将样品采样管安装在热脱附仪上，样品管内载气流的方向与采样时的方向相反，调整分析条件，目标组分脱附后，经气相色谱仪分离，由 FID 检测。记录色谱峰的保留时间和相应值。根据校准曲线计算目标组分的含量。

现场空白管与已采样的样品管同批测定。

4. 结果计算

气体中目标化合物浓度，按照式（3-9）进行计算。

$$\rho = \frac{W - W_0}{V_{nd} \times 1000}$$

（3-9）

式中 ρ——气体中被测组分质量浓度（mg/m³）；

W——热脱附进样，由校准曲线计算的被测组分的质量（ng）；

W_0——由校准曲线计算的空白管中被测组分的质量（ng）；

V_{nd}——标准状态下（101.325kPa，273.15K）的采样体积（L）。

（三）总烃和非甲烷烃的测定

总碳氢化合物常以两种方法表示，一种是包括甲烷在内的碳氢化合物，称为总烃（THC），另一种是除甲烷以外的碳氧化合物，称为非甲烷烃（NMHC）。

大气中的碳氢化合物主要是甲烷，其浓度范围为 2 ~ 8mL/L。但当大气严重污染时，甲烷以外的碳氢化合物会大量增加，它们是形成光化学烟雾的主要物质之一，主要来自炼焦、化工等生产废气及机动车尾气等。甲烷不参与光化学反应，所以，测定不包括甲烷的碳氢化合物对判断和评价大气污染具有实际意义。

测定总烃和非甲烷烃的主要方法有光电离检测法、气相色谱法等。

1. 光电离检测法

有机化合物分子在紫外光照射下可产生光电离现象，用 PID 离子检测器收集产生的离子流，其大小与进入电离室的有机化合物的质量成正比。PID 法通常使用 10.2eV 的紫外光源，此时氧气、氮气、二氧化碳、水蒸气等不电离，不会产生干扰。甲烷的电离能为 12.98eV，也不被电离。四碳以上的烃大部分可以电离。该法简单，可进行连续监测，所检测的非甲烷烃是指四碳以上的烃。

2. 气相色谱法：

用气相色谱仪测定后，可以根据色谱峰出峰时间进行定性分析，也可根据色谱峰的峰高或峰面积进行定量分析。按下式计算总烃浓度：

$$C_{总}(以甲烷计, mg/m^3) = \frac{H_1 - H_a}{H_s} \cdot E$$

（3-10）

式中 $C_{总}$——气样中总径浓度（以甲烷计）（mg/m³）；

E——甲烷标准气浓度（mg/m³），即 ppm × 16/22.4，16/22.4 为换算因子；

H_1——样品中总烃峰高（包括氧的响应）（cm）；

H_a——除烷净化空气峰高（cm）；

H_s——甲烷标准气体经总烃柱的峰高（cm）。

甲烷浓度按下式计算：

$$C_{甲烷}(\text{mg/m}^3) = \frac{H_b}{H_s} \cdot E$$

（3–11）

式中 $C_{甲烷}$——气体中甲烷浓度（mg/m³）；

H_b——样品中甲烷的峰高（cm）；

其余符号意义同上。

非甲烷按下式计算：

$$C_{非甲烷}(\text{mg/m}^3) = C_{总} - C_{甲烷}$$

（3–12）

第三节　颗粒物与大气水平能见度的测定

一、颗粒物的测定

（一）总悬浮颗粒物（TSP）的测定

环境空气颗粒物污染的表征指标主要是总悬浮颗粒物(TSP)、可吸入颗粒物(PM10、PM2.5)、自然沉降量。TSP 是指飘浮在空气中的固体和液体颗粒物的总称，其粒径范围为 0.1 ~ 100μm、它不仅包括被风扬起的大颗粒物，也包括烟、雾以及污染物相互作用产生的二次污染物等极小颗粒物。TSP 值的测定常采用滤膜捕集 – 重量法。

1. 测定原理

通过具有一定切割特征的采样器，以恒速抽取一定体积的空气，空气中粒径大于 100μm 的颗粒物被除去，小于 100μm 的悬浮颗粒物被截留在已恒重的滤膜上，根据采样前后滤膜质量之差及气体采样体积，计算 TSP 的质量浓度。

2. 主要仪器

大流量或中流量采样器、流量计、滤膜（超细玻璃纤维滤膜）、恒温恒湿箱、分析天平等。

3. 测定步骤

用 X 光机检查滤膜，不得有针孔或任何缺陷。在选定的滤膜光滑表面的两个对角上打印编号。滤膜袋上打印同样编号备用。将滤膜放入恒温恒湿箱内平衡24h，平衡温度为15～30℃，记录平衡温度和湿度。在平衡条件下称量平衡后的滤膜，大流量采样器称量精确至1mg，中流量采样器称量精确至0.1mg。将滤膜放入滤膜夹，安装采样头顶盖，设置采样时间，开始采样。采样结束后，取出滤膜，若无损坏，采样面向里，将滤膜对折，放入号码相同的滤膜袋中，在恒温恒湿箱内，与采样前滤膜相同的平衡条件下（温度、湿度），平衡24h，称量测定。滤膜增重，大流量滤膜不小于100mg，中流量滤膜不小于10mg。若滤膜有损坏，本次实验作废。

4. 结果计算

$$c(总悬浮颗粒物)(\mu g/m^3)=\frac{K\ (W_1-W_0)}{Q_N \cdot t}$$

（3-13）

式中 W_0——采样前滤膜的质量（g）；

W_1——采样后滤膜的质量（g）；

t——累积采样时间（min）；

Q_N——采样器平均抽气流量（m/min）；

K——常数（大流量采样器 $K=1 \times 10^6$，中流量采样器 $K=1 \times 10^9$）。

5. 注意事项

①方法的再现性：两台采样器安放在不大于4m、不小于2m的距离内，同时采样测定总悬浮颗粒物含量，相对偏差不大于15%。

②谨慎使用滤膜和标准孔口流量计。

③注意测定时平衡条件的一致性。

（二）可吸入颗粒物（PM10、PM2.5）的测定

一般将空气动力学当量直径小于或等于10μm的颗粒物称为可吸入颗粒物（PM10、PM2.5或IP），又称作飘尘。常用的测定方法有重量法、压电晶体振荡法、8射线吸收法及光散射法等。国家规定的测定方法是重量法。

下面以重量法来说明可吸入颗粒物（PM10、PM2.5）的测定。

1. 测定原理

气体首先进入采样器附带的10μm以上颗粒物切割器，将采样气体中粒径大于10Mm以上的微粒分离出去。小于这一粒径的微粒随气流经分离器的出口被阻留在已恒重的滤膜上，根据采样前后滤膜的质量差及采样体积，计算可吸入颗粒物的浓度（mg/m³）。

2. 主要仪器

测定可吸入颗粒物的主要仪器有大气采样器、切割器、流量计、超细玻璃纤维滤膜、分析天平、恒温恒湿箱等。

3. 测定步骤

选用合格的超细玻璃纤维滤膜，采样前在干燥器内放置24h，用感量为0.1mg的分析天平称量，放入干燥器1h后再称量，两次质量差不得大于0.4mg（即为恒重）。将恒重滤膜放在采样夹滤网上，牢固压紧至不漏气。不同样品不同滤膜，测定不同浓度的样品要每次更换滤膜。测日平均浓度，只需采集到一张滤膜上，采样结束，用镊子将有尘面的滤膜对折放入纸袋，做好记录，放入干燥器内24h至恒重，称量结果。采样点应避开污染源及障碍物，测定交通枢纽处可吸入颗粒物1采样点应布置在距人行道边缘Im处。测定任何一次浓度，采样时间不得少于1h。测定日平均浓度，间断采样时间不得少于4次，采样口距地面1.5m，采样不能在雨雪天进行，风速不大于8m/s。

4. 结果计算

$$c = \frac{(m_2 - m_1) \times 1000}{V_t}$$

（3-14）

式中 c —— 飘尘浓度（mg/m^3）；

m_2 —— 采样后滤膜质量（g）；

m_1 —— 采样前滤膜质量（g）；

V_t —— 换算成标准状态下采样体积（m^3）。

5. 注意事项

①在同样条件下，三个采样系统浓度测定结果变异系数应小于15%；

②在采样开始至终了过程中，采样系统流量值的变化应在额定流量的 ±10% 以内。

（三）降尘的测定

降尘（自然沉降量）是指从空气中自然降落于地面的颗粒物。颗粒物的降落不仅取决于粒径和密度，也受地形、风速、降水（包括雨、雪、雹等）等因素的影响。降尘量为单位面积上单位时间内从大气中沉降的颗粒物的质量，以每月每平方千米面积上所沉降颗粒物的吨数表示 [t/（km^2·30d）]。

1. 测定原理

降尘的测定常采用重量法。空气中的颗粒物自然降落在盛有乙二醇水溶液的集尘缸内，样品从集尘缸内转移至蒸发皿后，经蒸发、干燥、称重，根据蒸发皿加样前后的质量差及集尘缸口的面积，计算出每月每平方千米降尘的吨数。

2. 仪器

降尘缸（内径150mm，高300mm的玻璃、塑料或搪瓷缸）；电热板；分析天平（感量0.1mg）。

3. 采样

首先按照前面介绍的布点原则选择采样点。然后向采样缸内加入乙二醇 60 ~ 80mL，以占满缸底为准。加水量视当地的气候条件而定，一般可加水 100 ~ 200mL。加乙二醇水溶液既可以防止冰冻，又可以保持缸底湿润，还能抑制微生物及藻类生长。再把采样缸放在采样现场的架子上，停置（30±2）d。

4. 测定步骤

（1）降尘的测定

将 100mL 瓷坩埚在（105±5）℃烘箱内烘 3h，置干燥器内冷却 50min，称量；再烘 50min，冷却 50min，再称量，直至恒重（两次质量之差小于 0.4mg）。用尺子测量集尘缸的内径，取出缸内的树叶、昆虫等异物，将缸内溶液和尘粒全部转移到 500mL 烧杯中，在电热板上加热，使溶液体积浓缩到 10 ~ 20mL，冷却后全部转移到已恒重的瓷坩埚中，加热至干，放入（105±5）℃烘箱烘干，称重。按瓷坩埚恒重操作方法反复烘干、称量至恒重。

（2）降尘中可燃物的测定

将瓷坩埚在 600℃灼烧 2h，待炉内温度降至 300℃以下时取出，放入干燥器中，冷却 50min 后称重。再在 600℃下灼烧 1h，冷却称量，直至恒重。将已测降尘总量的瓷用堪在 600℃灼烧 3h. 待炉内温度降至 300℃以下时取出，放入干燥器中，冷却 50min 后称重。再在 600℃下灼烧 1h，冷却称量，直至恒重。

5. 结果计算

（1）降尘总量

$$M = \frac{m_1 - m_0 - m_c}{S \cdot n} \times 30 \times 10^4$$

（3-15）

式中 M——降尘总量 [t/（km^2·30d）]；

m_1——降尘、瓷坩埚、乙二醇水溶液蒸发至干，恒重后的质量（g）；

m_0——瓷坩埚恒重后的质量（g）；

m_c——与采样操作等量的乙二醇水溶液蒸发至干，恒重后的质量（g）；

S——集尘缸缸口面积（cm^2）；

n——采样天数，准确到 0.1d。

（2）降尘中可燃物

$$M' = \frac{(m_1 - m_0 - m_c) - (m_2 - m_b - m_d)}{S \cdot n} \times 30 \times 10^4$$

（3-16）

式中 M'——可燃物质量 [t/（km^2·30d）]；

m_b——瓷坩埚灼烧至恒重后质量（g）；

m_2——降尘、瓷坩埚、乙二醇水溶液蒸发至干，灼烧至恒重后的质量（g）；

m_d——与采样等量的乙二醇水溶液蒸发至干，灼烧至恒重后的质量（g）。

二、大气水平能见度的测定

大气能见度是反映大气透明度的一个指标。一般定义为具有正常视力的人在当时的天气条件下还能够看清楚目标轮廓的最大地面水平距离。还有一种定义为目标的最后一些特征已经消失的最小距离。一般来说，对同一种目标，这两种定义确定的能见度大小是有差异的，后者比前者要大一些。能见度是一个对航空、航海、陆上交通以及军事活动等都有重要影响的气象要素。在航空中，一般使用前者定义的能见度。

影响能见度的因子主要有大气透明度、灯光强度和视觉感阈。大气能见度和当时的天气情况密切相关。当出现降雨、雾、霾、沙尘暴等天气过程时，大气透明度较低，因此能见度较差。

（一）目测法

气象观测员可以通过自然的或人造的目标物（树林、岩石、城堡、尖塔、教堂、灯光等）对气象光学视程（MOR）进行目测估计。

每一测站应准备一张用于观测的目标物分布图，在其中标明它们相对于观测者的距离和方位。分布图中应包括分别适用于白天观测和夜间观测的各种目标物。观测者必须特别注意 MOR 显著的方向变化。

观测必须由具有正常视力且受过适当训练的观测员来进行，不能用附加的光学设备（单筒、双筒望远镜，经纬仪等），更要注意不能透过窗户观测，尤其是在夜间观测目标物或发光体时。观测员的眼睛应在地面以上的标准高度（大约 1.5m），不应在控制塔或其他的高的建筑物的上层进行观测。当能见度低时，这十点尤其重要。

当能见度在不同方向上变化时，记录或报告的值取决于所做报告的用途。在天气电报中取较低值能见度做报告，而用于航空的报告则应遵循 WMO 的规定。

1. 白天 MOR 的估计

白天观测的能见度目测估计值是 MOR 真值的较好的近似值。

一般应满足以下要求：白天应选择尽可能多的不同方向上的目标物，只选择黑色的或接近黑色的在天空背景下突出于地平面的目标物。浅色的目标物或位置靠近背景地形的目标物应尽量避免。当阳光照射在目标物上时，这一点尤为重要。如果目标物的反射率不超过 25%，在阴天条件下引起的误差不超过 3%，但有阳光照射时则误差要大得多。因此，白色房屋是不合适的，无阳光强烈照射时，深色的树林很合适。如果必须采用地形背景下的目标物，则该目标物应位于背景的前方并远离背景，即至少为其离观测点的距离的一半。例如，树林边上的单棵树就不适用于能见度观测。

为使观测值具有代表性，在观测者眼中目标物的对角不应小于 0.5°。对角小于 0.5° 的目标物相比同样环境下的更大一点的物体即使在较短距离下也将会变得不可见。

2. 夜间 MOR 的估计

任何光源都可用作能见度观测的目标物，只要在观测方向上其强度是完全确定的和已知的。然而，通常认为点光源更合乎要求，且其强度在某一特别的方向上并不比在另外的方向上大，同时不能限制在一个过小的立体角中。必须注意确保光源的机械的和光学的稳定性。

必须将作为点光源的各个光源与其周围无其他光源和（或）发光区以及发光群区分开来，即使它们之间相互分离。在后一种情况下，其排列会分别影响到作为目标物的每个光源的能见度。在夜间能见度测量中，只能采用呈适当分布的点光源作为目标物。

还应注意到，夜间观测中采用被照亮的目标物，会受到环境照明、目眩的生理效应以及其他光的影响，即使其他光位于视场之外，尤其是隔着窗户进行观测。因此，只有在黑暗的和适当的场地才能得出准确、可靠的观测值。

此外，生理因素的重要性不可忽略，因为它们是观测偏差的主要来源。重要的是只有具有正常视力的合格的观测员才能从事此类观测。另外，必须考虑有一段适应的时间（通常 5 ~ 15min），在这段时间内使眼睛习惯于黑暗视场。

3. 缺少远距离目标物时 MOR 的估计

在某些地方（开阔平原、船舶等），或者因水平视线受限制（山谷或环状地形），或者缺乏适合的能见度目标物，除了相对低的能见度之外直接进行估计是不可能的。在这样的情况下，要是没有仪器方法可采用，MOR 的值比已有的能见度目标物更远时就必须根据大气的一般透明度来做出估计。这种估计，可以通过注意那些距离最远的醒目的能见度目标物的清晰程度来进行。如果目标物的轮廓和特征清晰，甚至其颜色也几乎并不模糊，就表明这时的 MOR 值大于能见度目标物和观测员之间的距离。另一方面，如果能见度目标物模糊或难以辨认，则表明存在使 MOR 减小的霾或其他大气现象。

（二）仪器法

采取一些假设，可使仪器的测量值转化为 MOR 的值，若有大量合适的能见度目标物可用于直接观测，使用仪器进行白天能见度的测量并非总是有利的。然而，对夜间观测或当没有可用的能见度目标物时或对自动观测系统来说，能见度测量仪器是很有用的。用于测量 MOR 的仪器可分为以下两类：

①用于测量水平空气柱的消光系数或透射因数。光的衰减是由沿光束路径上的微粒散射和吸收造成的。

②用于测量小体积空气对光的散射系数。在自然雾中，吸收通常可忽略，散射系数可视作与消光系数相同。

1. 测量消光系数的仪器

（1）光度遥测仪器（遥测光度表）

遥测光度表是按白天测量消光系数而设计的，它是通过对远距离目标的视亮度和天空背景的比较来测定的（如 Lohle 遥测光度表）。但是，这类仪器通常不用于日常观测，因为正如前面所述，白天最好是直接目测。然而，发现这类仪器对超过最远目标物的 MOR 进行外推是有用的。

（2）目测消光表

目测消光表是一种用于夜间观测远距离发光体的非常简单的仪器。它使用标度的中性滤光器按已知比例削弱光线，并能调节使远距离发光体恰好能见。仪器读数给出发光体与观测员之间空气透明度的测量，由此可以计算出消光系数。观测的总的准确度，主要取决于观测员眼睛敏感度的变化以及光源辐射强度的波动，误差随 MOR 成比例增加。

此仪器的优点是，仅需使用合适分布的 3 个发光体，就能以合理的准确度测定 100m 至 5km 距离上的 MOR，但是如果没有这样的仪器，若要达到同等水平的准确度，则需要较复杂的一组光源。然而使用此类仪器的方法（决定光源出现或消失的点）相当大地影响测量的准确度和均匀性。

（3）透射表

透射表是通过在发射器和接收器之间测量水平空气柱的平均消光系数的最普通的方法，发射器提供一个经过调制的定常平均功率的光通量源，接收器主要由一个光检测器组成（一般是在一个抛物面镜或透镜的焦点上放置一个光电二极管）。最常使用的光源是卤灯或氙气脉冲放电管。调制光源以防来自太阳光的干扰。透射因数由光检测器输出决定，并据此计算消光系数和 MOR 值。

因为透射表估计 MOR 是根据准直光束的散射和吸收导致光的损失的原理，所以它们与 MOR 的定义紧密相关，一个优良的、维护好的透射表在其最高准确度范围内工作时，对 MOR 的真值能给出非常好的近似值。

2. 测量散射系数的仪器

大气中光的衰减是由散射和吸收引起的。工业区附近出现的污染物，冰晶（冻雾）或尘埃可使吸收项明显增强。然而，在一般情况下，吸收因子可以忽略，而经由水滴反射、折射或衍射产生的散射现象构成降低能见度的因子。故消光系数可认为和散射系数相等。因此，用于测量散射系数的仪器可用于估计 MOR 值。

测量通常通过把一束光汇聚在小体积空气中，以光度测量的方式确定在充分大的立体角和并非临界方向上的散射光线的比例，从而使散射系数的测量可方便地进行。假定已把来自其他来源的干扰完全屏蔽掉或这些光源已受到调制，则这种类型的仪器在白天和夜晚就都能使用。散射系数 b 可以写成如下形式的函数：

$$b = \frac{2\pi}{\varphi_v} \int_0^\pi I(\varphi) \sin(\varphi) \mathrm{d}\varphi$$

（3–17）

式中 φ_v —— 进入空气体积 V 中的光通量；

$I(\varphi)$ —— 与入射光成甲角方向上散射光的强度。

应注意。的准确测定要求对从各个角度射出的散射光进行测量和积分，实际的仪器是在一个限定角度内测量散射光并基于在限定积分和全积分之间的高度相关性。

在这些仪器中使用了三种测量方法：后向散射、前后散射和在一宽角度内的散射的积分。

第四节　污染源与降水监测

一、污染源监测

空气污染的发生源主要来自工业企业、生活炉灶和交通运输等方面。污染源分为固定污染源和流动污染源。固定污染源指烟道、烟囱、设备排气筒等一般不移动的污染源。其排放的废气中既可能包含固态的烟尘和粉尘，也可能包含气态和气溶胶态的多种有害物质。如发电厂的燃煤烟囱，钢铁厂、水泥厂、炼铝厂、有色金属冶炼厂、磷肥厂、硝酸厂、硫酸厂、石油化工厂、化学纤维厂的大工业烟囱等。流动污染源是指极具移动性的机动车、火车（柴油机车）、拖拉机、飞机和轮船等交通运输工具，其排放的废气中含有二氧化碳、碳氢化合物、氮氧化物和烟尘等污染物。

污染源监测的目的：一是监督性监测，即定期检查污染源排放废气中的有害物质含量是否符合国家规定的大气污染物排放标准的要求；二是研究性监测，对污染源排放污染物的种类、排放量、排放规律进行监测，有利于查清空气污染的主要来源，探讨空气污染发展的趋势，制订污染控制措施，改善环境空气质量。

污染源监测的内容：排放到废气中有害物质的浓度（mg/m^3）、有害物质的排放量（kg/h）、废气排放量（m^3/h）。

与环境空气质量监测相比，污染源排放的废气中有害物质浓度高、排放量大，因此监测过程中采样方法和分析方法与环境空气质量监测有一定的差异。

（一）固定污染源监测

1. 采样时间和频次

污染源监测的采样时间由烟道、排气管等污染源运行过程的操作条件决定。采样期必须贯穿一个完整的运行操作过程，固定污染源监测的采样次数和采样时间可参见表3-4。测定值应取操作时间内几次采样测定值的平均值。如果污染源一个完整的运行操作过程的持续时间过长，则应选择一个能代表运行操作过程的时间作为采样期。对于操作周期不明显的运行操作过程，应将某工作进行状态的持续作为采样期。

表3-4　固定污染源监测的采样次数及采样时间

一次操作过程的采样次数（次）	每次采样时间（min）
2	> 60
3	40 ~ 60
4	20 ~ 40
5	20

2. 采样位置选择及采样点布设

（1）采样位置选择

①采样位置应选在气流分布均匀稳定的平直管段上，避开弯头、变径管、三通管及阀门等易产生涡流的阻力构件，并优先选择垂直管道；

②按照废气流向将采样断面设在阻力构件下游方向大于 6 倍管道直径处或上游方向大于 3 倍管道直径处；

③若客观条件难于满足②的要求，则要求采样断面与阻力构件的距离不小于管道直径的 1.5 倍，并适当增加测点数目；

④采样断面气流流速最好在 5m/s 以下。

（2）采样点布设及点数确定

①圆形烟道。在选定的采样断面上设两个相互垂直的采样孔。将烟道断面分成一定数量的同心等面积圆环，沿着两个采样孔中心线设四个采样点。若采样断面上气流速度较均匀，可设一个采样孔，采样点数减半。当烟道直径小于 0.3m，且流速均匀时，可在烟道中心设一个采样点。

②矩形烟道。将烟道断面分成一定数目的等面积矩形小块，各小块中心即为采样点位置。小矩形面积一般不应超过 $0.6m^2$。

③拱形烟道。拱形上部按圆形布点，拱形下部按矩形烟道布点，分别确定采样点的位置及数目。

（3）烟道采样注意事项

①水平烟道内积灰时应将积灰部分的面积从断面内扣除，按有效面积设置采样点。

②为使测压管和采样管能到达各采样点位置，可开凿采样孔，一般开两个互成 90° 的孔，最多开四个孔，应尽可能少开凿走样孔，采样孔直径不小于 75mm。

③采集有毒或高温烟气时，若采样点处烟气呈正压。则采样孔应设置防喷装置。

3. 基本状态参数测定

烟气基本状态常数包括烟气体积、温度和压力，依据这些参数可以计算烟气流速、烟尘浓度和有害物质含量。其中，烟气体积等于采样流量与采样时间的乘积，采样流量等于测点烟道断面与烟气流速的乘积。

（1）烟气温度测量

①直径小、温度不高的烟道或排气管。用长杆水银温度计测量，要求温度计的精确度应不低于 2.5%，最小分度值应不大于 2℃。将温度计球部放在烟道中心位置，等水银柱不再上升时开始读数，读数时不要将温度计抽出烟道外。

②直径大、温度高的烟道。用示值误差不大于 ±3℃ 的热电偶测温毫伏计测量。烟气温度在 800℃ 以下用镍铬 – 康铜热电偶测量，在 1300℃ 以下用镍铬 – 镍铝热电偶测量，在 1600℃ 以下用铂 – 铂铑热电偶测量。测量时，将感温探头放在烟道中心位置，等指示表指针或显示器数值不变动时立即读数。

（2）烟气压力测量

烟道及排气管的烟气压力分为全压（p_t）、静压（p_s）和动压（p_d）。静压是单位体积气体所具有的势能，表现为气体在各个方向上作用于器壁的压力。动压是单位体积气体具有的动能，是使气体流动的压力。全压是气体在管道中流动具有的总能量。在管道中任意一点上，三者的关系为：$p_t=p_s+p_d$，所以只要测出三项中任意两项，即可求出第三项。

测量烟气压力常用测压管和压力计。

（3）烟气流速与流量计算

①烟气流速（V_s）计算。根据某采样点测得的烟气温度、压力等参数后，按下式计算各测点的烟气流速（V_s）：

$$V_s = K_p \sqrt{\frac{2p_d}{\rho_s}} = 128.9 K_p \sqrt{\frac{(273+t_s)p_d}{M_s(B_a+p_s)}}$$

（3-18）

式中 V_s——湿排气的气体流速（m/s）；

K_p——皮托管修正系数；

p_d——排气动压（Pa）；

p_s——排气静压（Pa）；

B_a——大气压（Pa）；

ρ_s——湿排气的密度（kg/m³）；

M_s——湿排气的分子质量（kg/kmol）；

t_s——排气温度（℃）。

②烟道测点断面的平均流速计算。烟道某一断面的平均流速可根据断面上各测点测出的流速，由下式计算：

$$\overline{V}_s = \frac{\sum_{i=1}^{n} V_{si}}{n} = 128.9 K_p \sqrt{\frac{(273+t_s)p_d}{M_s(B_s+p_s)}} \times \frac{\sum_{i=1}^{n} \sqrt{p_{di}}}{n}$$

（3-19）

式中 $\overline{V}_s$——烟道测点烟气平均流速（m/s）；

V_{si}——各测点流速（m/s）；

p_{di}——某一测点的动压（Pa）；

n——测点的数目；

其余符号意义同前。

③烟道断面的烟气流量计算。测定状态下烟道断面烟气流量按下式计算：

$$Q_s = 3600 \times \overline{V}_s \cdot S$$

（3-20）

式中 Q_s —— 烟气流量（m³/s）；

S —— 烟道测点横截面面积（m， ）；

$\overline{V}_s$ 意义同前。

标准状态下的烟道断面的干烟气流量按下式计算：

$$Q_{Nd} = Q_s(1 - X_w) \times \frac{B_a + p_s}{101325} \times \frac{237}{237 + t_s}$$

（3-21）

式中 Q_{Nd} —— 标准状态下的干烟气流量（m³/s）；

X_w —— 烟气含湿量体积百分数（%）；其余符号意义同前。

4. 烟气含湿量测定

与大气相比，烟气中的水蒸气含量较高，变化范围较大，为了便于比较，监测方法规定以除去水蒸气后标准状态下的干烟气表示。含湿量的测定方法有干湿球温度计法、重量法等方法。

（1）干湿球法

干湿球法即干湿球温度计法，就是使气体在一定的速度下，流经干、湿球温度计，根据干、湿球温度计的读数和测点处排气压力，计算出排气的水分含量。

测定烟气含水量时，首先检查湿球温度计的湿球表面纱布是否包好，然后将水注入盛水容器中。再打开采样孔，清除孔中的积灰，将采样管插入烟道中心位置，封闭采样孔。当排气温度较低或水分含量较高时，采样管应保温或加热数分钟后再开动抽气泵，以 15L/min 流量抽气。当干、湿球温度计读数稳定后，记录干球和湿球温度和真空压力表的压力。

将测定结果代入下式计算烟气含湿量：

$$X_w = \frac{p_{bv} - 0.00067(t_c - t_b) \cdot (B_a + p_b)}{B_a + p_s} \times 100$$

（3-22）

式中 X_w —— 烟气含湿量体积百分数（%）；

p_{bv} —— 温度为 t_b 时饱和水蒸气压力（Pa）；

t_b —— 湿球温度（℃）；

t_c —— 干球温度（℃）；

p_b —— 通过湿球温度计表面的气体压力（kPa）；

B_a —— 大气压力（kPa）；

p_s —— 测点处排气静压（kPa）。

（2）重量法

从烟道采样点抽取一定体积的烟气，使之通过装有吸收剂的吸收管，则烟气中的水蒸气被吸收剂吸收，吸收管的增重即为所采烟气中的水蒸气重量。过滤器可防止烟尘进入采样管，保温或加热装置可防止水蒸气冷凝，U 形玻璃吸湿管装有的氯化钙、氧化钙、硅胶、氧化铝、五氧化二磷或过氯酸镁等吸水剂可吸收烟气水分。烟气含湿量按下式计算：

$$X_{\mathrm{w}}=\frac{1.24G_{\mathrm{w}}}{1.24G_{\mathrm{w}}+V_{\mathrm{d}}\dfrac{273}{273+t_{\mathrm{r}}}\cdot\dfrac{B_{\mathrm{a}}+p_{\mathrm{r}}}{101.3}}\times100\%$$

（3-23）

式中 G_{w} ——吸湿管采样后增重（g）；

V_{d} ——测量状态下抽取干烟气体积（L）；

p_{r} ——流量计前烟气表压（kPa）；

t_{r} ——流量计前烟气温度（℃）；

1.24V 标准状态下 1.0g 水蒸气的体积（L）。

5. 烟尘浓度测定

（1）烟尘浓度测定的原理

抽取一定体积烟气通过已知重量的捕尘装置，根据采样前后捕尘装置的重量差和采样体积计算烟尘的浓度。测定烟气烟尘浓度必须采用等速采样法，即烟气进入采样嘴的速度应与采样点烟气流速相等，否则将产生较大的采样误差。

烟尘浓度测定采样分为移动采样、定点采样和间歇采样。移动采样是利用一个尘粒捕集器在已确定的各采样点上进行等时长逐个采样，是测定烟道断面烟尘平均浓度的常用方法。定点采样是分别在断面上的每个采样点采一个样，是了解烟道断面烟尘分布状况和确定烟尘平均浓度的常用采样方法。间歇采样是根据烟道工况变化情况分时段采样，求时间加权平均值，用于了解有周期性变化规律污染源的烟尘排放平均浓度。

（2）采样方法

①预测流速法。在采样前，先测出采样点烟气的温度、压力和水分含量，计算出烟气流速，再结合采样嘴直径计算出等速采样条件下各采样点的采样流量。采样时，通过调节流量调节阀按照计算出的流量采样。

由于预测流速法测定烟气流速与采样不是同时进行的，因而仅适用烟气流速比较稳定的污染源。

②皮托管平行测速采样法。将采样管、S 形皮托管和热电偶温度计固定在一起插入同一采样点处，根据预先测得的烟气静压、水分含量和当时测得的烟气动压和温度等参数，结合选用的采样嘴直径，由程序计算器算出等速采样流量，迅速调节转子流量计至所要求的流量读数。该方法与预测流速采样法不同之处在于，测定流速和采样几乎同时进行，减小了烟气流速改变所致的采样误差，适用于工况（装置和设施生产运行的状态）易发生变化的烟气。

（3）烟尘浓度计算

①烟尘重量。按重量法测定要求计算滤筒采样前后重量之差 G，即为烟尘重量。

②标准状态下的采样体积。在采样装置流量计前装有冷凝器和干燥器的情况下按下式计算：

$$V_\mathrm{n} = 0.003 Q_\mathrm{r} \cdot t \sqrt{\frac{R_\mathrm{sd}(B_\mathrm{a} + p_\mathrm{r})}{T_\mathrm{r}}}$$

（3-24）

式中 V_n——标准状态下干烟气的采样体积（L）；

Q_r——等速采样流量计应达到的流量值（L/min）；

t——采样时间（min）；

B_a——大气压力（kPa）；

R_sd——干烟气的气体常数 [J/（kg·K）]；

p_r——转子流量计前烟气的表压（kPa）；

T_r——流量计前烟气的温度（K）。

③烟尘浓度。采样方法不同，烟尘浓度的计算方法不同。移动采样按下式计算：

$$C = \frac{G}{V_\mathrm{n}} \times 10^6$$

（3-25）

式中 C——烟气中烟尘浓度（mg/m³）；

G——测得烟尘质量（g）；

V_n——标准状态下干烟气体积（L）。

定点采样按下式计算：

$$\bar{C} = \frac{c_1 v_1 S_1 + c_2 v_2 S_2 + \cdots + c_n v_n S_n}{v_1 S_1 + v_2 S_2 + \cdots + v_n S_n}$$

（3-26）

式中 $\bar{C}$——烟气中烟尘平均浓度（mg/m³）；

$v_1, v_2, \cdots, v_n$——各采样点烟气流速（m/s）；

$c_1, c_2, \cdots, c_n$——各采样点烟气中烟尘浓度（mg/m³）；

$S_1, S_2, \cdots, S_n$——各采样点所代表的截面积（m²）。

④烟尘（或气态污染物）排放速率计算。

$$q = C \cdot Q_\mathrm{sn} \cdot 10^{-6}$$

（3-27）

式中 q——排放速率（kg/h）；

C——烟尘（气态污染物）的浓度（kg/m³）；

Q_sn——标准状态下干烟气流量（m³/h）。

6. 烟气组分的测定

烟气组分包括主要气体组分和微量有害气体组分。

（1）烟气主要组分的测定

烟气中的主要组分为 N_2、O_2、CO_2 和水蒸气等，可采用奥氏气体分析器吸收法和仪器分析法测定。

奥式气体分析器吸收法的测定原理是用适当的吸收液吸收烟气中的欲测组分，通过测定前后气体体积的变化计算欲测组分的含量。例如，用 KOH 溶液吸收 CO_2；用焦性没食子酸溶液吸收 O_2；用氨性氯化亚铜溶液吸收 CO 等。还有的带有燃烧法测 H_2 装置。依次吸收 CO_2、O_2 和 CO 后，剩余气体主要是 N_2。

用仪器分析法分别测定烟气中的组分，其准确度比奥式气体分析器吸收法高。

（2）烟气中有害组分的测定

烟气中的有害组分为 CO、NO_x、SO_2、H_2S、氟化物及挥发酚等有机化合物。测定方法视烟气中有害组分的含量而定。

烟气有害组分含量较低时测定方法与空气气体污染物测定方法相同，含量较高时可选用化学分析法。

（3）烟尘中有害组分的测定

烟尘中有害组分主要有沥青烟、硫酸雾和馏酸雾、铅、被等。测定硫酸雾和铬酸雾时，先将其采集在玻璃纤维滤筒上，再用水浸取后测定；测定铅、被等烟尘时；捕集后用酸浸取出来再进行测定；测定烟气中氟化物总量时，将烟尘和吸收液于酸溶液中加热蒸馏分离后测定；测定沥青烟时，用玻璃纤维滤筒和冲击式吸收瓶串联采集气溶胶态和蒸气态沥青烟，用有机溶剂提取后测定。组分测定方法与空气中污染物测定方法相同。

（三）流动污染源监测（机动车尾气监测）

流动污染源监测的重点是机动车尾气监测。机动车尾气污染物含量与其行驶工况有关，因而机动车在怠速、加速、匀速、减速等不同行驶工况下排放尾气的污染物含量都应测定。其中怠速法试验工况简单，还可以使用便携式仪器来测定一氧化碳和碳氢化合物的含量，因而应用较为广泛。

1. 汽油车怠速工况尾气主要污染物含量的测定

机动车怠速工况是指机动车发动机旋转，而离合器处于结合位置、变速器处于空挡位置、油门踏板与手油门位于松开位置的运转状态。采用化油器供油的机动车，除变速器处于空挡位置外，还要求阻风门处于全开位置。

（1）一氧化碳和碳氢化合物的测定

一般用智能数显非分散红外气体分析仪测定，其中一氧化碳以体积百分含量表示，碳氢化合物以体积比表示。测定时，先将机动车发动机由怠速加速至 70% 额定转速，维持 30s，再降至怠速状态，然后将取样探头（或采样管）插入排气管中维持 10s 后，再在 30s 内读取最大值和最小值，其平均值即为测定结果。若为多个排气管，应取各排气管测定值的算术平均值。

（2）氮氧化物的测定

在机动车排气管处用取样管将废气引出（用采样泵），经冰浴（冷凝除水）、玻璃棉过滤器（除油坐），抽取到100mL注射器中，然后将抽取的气样经氧化管注入冰乙酸 – 对氨基苯磺酸 – 盐酸萘乙二胺吸收显色液中，显色后用分光光度法测定，测定方法同空气中 NO_x 的测定。

2. 柴油车尾气烟度的测定

柴油车排出的黑烟组分复杂，主要是碳的聚合体，还有少量氧、氨、灰分和多环芳烃，其污染状况常用烟度来表征。烟度是指使一定体积烟气透过一定面积的滤纸后滤纸被染黑的程度，单位用波许（Rb）或滤纸烟度（FSN）表示。柴油机车排气烟度常用滤纸式烟度计法测定。

（1）滤纸式烟度计法原理

用一只活塞式抽气泵在规定的时间内从柴油机排气管中抽取一定体积的尾气，让其通过一定面积的白色滤纸，则尾气中的碳粒被阻留附着在滤纸上，将滤纸染黑，尾气烟度与滤纸被熏黑的程度正相关。用光电测量装置测定等强度入射光在空白滤纸和熏黑滤纸上的反射光强度，根据滤纸式烟度计烟度计算公式计算尾气烟度值（以波许烟度单位表示）。规定空白滤纸的烟度为零，全黑滤纸的烟度为10。滤纸式烟度计烟度计算式为：

$$S_f = 10 \times (1 - \frac{I}{I_0})$$

（3–28）

式中 S_f —— 波许烟度单位（Rb）；

I —— 被测烟样滤纸反射光强度；

I_0 —— 洁白滤纸反射光强度。

由于滤纸质量会直接影响烟度测定结果，所以要求空白滤纸色泽洁白，纤维及微孔均匀，机械强度和通气性良好，以保证烟气碳粒能均匀地分布在滤纸上，提高测定精确度。

（2）滤纸式烟度计

滤纸式烟度计由取样探头、抽气装置和光电检测系统组成。当抽气泵活塞上行时，排气管的排气依次通过取样探头、取样软管及一定面积的滤纸被抽入抽气泵，排气中的黑烟被阻留在滤纸上，然后用步进电机将已抽取黑烟的滤纸送到光电检测系统测量，由仪表直接指示烟度值。

二、降水监测

（一）采样点的布设

大气降水监测的目的是了解在降雨（雪）过程中从空气中降落到地面的沉降物的主要组成，某些污染组分的性质和含量，为分析和控制空气污染提供依据。降水采样点设置数目应视研究目的和区域具体情况确定。采样点的位置要兼顾城区、农村或清洁对照区，要考虑区域的环境特点，如气象、地形、地貌和工业分布等；应避开局部污染源，四周无遮挡雨雪的高大树木或建筑物。

我国规定，对于常规监测，人口 50 万人以上的城市布 3 个采样点，50 万人以下的城市布置 2 个采样点。

（二）降水组分的测定

1. 测定项目及测定频率

（1）监测项目

①Ⅰ级监测点。Ⅰ级测点即国家设置的监测点，我国《环境监测技术规范》要求其对大气降水例行监测的必测项目应包括 pH 值、电导率、K^+、Na^+、Ca^{2+}、Mg^{2+}、NH_4^+、SO_4^{2+}、NO_2^-、NO_3^-、F^-、Cl^- 等 12 项。

②Ⅱ、Ⅲ级监测点。Ⅱ、Ⅲ级监测点即省、市监测网络中的监测点，其测定项目及测定频率的选择，可视实际需要决定。

（2）测定频率

我国《环境监测技术规范》要求Ⅰ、Ⅱ、Ⅲ级监测点，大气降水例行监测每月测定不少于 1 次，每月选 1 个或几个随机降水样品，分析规定的测定项目。

2. 测定方法

大气降水 12 个监测项目的测定方法与普通水样项目的测定方法相同，见表 3-5。

表 3-5　大气降水水质指标测定方法一览表

项目	测定方法
pH 值	pH 玻璃电极法
电导率	电导率仪法或电导仪法
K^+、Na^+	原子吸收分光光度法、离子色谱法
Ca^{2+}	原子吸收分光光度法
Mg^{2+}	原子吸收分光光度法
NH_4^+	纳氏比色法、离子色谱法
SO_4^{2-}	硫酸钡比浊法、离子色谱法
NO_2^-、NO_3^-	离子色谱法、紫外分光光度法
F^-	离子色谱法、离子选择电极法、氟试剂分光光度法
Cl^-	离子色谱法、硫氰酸汞比色法

第四章 水环境监测

第一节 水污染及监测

一、水体与水体污染

水体是指地表水、地下水及其包含的底质、水中生物等的总称。地表水包括海洋、江、河、湖泊、水库（渠）、沼泽、冰盖和冰川水。地下水包括潜水和承压水。地球上存在的总水量约为 $1.36 \times 1018 m^3$，其中，海水约占 97.3%，淡水约占 2.7%，大部分淡水存在于地球的南极和北极的冰川、冰盖及深层地下，而人类可利用的淡水资源总计不到淡水总量的 1%。水是人类赖以生存的主要物质之一，随着世界人口的不断增长和工农业生产的迅速发展，一方面用水量快速增加，另一方面污染防治不力，水体污染严重，使淡水资源更加紧缺。我国属于贫水国家，人均占有淡水资源量仅约 $2300 m^3$，低于世界人均量。因此，加强水资源保护的任务十分迫切。

水体污染一般分为化学型、物理型和生物型污染三种类型。化学型污染是指随废水及其他废物排入水体的无机和有机污染物所造成的水体污染；物理型污染是指排入水体的有色物质、悬浮物、放射性物质及高于常温的物质造成的污染；生物型污染是指随生活污水、医院污水等排入水体的病原微生物造成的污染。水体是否被污染、污染程度如何，需要通过其所含污染物或相关参数的监测结果来判断。

二、水质监测对象、目的和检测项目

（一）水质监测对象

水质监测对象分为水环境质量监测和水污染源监测。水环境质量监测包括对地表水（江、河、湖、库、渠、海水）和地下水的监测；水污染源监测包括对工业废水、生活污水、医院污水等的监测。

（二）水质监测目的

水质监测目的是及时、准确和全面地反映水环境质量现状及发展趋势，为水环境的管理、规划和污染防治提供科学的依据。具体可概括为以下几个方面：

①对江、河、湖、库、渠、海水等地表水和地下水中的污染物进行经常性的监测，掌握水质现状及其变化趋势。

②对生产和生活废水排放源排放的废水进行监视性监测，掌握废水排放量及其污染物浓度和排放总量，评价是否符合排放标准，为污染源管理提供依据。

③对水环境污染事故进行应急监测，为分析判断事故原因、危害及制订对策提供依据。

④为国家政府部门制定水环境保护标准、法规和规划提供有关数据和资料。

⑤为开展水环境质量评价和预测、预报及进行环境科学研究提供基础数据和技术手段。

⑥对环境污染纠纷进行仲裁监测，为判断纠纷原因提供科学依据。

（三）水质检测项目

水质检测项目是依据水体功能、水体被污染情况和污染源的类型等因素确定的。受人力、物力和经费等各种条件限制，一般选择环境标准中要求控制的危害大、影响广，并已有可靠的测定方法的项目。水体的常规监测项目见表4-1，海水的常规监测项目见表4-2，废水的常规监测项目见表4-2。

表4-1　水体的常规监测项目

水体	必测项目	选测项目
河流	水温、pH、溶解氧、高锰酸钾指数、电导率、生化耗氧量、氨氮、汞、铅、挥发酚、石油类（供11项）	化学耗氧量、总磷、铜、锌、氟化物、硒、砷、六价铬、镉、氧化物、阴离子表面活性剂、硫化物、大肠菌群（共13项）
湖泊、水库	水温、pH、溶解氧、高锰酸钾指数、电导率、生化耗氧量、氨氮、汞、铅、挥发酚、石油类、总氮、总磷、叶绿素、透明度（共15项）	化学耗氧量、铜、锌、氟化物、硒、砷、六价铬、镉、氰化物、阴离子表面活性剂、硫化物、大肠菌群、微囊藻毒素-LR（共13项）
饮用水源地	水温、pH、溶解氧、高锰酸钾指数、氨氮、挥发酚、石油类、总氮、总磷、大肠菌群（共10项）	化学耗氧量、总磷、铜、锌、氰化物、铁、锭、硝酸盐氮、硒、砷、铅、汞、六价铬、氰化物、阴离子表面活性剂、镉、硫化物、硫酸盐（共18项）

地下水	pH、总硬度、溶解性固含量、氨氮、硝酸盐氮、亚硝酸盐氮、挥发酚、氰化物、高锰酸钾指数、砷、汞、镉、六价铬、铁、锰、大肠菌群（供16项）	色度、臭和味、浑浊度、氯化物、硫酸盐、重碳酸盐、石油类、细菌总数、锡、被、颈、镍、六六六、滴滴涕、总放射性、铅、铜、锌、阴离子表面活性剂（共20项）

表4-2 海水的常规监测项目

水体	常规监测项目
海水	水温、漂浮物、悬浮物、色、臭味、pH、溶解氧、化学需氧量、五日生化耗氧量、汞、镉、铅、六价铬、总铬、铜、锌、硒、砷、镍、氰化物、硫化物、活性磷酸盐、无机氮、非离子态氮、挥发酚、石油类、六六六、滴滴涕、马拉硫磷、甲基对硫磷、苯并[a]芘、阴离子表面活性剂、大肠菌群、病原体、放射性核素

表4-3 废水的常规监测项目

水体	常规监测项目
工业废水 *	总汞、总铬、总镉、六价铬、总砷、总铅、总镍、苯并[a]芘、总被、总银、总α放射性、总β放射性
工业废水 **	pH、色度、悬浮物、化学需氧量、五日生化耗氧量、石油类、总氧化物、硫化物、氨氮、氟化物、磷酸盐、甲醛、苯胺类、硝基苯类、阴离子表面活性剂、总铜、总锌、总链、彩色显色剂、显影剂及氧化物总量、元素磷、有机磷农药、乐果、对硫磷、马拉硫磷、甲基对硫磷、五氯酚及五氯酚钠、三氯甲烷、四氯化碳、三氯乙烯、四氯乙烯、苯、甲苯、乙苯、二甲苯、氯苯、二氯苯、对硝基氯苯、2,4-二硝基氯苯、苯酚、间甲酚、2,4-二氯酚、2,4,6-三氯酚、邻苯二甲酸二丁酯、邻苯二甲酸二辛酯、丙烯腈、总硒、大肠菌群、总余氯、总有机碳

注：* 第一类污染物，在车间或车间处理设施排放口采集；** 第二类污染物，在排污单位排放口采集。

三、水质监测分析方法

（一）水质监测分析的基本方法

按照监测方法所依据的原理，水质监测常用的方法有化学法、电化学法、原子吸收分光光度法、离子色谱法、气相色谱法、液相色谱法、等离子体发射光谱法等。其中化学法（包括重量法、滴定法）和分光光度法是目前国内外水环境常规监测普遍采用的。

（二）水质监测分析方法的分类与选择

1. 我国现行的监测分析方法分类

一个监测项目往往有多种监测方法。为了保证监测结果的可比性，在大量实践的基础上，世界各国对各类水体中的不同污染物都颁布了相应的标准分析方法。我国现行的监测分析方法，按照其成熟程度可分为标准分析方法、统一分析方法和等效分析方法三类。

（1）标准分析方法

包括国家和行业标准分析方法。这些方法是环境污染纠纷法定的仲裁方法，也是用于评价其他分析方法的基准方法。

（2）统一分析方法

有些项目的监测方法不够成熟，但这些项目又急需监测，因此经过研究作为统一方法予以推广，在使用中积累经验，不断完善，为上升为国家标准方法创造条件。

（3）等效分析方法

与前两类方法的灵敏度、准确度、精确度具有可比性的分析方法称为等效分析方法。这类方法可能是一些新方法、新技术，应鼓励有条件的单位先使用，以推动监测技术的进步。但是，新方法必须经过方法验证和对比实验，证明其与标准分析方法或统一分析方法是等效的才能使用。

2. 水质监测分析方法的选择

由于水质监测样品中污染物含量的差距大、试样的组成复杂，且日常监测工作中试样数量大、待测组分多、工作量较大，因此选择分析方法时应综合考虑以下几个方面的因素。

①为了使分析结果具有可比性，应尽可能采用标准分析方法。如因某种原因采用新方法时，必须经过方法验证和对比实验，证明新方法与标准方法或统一方法是等效的。在涉及污染物纠纷的仲裁时，必须用国家标准分析方法。

②对于尚无"标准"和"统一"分析方法的检测项目，可采用国际标准化组织（ISO）、美国环境保护署（EPA）和日本工业标准（JIS）方法体系等其他等效分析方法，同时应经过验证，且检出限、准确度和精密度能达到质控要求。

③方法的灵敏度要满足准确定量的要求。对于高浓度的成分，应选择灵敏度相对较低的化学分析法，避免高倍数稀释操作而引起大的误差。对于低浓度的成分，则可根据已有条件采用分光光度法、原子吸收法或其他较为灵敏的仪器分析法。

④方法的抗干扰能力要强。方法的选择性好，不但可以省去共存物质的预分离操作，而且能提高测定的准确度。

⑤对多组分的测定应尽量选用同时兼有分离和测定的分析方法，如气相色谱法、高效液相色谱法等，以便在同一次分析操作中同时得到各个待测组分的分析结果。

⑥在经常性测定中，或者待测项目的测定次数频繁时，要尽可能选择方法稳定、操作简便、易于普及、试剂无毒或毒性较小的方法。

第二节　水中金属化合物的测定

一、水中金属化合物的测定概述

天然水体中普遍含有多种无机金属化合物，一般以金属离子形式存在于水中。水体中的金属离子有些是人体健康所必需的常量和微量元素，有些是有不利于人体健康的，如汞、镉、铬、铅、铜、镍、砷等对人体健康有很大的危害性，是金属污染监测的重点。

金属及其化合物的毒性大小与金属种类、理化性质、浓度及存在的形态有关。通常水中可溶性金属比悬浮固态金属更易被生物体吸收，其毒性也就更大；有些金属，如汞、铅等的金属有机物的毒性比相应的无机物强得多。因此，可根据具体情况分别测定可过滤金属、不可过滤金属及金属总量。

可过滤金属是指能通过 $0.45\mu m$ 微孔滤膜的部分；不可过滤金属是指不能通过 $0.45\mu m$ 微孔滤膜的部分；金属总量是不经过滤的水样经消解后所测得的金属含量，是可过滤和不可过滤金属量之和。在没有特别注明的情况下通常水质标准中列出的值是指金属总量。

测定水体中的金属元素广泛采用分光光度法、原子吸收分光光度法、等离子体发射光谱法、极谱法、阳极溶出伏安法等，其中分光光度法、原子吸收分光光度法是水质监测中测定金属最常用的方法。

二、硬度

水的硬度绝大部分是由钙和镁造成的。水的硬度按阳离子可分为"钙硬度"和"镁硬度"，按相关的阴离子可分为"碳酸盐硬度"和"非碳酸盐硬度"。其中，碳酸盐硬度主要是指由与重碳酸盐结合的钙、镁所形成的硬度，因它们在煮沸时即分解生成白色沉淀物，可以从水中去除，因此又称为"暂时硬度"。非碳酸盐硬度是由钙、镁与水中的硫酸根、氯离子和硝酸根等结合而形成的硬度，这部分硬度不会被加热去除，因而又称为"永久硬度"。钙硬度和镁硬度之和称为总硬度，碳酸盐硬度和非碳酸盐硬度之和也称为总硬度。硬度一般以 $CaCO_3$ 计，以 mg/L 为单位。

对饮用水和生活用水而言，硬度过高的水虽然对健康并无害处，但口感不好且在日常生活使用中会消耗大量洗涤剂，因此我国生活饮用水卫生标准将总硬度限定为不超过 450mg/L（以 $CaCO_3$ 计）。工业上如锅炉、纺织、印染、造纸、食品加工，尤其是锅炉用水，对硬度要求较为严格。

硬度的测定方法主要有乙二胺四乙酸（EDTA）滴定法和原子吸收法。

（一）EDTA 滴定法（钙和镁的总量、总硬度）

水样在 pH 为 10 的条件下，用铬黑 T（EBT）作指示剂，用 EDTA 溶液络合滴定水样中的钙和镁离子。滴定中，游离的钙和镁离子首先与 EDTA 反应，与指示剂络合的钙和镁离子随后与 EDTA 反应，到达终点时溶液的颜色由紫色变为天蓝色。

硬度含量的计算公式为

$$总硬度（以 CaCO_3 计，mg/L）= \frac{c_1 V_1}{V_0} \times 100$$

（4-1）

式中 c_1——EDTA 标准溶液的浓度，mmol/L；

V_1—— 消耗 EDTA 标准溶液的体积，mL；

V_0—— 水样体积，mL；

100——$CaCO_3$ 的毫摩尔质量，mg/mmol。

如水样中含铁离子 ≤ 30mg/L，可在临滴定前加入 250mg 氰化钠或数毫升三乙醇胺掩蔽，氧化物使锌、铜、钴的干扰减至最小，三乙醇胺能减少铝的干扰。注意加氰化钠前必须保证水样为碱性。试样含正磷酸盐超出 1mg/L，在滴定的 pH 条件下可使钙生成沉淀。如滴定速度太慢或钙含量超出 100mg/L 会析出磷酸钙沉淀。如上述干扰未能消除，或存在铝、钴、铅、锰等离子干扰时，可改用火焰原子吸收法或等离子发射光谱法测定。

EDTA 滴定法可以测定地下水和地表水中钙和镁的总量，不适用于含盐量高的水，如海水。本方法测定的最低浓度为 0.5mmol/L。

（二）原子吸收法

原子吸收法也称计算法，利用原子吸收法分别测定钙、镁离子的含量后计算出水样的总硬度。该方法简单、快速、灵敏、准确，干扰易于消除，具体是将试液喷入空气 – 乙炔火焰中，使钙、镁原子化，并选用 422.7nm 共振线的吸收值定量钙，用 285.2nm 共振线的吸收值定量镁。然后用公式计算总硬度（mg/L，以 $CaCO_3$ 计）：

$$总硬度 = 2.497[Ca^{2+}] + 4.118[Mg^{2+}]$$

（4-2）

原子吸收法测定钙、镁的主要干扰有铝、硫酸盐、磷酸盐、硅酸盐等，它们能抑制钙、镁的原子化从而产生干扰，可加入锶、镧或其他释放剂来消除干扰。火焰条件直接影响着测定灵敏度，必须选择合适的乙炔量和火焰观测高度。另外，还需要对背景吸收进行校正。

该方法适用于测定地下水、地表水和废水中的钙、镁。

三、汞、砷的监测

（一）汞的测定

汞及其化合物属于剧毒物质，可在体内蓄积，特别是有机汞化合物。天然水中含汞极少，一般不超过 $0.1\mu g/L$。我国饮用水标准限值为 $0.001mg/L$。水环境中汞的污染主要来源于仪表厂、食盐电解、贵金属冶炼、电池生产等行业排放的工业废水。汞是我国实施排放总量控制的指标之一。

汞的测定方法有冷原子吸收法、冷原子荧光法及二硫腙分光光度法三种。

1. 冷原子吸收法

水样经消解后，将各种形态汞转变成二价汞，再用氯化亚锡将二价汞还原为单质汞，用载气将产生的汞蒸气带入测汞仪的吸收池中，汞原子蒸气对 253.7nm 的紫外光有选择性吸收，在一定浓度范围内吸光度与汞浓度成正比，与汞标准溶液的吸光度进行比较定量。

低压汞灯辐射 253.7nm 的紫外光，经紫外光滤光片射入吸收池，则部分被试样中还原释放出的汞蒸气吸收，剩余紫外光经石英透镜聚焦于光电倍增管上，产生的光电流经电子放大系统放大，送入指示表指示或记录仪记录。当指示表刻度用标准样校准后，可直接读出汞浓度。汞蒸气发生气路是抽气泵将载气（空气或氮气）抽入盛有经预处理的水样和氯化亚锡的还原瓶，在此产生汞蒸气并随载气经分子筛瓶除水蒸气后进入吸收池测其吸光度，然后经流量计、脱汞阱（吸收废气中的汞）排出。

该方法适用于各种水体中汞的测定，其检出限为 $0.1\sim0.5\mu g/L$。

2. 冷原子荧光法

水样经消解后，将各种形态汞转变成二价汞，再用氯化亚锡将二价汞还原为基态汞原子，汞蒸气吸收 253.7nm 的紫外光后，被激发而产生特征共振荧光，在一定的测量条件下和较低的浓度范围内，荧光强度与汞浓度成正比。

与冷原子吸收测汞仪相比，不同之处在于后者是测定特征紫外光在吸收池中被汞蒸气吸收后的透射光强，而冷原子荧光测汞仪是测定吸收池中的汞原子蒸气吸收特征紫外光后被激发后所发射的特征荧光（波长较紫外光长）强度，其光电倍增管必须放在与吸收池相垂直的方向上。

该方法检出限为 $0.05\mu g/L$，测定上限可达 $1/g/L$，且干扰因素少，适用于地表水、生活污水和工业废水的测定。

3. 二硫腙分光光度法

水样在酸性介质中于 95℃用高锰酸钾和过硫酸钾消解，将其中的无机汞和有机汞转变为二价汞。用盐酸羟胺还原过剩的氧化剂，加入二硫腙溶液，与汞离子生成橙色螯合物，用三氯甲烷或四氯化碳萃取，再用碱溶液洗去过量的二硫腙，于 485nm 波长处测定吸光度，以标准曲线法定量。

在酸性介质中测定，常见干扰物主要是铜离子，可在二硫腙洗脱液中加入 1%（w/F）

EDTA 进行掩蔽。该方法对测定条件控制要求较严格，如加盐酸羟胺不能过量；试剂纯度要求高，特别是二硫腙，对提高二硫腙汞有色螯合物的稳定性和分析准确度极为重要；另外，形成的有色络合物对光敏感，要求避光或在半暗室里操作等。还应注意，因汞是极毒物质，对二硫腙的三氯甲烷萃取液，应加入硫酸破坏有色螯合物，并与其他杂质一起随水相分离后，加入氢氧化钠溶液中和至微碱性，再于搅拌下加入硫化钠溶液，使汞沉淀完全，沉淀物予以回收或进行其他处理。有机相除酸和水后蒸馏回收三氯甲烷。

该方法汞的检出限为 $2\mu g/L$，测定上限为 $40\mu g/L$，适用于工业废水和受汞污染的地表水的监测。

（二）砷的测定

元素砷毒性较低但其化合物均有剧毒，三价砷化合物比其他砷化物毒性更强。砷化物容易在人体内积累，造成急性或慢性中毒。一般情况下，土壤、水、空气、植物和人体都含有微量的砷，对人体不构成危害。砷的污染主要来源于采矿、冶金、化工、化学制药、农药生产、玻璃、制革等工业废水。

测定水体中砷的方法有新银盐分光光度法、二乙氨基二硫代甲酸银分光光度法和原子吸收分光光度法等。

1. 新银盐分光光度法

该方法基于用硼氢化钾在酸性溶液中产生新生态氢，将水样中无机砷还原成砷化氢（AsH_3，胂）气体，以硝酸－硝酸银－聚乙烯醇－乙醇溶液吸收，则砷化氢将吸收液中的银离子还原成单质胶态银，使溶液呈黄色，其颜色强度与生成氢化物的量成正比。该黄色溶液对 400nm 光有最大吸收且吸收峰形对称。以空白吸收液为参比，测定其吸光度，用标准曲线法测定。

水样中的砷化物在反应管转变成砷化氢；砷化氢经过 U 形管 [内装有二甲基甲酰胺（DMF）、乙醇胺、三乙醇胺混合溶剂浸渍的脱脂棉]，消除样品中锑、铋、锡等元素的干扰；再经过脱胺管（内装吸有无水硫酸钠和硫酸氢钾混合粉的脱脂棉），除去有机胺的细沫或蒸气；砷化氢最后进入吸收管被吸收液吸收并显色。吸收液中的聚乙烯醇是胶态银的良好分散剂，但气体通入时会产生大量的泡沫，加入乙醇可以消除泡沫。吸收液中加入硝酸是为了增强胶态银的稳定。

对于清洁的地下水和地表水，可直接取样进行测定；对于被污染的水，要用盐酸－硝酸－高氯酸消解。水样经调节 pH，加还原剂和掩蔽剂后移入反应管中测定。

水样体积为 250mL 时，该方法的检出限为 $0.4\mu g/L$，检测上限为 0.012mg/L。该方法适用于地表水和地下水痕量砷的测定，其最大优点是灵敏度高。

2. 二乙氨基二硫代甲酸银分光光度法

在碘化钾、酸性氯化亚锡的作用下，五价砷被还原为三价砷，并与新生态氢反应，生成气态砷化氢，被吸收于二乙氨基二硫代甲酸银（AgDDC）－三乙醇胺的三氯甲烷溶液中，生成红色的胶体银，在 510nm 波长处以三氯甲烷为参比，测其经空白校正后的吸光度,用标准曲线法定量。

清洁水样可直接取样加硫酸后测定,含有机物的水样应用硝酸-硫酸消解。水样中共存锑、铋和硫化物时会干扰测定。加氯化亚锡和碘化钾可抑制锑、铋的干扰;硫化物可用乙酸铅棉吸收去除。砷化氢剧毒,整个反应需在通风橱内进行。

该方法砷的检出限为 0.007mg/L,测定上限为 0.50mg/L。

四、铝、镉、铬、铅、铜与锌的监测

(一)铝的测定

铝是自然界中的常量元素,毒性不大,但人体摄入过量时会干扰磷的代谢,对胃蛋白酶的活性有抑制作用。对清洁水中铝的含量,世界卫生组织和我国《生活饮用水水质卫生标准》的控制值为 0.2mg/L。环境水体中的铝主要来自冶金、石油加工、造纸、罐头和耐火材料、木材加工、防腐剂生产、纺织等工业排放的废水。

铝的测定方法有电感耦合等离子体原子发射光谱法、间接火焰原子吸收光谱法和分光光度法等。分光光度法受共存组分铁及碱金属、碱土金属元素的干扰。

(二)镉的测定

镉具有很强的毒性,它可在人体的肝、肾等组织中积累,造成脏器组织损伤,尤以对肾损害最为明显;还会导致骨质疏松,诱发癌症。我国《生活饮用水水质卫生标准》中镉的限值为 0.005mg/L。绝大多数淡水中含镉量低于 1曲/L,海水中镉的平均浓度为 0.15 昭/L。镉的污染主要来源于电镀、采矿、冶炼、颜料、电池等工业排放的废水。

测定镉的主要方法有原子吸收光谱法、二硫腙分光光度法、阳极溶出伏安法和电感耦合等离子体原子发射光谱法。

(三)铬的测定

铬的常见价态有三价和六价。在水体中,六价铬一般以 CrO_4^{2-}、$HCr_2O_7^-$,$HCr_2O_7^{2-}$ 三种阴离子形式存在;受水体 pH、温度、氧化还原性物质、有机物等因素影响,三价铬和六价铬化合物可以相互转化。

铬是生物体所必需的微量元素之一。倍的毒性与其存在价态有关,六价铬具有强毒性,为致癌物质且易被人体吸收并在体内积累。通常认为六价铬的毒性比三价铬的毒性大 100 倍,但是对鱼类来说,三价铬化合物的毒性比六价铬大。六价铬是我国实施总量控制的指标之一。当水中六价铬的质量浓度达 1mg/L 时,水呈黄色并有涩味;三价铬的质量浓度达 1mg/L 时,水的浊度明显增加。倍的工业污染来源主要有铬矿石加工、金属表面处理、皮革鞣制、印染等行业的废水。

水中铬的测定方法主要有二苯碳酰二肼分光光度法、火焰原子吸收光谱法、电感耦合等离子体原子发射光谱法和硫酸亚铁铵滴定法。分光光度法是我国与其他国家普遍采用的标准方法,滴定法适用于含铬量较高的水样。

（四）铅的测定

铅是可在人体和动、植物体中积累的有毒金属，其主要毒性会导致人体贫血、神经机能失调和肾损伤等。铅对水生生物的安全质量浓度为 0.16mg/L。铅的主要污染源是蓄电池、冶炼、五金、机械、涂料和电镀等工业部门排放的废水。铅是我国实施排放总量控制的指标之一。

水样中铅的测定方法主要有原子吸收光谱法、二硫腙分光光度法、阳极溶出伏安法、示波极谱分析法和电感耦合等离子体原子发射光谱法等。原子吸收光谱法主要用于低浓度铅的测定，对于含铅量较高的废水，为避免大量稀释产生的误差，可使用二硫腙分光光度法测定。

（五）铜的测定

铜是人体所必需的微量元素，缺铜会发生贫血、腹泻等病症，但过量摄入铜也会产生危害。铜对水生生物的危害较大，其毒性大小与形态有关。铜的主要污染源是电镀、五金加工、矿山开采、石油化工和化学工业等部门排放的废水。

测定水中铜的方法主要有原子吸收光谱法、二乙氨基二硫代甲酸钠分光光度法和新亚铜灵萃取分光光度法，还可以用阳极溶出伏安法、示波极谱分析法、ICP-AES 法等。

（六）锌的测定

锌是人体必不可少的有益元素，每升水含数毫克锌对人体和温血动物无害，但对鱼类和其他水生生物影响较大。锌对鱼类的安全浓度为 0.1mg/L。锌对水体的自净过程有一定抑制作用。锌的主要污染源是电镀、冶金、颜料及化学化工等工业部门排放的废水。

锌的测定方法有原子吸收光谱法、分光光度法、阳极溶出伏安法或示波极谱分析法、ICP-AES 法。其中原子吸收光谱法测定锌，灵敏度较高，干扰少，适用于各种水体。对于锌含量较高的废（污）水，为了避免高倍稀释引入的误差，可选用二硫腙分光光度法；对于高含盐量的废水和海水中微量锌的测定，可选用阳极溶出伏安法或示波极谱分析法。

第三节　水中非金属无机物的测定

一、酸碱性质

（一）水的酸度

酸度是指水中所含能与强碱发生中和作用的物质的总量，包括无机酸、有机酸、强酸弱碱盐等。地表水溶入二氧化碳或被机械、选矿、电镀、农药、印染化工等行业排放的含酸废水污染，使水体的 pH 降低，破坏水生生物和农作物的正常生活及生长条件，造成鱼类死亡、作物受害。所以，酸度是衡量水体水质的一项重要指标。测定酸度的方法有酸碱指示剂滴定法和电位滴定法。

1. 酸碱指示剂滴定法

用标准氢氧化钠溶液滴定水样至一定 pH，根据其所消耗的氢氧化钠溶液量计算酸度。随所用指示剂不同，酸度通常分为两种：一种用酚酞作指示剂，用氢氧化钠溶液滴定到 pH 为 8.3，测得的酸度称为总酸度（也称酚酞酸度），包括强酸和弱酸；另一种是用甲基橙作指示剂，用氢氧化钠溶液滴定到 pH 为 3.7，测得的酸度称为强酸酸度或甲基橙酸度。酸度单位为 mg/L（以 $CaCO_3$ 或 CaO 计）。

2. 电位滴定法

以 pH 玻璃电极为指示电极，饱和甘汞电极为参比电极，与被测水样组成原电池并接入 pH 计，用氢氧化钠标准溶液滴至 pH 计指示 3.7 和 8.3，据其相应消耗的氢氧化钠标准溶液的体积，分别计算两种酸度。

本方法适用于各种水体酸度的测定，不受水样有色、浑浊的限制。测定时应注意温度、搅拌状态、响应时间等因素的影响。

（二）水的碱度

水的碱度是指水中所含能与强酸发生中和作用的物质总量，包括强碱、弱碱、强碱弱酸盐等。天然水中的碱度主要是由重碳酸盐、碳酸盐和氢氧化物造成的，其中，重碳酸盐是水中碱度的主要形式。引起碱度的污染源主要是造纸、印染、化工、电镀等行业排放的废水及洗涤剂、化肥和农药在使用过程中的流失。在藻类繁盛的地表水中，藻类吸收游离态和化合态的二氧化碳，使碱度增大。

碱度和酸度是判断水质和废（污）水处理控制的重要指标。碱也常用于评价水体的缓冲能力及金属化合物的溶解性和毒性等。

测定水样碱度的方法和测定酸度一样，有酸碱指示剂滴定法和电位滴定法。前者是用酸碱指示剂的颜色变化指示滴定终点，后者是用滴定过程中 pH 的变化指示滴定终点。

水样用标准酸溶液滴定至酚酞指示剂由红色变为无色（pH 为 8.3）时，所测得的碱度称为酚酞碱度，此时 OH^- 已被中和，CO_3^{2-} 被中和为 HCO_3^- 当继续滴定至甲基橙指示剂由橘黄色变为橘红色（pH 约为 4.4）时，测得的碱度称为甲基橙碱度，此时水中的 HCO_3^- 也已被中和完全，即全部致碱物质都已被强酸中和，故又称其为总碱度。

设水样以酚酞为指示剂滴定消耗强酸量为 P，继续以甲基橙为指示剂滴定消耗强酸量为 M，二者之和为 T；则测定水样的总碱度时，可能出现下列五种情况。

① $P=0$（或 $P=T$）：水样对酚酞显红色，呈碱性反应。加入强酸使酚酞变为无色后，再加入甲基橙即呈橘红色，故可以推断水样中只含氢氧化物。

② $P > M$（或 $P > 1/2T$）：水样对酚酞显红色，呈碱性。加入强酸至酚酞变为无色后，加入甲基橙显橘黄色，继续加酸变为橘红色，但消耗量较用酚酞滴定时少，说明水样中有氢氧化物和碳酸盐共存。

③ $P=M$：水样对酚酞显红色，加酸至无色后，加入甲基橙显橘黄色，继续加酸至变为橘红色，两次消耗酸量相等。因 OH^- 和 HCO_3^- 不能共存，故说明水样中只含碳酸盐。

④ $P < M$（或 $P < T/2T$）：水样对酚酞显红色，加酸至无色后，加入甲基橙显橘黄色，继续加酸至变为橘红色，但消耗酸量较用酚酞时多，说明水样中碳酸盐和重碳酸盐共存。

⑤ $P=0$（或 $M=T$）：水样对酚酞不显色（$pH < 8.3$），对甲基橙显橘黄色，说明只含重碳酸盐。根据使用两种指示剂滴定所消耗的酸量，可分别计算出水中的酚酞碱度和甲基橙碱度（总碱度），其单位用 mg/L（以 $CaCO_3$ 或 CaO 计）表示。

（三）pH

pH 是最常用的水质指标之一。天然水的 pH 多为 6～9；饮用水 pH 要求在 6.5～8.5；工业用水的 pH 必须保持在 7.0-8.5，pH 过高或过低，可能对金属设备和管道产生腐蚀。此外，pH 在废（污）水生化处理、评价有毒物质的毒性等方面也具有指导意义。

pH 和酸度、碱度既有联系又有区别。pH 表示水的酸碱性强弱，而酸度或碱度是水中所含酸性或碱性物质的含量。同样酸度的溶液，如 1L 0.1mol/L 盐酸和 0.1mol/L 乙酸，二者的酸度都是 5000mg/L（以 $CaCO_3$ 计），但其 pH 却大不相同。盐酸是强酸，在水中几乎完全解离，pH 为 1；而乙酸是弱酸，在水中的解离度只有 1.3%，其 pH 为 2.9。

测定 pH 的方法有比色法和玻璃电极法（电位法），还有在玻璃电极法的基础上发展起来的差分电极法。

1. 比色法

比色法基于各种酸碱指示剂在不同 pH 的水溶液中显示不同的颜色，而每种指示剂都有一定的变色范围。将一系列已知 pH 的缓冲溶液加入适当的指示剂制成 pH 标准色液并封装在小安瓿瓶内，测定时取与缓冲溶液等量的水样，加入与 pH 标准色液相同的指示剂，然后进行比较，确定水样的 pH。

比色法不适用于有色、浑浊和含较高浓度的游离氯、氧化剂、还原剂的水样。如果粗略地测定水样 pH，可使用 pH 试纸。

2. 玻璃电极法

玻璃电极法测定 pH 是以 pH 玻璃电极为指示电极，饱和甘汞电极或银－氯化银电极为参比电极，将二者与被测溶液组成原电池，测定其电动势，一般 pH 计已通过内部电路设计转换，自动获得 pH。

在实际工作中，为了准确测定 pH，往往需要 pH 标准溶液，通过其校正 pH 计，从而获得被测水样的 pH。

温度对 pH 测定有影响，为了消除其影响，pH 计上都设有温度补偿装置。为简化操作，方便使用和适合现场使用，现已广泛使用将玻璃电极和参比电极结合于一体的复合 pH 电极，并制成多种袖珍型和笔型 pH 计。

玻璃电极法测定准确、快速，受水体色度、浊度、胶体物质、氧化剂、还原剂及含盐量等因素的干扰程度小；但电极膜很薄，容易受损。

二、溶解氧

溶解于水中的分子态氧称为溶解氧（dissolved oxygen，DO）。水中溶解氧的含量与大气压、水温及含盐量等因素有关。大气压下降、水温升高、含盐量增加，都会导致溶解氧含量降低。清洁地表水溶解氧含量接近饱和。当有大量藻类繁殖时，溶解氧可过饱和。当水体受有机物、无机还原性物质污染时，溶解氧含量降低，甚至趋于零，此时厌氧微生物繁殖活跃，水质恶化。水中溶解氧低于 3 ~ 4mg/L 时，许多鱼类呼吸困难；继续减少，则会窒息死亡。一般规定水体中的溶解氧至少在 4mg/L 以上。在废（污）水生化处理过程中，溶解氧也是一项重要的控制指标。

测定水中溶解氧的方法有碘量法、修正的碘量法、氧电极法、荧光光谱法等。清洁水可用碘量法，受污染的地表水和工业废水必须用修正的碘量法或氧电极法。

（一）碘量法

在水样中加入硫酸锰溶液和碱性碘化钾溶液，水中的溶解氧将二价锰离子氧化生成氢氧化锰，氢氧化锰进一步被氧化并生成氢氧化物沉淀。加酸后，沉淀溶解，四价锰氧化碘离子而释放出与溶解氧量相当的游离碘。以淀粉为指示剂，用硫代硫酸钠标准溶液滴定释放出的碘，可计算出溶解氧的含量。

水中含有其他氧化性物质、还原性物质及有机物时，会干扰测定，应预先消除并根据不同的干扰物质采用修正的碘量法测定溶解氧。

（二）修正的碘量法

1. 叠氮化钠修正法

亚硝酸盐主要存在于经生化处理的废（污）水和河水中，它能与碘化钾反应释放出游离碘而产生干扰，使结果偏高，即

$$2H^+ + 2NO_2^- + 2KI + H_2SO_4 = K_2SO_4 + 2H_2O + N_2O_2 + I_2$$

当水样和空气接触时会新溶入的氧分子将与生成的 N_2O_2 作用，再形成亚硝酸盐：

$$2N_2O_2 + 2H_2O + O_2 = 4H^+ + 4NO_2^-$$

如此循环，不断地释放出碘，将会引入相当大的误差。

当水样中含有亚硝酸盐，可用叠氮化钠将亚硝酸盐分解后再用碘量法测定。分解亚硝酸盐的反应式为：

$$2NaN_3 + H_2SO_4 = 2HN_3 + Na_2SO_4$$

$$H^+ + NO_2^- + HN_3 = N_2O + N_2 + H_2O$$

当水样中三价铁离子含量较高时会干扰测定，可加入氟化钾或用磷酸代替硫酸酸化来消除。

测定结果按式（4-3）计算：

$$DO(O_2, mg/L) = \frac{c \times V \times 8 \times 1000}{V_水}$$

（4-3）

式中 c —— 硫代硫酸钠标准溶液浓度，mol/L；

V —— 滴定消耗硫代硫酸钠标准溶液体积，mL；

$V_水$ —— 水样体积，mL；

8 —— 氧换算值；g/mol。

实验中注意叠氮化钠是剧毒、易爆试剂，不能将碱性碘化钾－叠氮化钠溶液直接酸化，以免产生有毒的叠氮酸雾。

2. 高锰酸钾修正法

该方法适用于亚铁盐含量高的水样，利用高锰酸钾在酸性介质中的强氧化性，将亚铁盐、亚硝酸盐及有机物氧化，消除干扰。过量的高锰酸钾用草酸钠溶液除去，生成的高价铁离子用氟化钾掩蔽，生成的硝酸盐不干扰测定，其他同碘量法。

（三）氧电极法

广泛应用于测定溶解氧的电极是聚四氟乙烯薄膜电极。根据其工作原理可分为极谱型、原电池型两种。极谱型氧电极的由黄金阴极、银－氯化银阳极、聚四氟乙烯薄膜、壳体等组成。电极腔内充入氯化钾溶液，聚四氟乙烯薄膜将内电解液和被测水样隔开，溶解氧通过薄膜渗透扩散。当两极间加上 0.5～0.8V 极化电压时，水样中的溶解氧扩散通过薄膜，并在黄金阴极上还原，产生与氧浓度成正比的扩散电流。电极反应的反应式为：

阴极：$O_2 + 2H_2O + 4e^- \rightarrow 4OH^-$

阳极：$4Ag + 4Cl^- \rightarrow 4AgCl + 4e^-$

产生的还原电流 i_d 可表示为

$$i_d = K \cdot n \cdot F \cdot A \cdot \frac{P_m}{L} \cdot c_0$$

（4-4）

式中 K —— 为比例常数；

n —— 电极反应得失电子数；

F —— 法拉第常量；

A —— 为阴极面积；

P_m —— 薄膜的渗透系数；

L —— 薄膜的厚度；

c_0 —— 溶解氧的质量浓度（或分压）。

当实验条件固定后，式（4-4）除 P_m 外的其他项均为定值，故只要测得还原电流就可以求出水样中的溶解氧。测定时，首先用无氧水样校正零点，再用化学法校正仪器量程，最后测定水样便可直接显示溶解氧量。测定精度要求高时，需要进行含盐量和大气压校正。

氧电极法适用于地表水、地下水、生活污水、工业废水和盐水中溶解氧的测定，不受色度、浊度等影响，快速简便，可用于现场和连续自动测定。但水样中的氯、二氧化硫、硫化氢、氨、溴、碘等可通过薄膜扩散，干扰测定；含藻类、硫化物、碳酸盐、油等物质时，会使薄膜堵塞或损坏，应及时更换薄膜。

三、含氮化合物

水中含氮化合物是水生植物生长必需的养分，但当水体（特别是流动缓慢的湖泊、水库、海域等）含氮及其他营养物质过多时，将促使藻类等浮游生物大量繁殖，发生富营养化现象，导致水质恶化。

人们关注的水中几种形态的氮是氨氮、亚硝酸盐氮、硝酸盐氮、有机氮和总氮。水质分析中，分别测定各种形态的含氮化合物，有助于评价水体受污染情况和水体自净状况。当水中含有大量有机氮和氨氮时，表示水体近期受到污染；当水中含氮化合物主要以硝酸盐存在时，表明水体受污染已有较长时间，且水体自净过程已基本完成。

（一）氨氮

水中的氨氮是指以游离氨（也称非离子氨，NH_3）和离子铵（NH_4^+）形式存在的氮。两者的组成比与水体的 pH 有关，pH 高时，NH_3 的比例较高，反之，则 NH_4^+ 的比例较高。

水中氨氮主要来源于生活污水中含氮有机物的分解产物及焦化、合成氨等工业废水和农田排水等。氨氮含量较高时，对鱼类呈现毒害作用，对人体也有不同程度的危害。

测定水中氨氮的方法有纳氏试剂比色法、水杨酸 - 次氯酸盐分光光度法（、蒸馏 - 中和滴定法、气相分子吸收光谱法和电极法。其中，分光光度法灵敏度高、稳定性好。但水样有色、浑浊及含其他干扰物质时均影响测定，需进行相应的预处理。电极法无需对水样进行预处理，但电极寿命短，重现性较差。

1. 纳氏试剂比色法

在水样中加入碘化汞和碘化钾的强碱溶液（纳氏试剂），与氨反应生成黄棕色胶态化合物，该物质在较宽的波长范围内具有强烈吸收，通常使用 410 ~ 425nm 范围波长进行吸光度测定。

该法检出限为 0.025mg/L，测定上限为 2mg/L，适用于饮用水、地表水、生活污水和废水中氨氮的测定。

采样后应尽快测定。若采样后不能及时分析，应加浓 H_2SO_4，使 pH < 2，低温冷藏，

必要时加 $HgCl_2$ 杀菌。

当水样中含有悬浮物、余氯、有机物、硫化物和钙、镁等金属离子时，会产生干扰。含有此类物质时，要作适当的预处理，以消除对测定的影响。对污染较严重的水样，可用蒸馏法。蒸馏法是取一定体积已调至中性的水样，用磷酸盐缓冲溶液调节 pH 为 7.4，加热蒸馏，NH_3 及 NH_4^+ 以气态 NH3 形式蒸出，用稀 H_2SO_4 或 H_3BO_3 溶液吸收。

2. 水杨酸 - 次氯酸盐分光光度法

在亚硝基铁氰化钠的存在下，氨与次氯酸反应生成氯胺，氯胺与水杨酸反应生成氨基水杨酸，氨基水杨酸进一步氧化，缩合为靛酚蓝，在该蓝色化合物的最大吸收波长 697nm 处进行吸光度测定。

该法灵敏度比纳氏试剂比色法更高，检出限为 0.01mg/L，测定上限为 1mg/L，适用于饮用水、地表水、生活污水和大部分工业废水中氨氮的测定。

3. 电极法

电极法测定氨氮是利用氨气敏复合电极直接进行测定。氨气敏电极是一种复合电极，它以平板型 pH 玻璃电极为指示电极，银 - 氯化银电极为参比电极，内充液为 0.1mol/L 的氯化铵溶液。将此电极对置于盛有内充液的塑料套管中，在管端 pH 电极敏感膜紧贴一疏水半渗透薄膜（如聚四氟乙烯薄膜），使内充液与外部被测液隔开，并在 pH 电极敏感膜与半透膜间形成一层很薄的液膜。当将其插入 pH 已调至 11 的水样时，生成的氨扩散通过半渗透膜（水和其他离子不能透过），使氯化铵电解质液膜层内 $NH_4^+ \rightarrow NH_3 + H^+$ 的反应向左移动，引起氢离子浓度的变化，用 pH 玻璃电极测定此变化。在恒定的离子强度下，测得的电动势与水样中氨浓度的对数符合能斯特（Nemst）方程。气敏电极有较高的选择性，它不受试样中共存离子的直接干扰，但电极的响应速度较慢，对温度的变化也十分敏感。

该方法不受水样色度和浊度的影响，不必进行预蒸馏；检出限为 0.03mg/L，测定上限可达 1400mg/L，特别适用于水中氨氮的实时在线监测。

（二）亚硝酸盐氮

亚硝酸盐氮是以 NO_2^- 形式存在的含氮化合物，是水中氮循环的中间产物，在有氧条件下，NO_2^- 易被氧化为 NO_3^-，在缺氧的条件下，易被还原为氨。亚硝酸盐可将体内运输氧的低铁血红蛋白氧化成高铁血红蛋白而失去运输氧的功能，导致组织出现缺氧的症状；还可与仲胺类化合物反应生成具有较强致癌性的亚硝胺类物质。亚硝酸盐在水中很不稳定，一般天然水中亚硝酸盐氮的含量不会超过 0.1mg/L。

亚硝酸盐氮常用的测定方法有 N-（1-萘基）-乙二胺分光光度法、α-萘胺比色法、离子色谱法和气相分子吸收光谱法。

（三）硝酸盐氮

水中硝酸盐是在有氧环境中最稳定的含氮化合物，也是含氮有机化合物经无机化作用最终阶段的分解产物。清洁的地表水中硝酸盐氮含量较低，受污染水体和一些深层地下水中硝酸盐氮含量较高。人体摄入硝酸盐后，经肠道中微生物作用转变成亚硝酸盐而呈现毒性作用。水中硝酸盐的测定方法有酚二磺酸分光光度法、离子色谱法、镉柱还原法、戴氏合金还原法、紫外分光光度法、气相分子吸收光谱法和离子选电极法等。

1. 酚二磺酸分光光度法

硝酸盐在无水存在情况下与酚二磺酸反应，生成硝基二磺酸酚，于碱性溶液中转化为黄色的硝基酚二磺酸三钾盐，于410nm处进行比色测定。其反应式为缺少反应式。

当水中含氯化物、亚硝酸盐、铵盐、有机物和碳酸盐时，产生干扰，应作适当的预处理。加入硝酸银使之生成AgCl沉淀，过滤除去，消除氯化物的干扰；当$NO_2^- > 0.2mg/L$时滴加$KMnO_4$溶液，使NO_2^-转化为NO_3^-，然后从测定结果中扣除NO_2^-的量即可；水样浑浊、有色时，可加少量氢氧化铝悬浮液吸附、过滤去除。

该法测量范围广，显色稳定，适用于测定饮用水、地下水、清洁地表水中的硝酸盐氮，检出限为0.02mg/L，测定上限为2.0mg/L。

2. 镉柱还原法

在一定条件下，将水样通过镉还原柱，使硝酸盐还原为亚硝酸盐，然后用N（1-萘基）-乙二胺分光光度法测定。由测得的总亚硝酸盐氮减去不经还原水样所测含亚硝酸盐氮即为硝酸盐氮含量。

此法适用于测定硝酸盐氮含量较低的饮用水、清洁地表水和地下水，测定范围为0.01 ~ 0.4mg/L。

3. 戴氏合金还原法

水样在热碱性介质中，硝酸盐被戴氏合金（含50%Cu、45%Al、5%Zn）还原为氨，经蒸馏，馏出液以硼酸溶液吸收后，含量较低时，用纳氏试剂比色法测定；含量较高时，用酸碱滴定法测定。

该法操作较烦琐，适用于测定硝酸盐氮大于2mg/L的水样。其最大优点是可以测定污染严重、颜色较深水样及含大量有机物或无机盐的废水中的硝酸盐氮。

4. 紫外分光光度法

该法利用硝酸根离子在220nm波长处的吸收而定量测定硝酸盐氮。水样预处理后，先在220nm处测定吸光度，得到A_{220}，此时包括溶解的有机物和硝酸盐在220nm处的吸收。再在波长275nm处测定吸光度，得到A_{275}，在275nm处有机物有吸收而硝酸根离子没有吸收。因此，根据两个波长处的测定结果，一般引入一个经验校正值，进行定量。该校正值为在220nm处的吸光度减去在275nm处测得吸光度的2倍，以扣除有机物的干扰。硝酸盐氮的含量按式（4-5）计算如下：

$$A_{校正} = A_{220} - A_{275}$$

（4-5）

式中，A_{220}——220m波长下测得吸光度值；

A_{275}——275m波长下测得吸光度值。

求得吸光度的校正值相正以后，从校准曲线中查得相应的硝酸盐氮量，即水样测定结果（mg/L）。若水样经稀释后测定，则结果应乘以稀释倍数。

该法简便快速，但对含有机物、表面活性剂、亚硝酸盐、六价铬、溴化物、碳酸氢盐和碳酸盐的水样，需进行适当的预处理。可采用絮凝共沉淀和大孔中性吸附树脂进行处理，以排除水样中大部分常见有机物、浊度和三价铁、六价铬等对测定的干扰。

该法适用于地表水、地下水中硝酸盐氮的测定，检出限为 0.08mg/L，测定下限为 0.32mg/L，测定上限为 4mg/L。

5. 气相分子吸收光谱法

在 2.5mol/L 盐酸介质中，于（70±2）℃下三氯化钛可将硝酸盐迅速还原分解，生成的一氧化氮用空气载入气相分子吸收光谱仪的吸光管中，在 214.4nm 波长处测得的吸光度与硝酸盐氮浓度符合朗伯－比尔定律。

NO_2^- 产生正干扰，可加 2 滴 10% 氨基磺酸使其分解生成氮气而消除干扰。

该法适用于地表水、地下水、海水、饮用水、生活污水及工业污水中硝酸盐氮的测定，检出限为 0.006mg/L，测定上限为 10mg/L。

（四）凯氏氮

凯氏氮是指以基耶达法测得的含氮量。它包括氨氮和在此条件下能转化为铵盐而被测定的有机氮，如蛋白质、氨基酸、蛋白胨、多肽、核酸、尿素等有机氮化合物，但不包括叠氮化合物、联氮、偶氮、硝酸盐、亚硝酸盐、亚硝基、硝基、腈、肟和半卡巴腙类的含氮化合物。凯氏氮在评价湖泊、水库等水体富营养化时非常有意义。凯氏氮的测定方法包括传统的凯氏法和气相分子吸收光谱法。

1. 凯氏法

取适量水样于凯氏烧瓶中，加入浓硫酸和催化剂（硫酸钾）加热消解，使有机物中的酰胺态氮转变为硫酸氢铵，游离氨和铵盐也转为硫酸氢铵。然后在碱性介质中蒸馏出氨，用硼酸溶液吸收，以分光光度法或滴定法测定氨氮含量。

该法适用于测定工业废水、湖泊、水库和其他受污染水体中的凯氏氮。当凯氏氮含量较低时，增加试样量，经消解和蒸馏后，以分光光度法测定氨；含量较高时，则减少试样量，经消解和蒸馏后，以酸滴定法测定氨。

2. 气相分子吸收光谱法

气相分子吸收光谱法是近年发展起来的测定水中凯氏氮的新方法。它的原理是将水样中游离氨、铵盐和有机物中的胺转变成铵盐，用次溴酸盐氧化剂将铵盐氧化成亚硝酸盐后，以亚硝酸盐氮的形式采用气相分子吸收光谱法测定水样中凯氏氮。

该法适用于地表水、水库、湖泊、江河水中凯氏氮的测定，检出限为 0.020mg/L，测定下限为 0.100mg/L，测定上限为 200mg/L。

（五）总氮

总氮包括有机氮和无机氮化合物（氨氮、亚硝酸盐氮和硝酸盐氮）。水体总氮含量是衡量水质的重要指标之一。测定方法有碱性过硫酸钾消化－紫外分光光度法和气相分子吸收光谱法。

1. 碱性过硫酸钾消化－紫外分光光度法

在水样中加入碱性过硫酸钾溶液，利用过热水蒸气加热将大部分有机含氮化合物及氨氮、亚硝酸盐氮氧化成硝酸盐，再用紫外分光光度法测定生成的硝酸盐氮含量，即总氮含量。

该法适用于地表水、地下水的测定，可测定水中亚硝酸盐氮、硝酸盐氨、无机铵盐、溶解态氨及大部分有机含氮化合物中氮的总和。氮的检出限为 0.050mg/L，测定上限为 4mg/L。

2. 气相分子吸收光谱法

在 120 ~ 124℃碱性介质中，加入过硫酸钾氧化剂，将水样中氨、铵盐、亚硝酸盐及大部分有机含氮化合物氧化成硝酸盐后，以硝酸盐氮的形式采用气相分子吸收光谱法进行总氮的测定（见硝酸盐氮的测定）。

该法适用于地表水、水库、湖泊、江河水中总氮的测定，检出限为 0.050mg/L，测定下限为 0.200mg/L，测定上限为 100mg/L。

四、含磷化合物

磷在地球上的分布较广，由于它极易被氧化，在自然界均以各种磷酸盐的形式存在，磷是生物生长必需的元素之一。当湖泊、水库、海域等水体中磷含量过高（超过 0.2mg/L）时，可能造成藻类等浮游生物的过度繁殖，造成水体富营养化，使水体透明度降低，水质变坏。因此，磷是评价水质的重要指标之一。

水环境中的含磷化合物主要来源于生活污水、工业废水及农田排水。天然水体和废水中的磷以正磷酸盐（ PO_4^{3-}、HPO_4^{2-}、$H_2PO_4^-$ ），缩合磷酸盐[$P_2O_7^{4-}$、$P_3O_{10}^{5-}$、$HP3O92-$、（ $PO3$ ）63-] 及有机磷化合物三种形态存在。依据能不能通过 0.45gm 的滤膜，水中的磷可分为溶解态磷（又称可过滤的磷）与颗粒态磷，两者之和就是总磷。

水中磷的测定，按其存在形态，可分别测定总磷、溶解性总磷、溶解性正磷酸盐、缩合磷酸盐及有机磷。测定总磷、溶解性总磷、溶解性正磷酸盐的水样，经过适当的预处理（过滤、消解）后，均可转变为溶解性正磷酸盐。

（一）水样的预处理

水样的消解方法主要有过硫酸钾消解法、硝酸－高氯酸消解法、硝酸－硫酸消解法等。

1. 过硫酸钾消解法

取 25mL 混匀水样（若含磷浓度较高，取样体积可以减少）于 50mL 具塞刻度管中，加 5% 的过硫酸钾溶液 4mL，将具塞刻度管的盖塞紧后，用一小块布和线将玻璃塞扎紧（以免加热时玻璃塞冲出），将具塞刻度管放在大烧杯中，置于高压蒸气消毒器中加热，待压力达到 1.1kg/cm² , 相应温度为 120℃时, 保持此压力 30min 后, 停止加热。待压力表读数降至零后, 取出冷却至室温。然后用水稀释至标线, 待测。

注意: ①如果用硫酸保存水样, 当用过硫酸钾消解时, 需先将试样调至中性; ②当此法不能将水样中的有机物完全破坏时, 可用硝酸 – 高氯酸消解法; ③目前已有许多商品化的专用消解装置代替高压蒸气消毒器消解样品。

2. 硝酸 – 高氯酸消解法

取 25mL 混匀水样于锥形瓶中, 加数粒玻璃珠, 加 2mL 浓硝酸在电热板上加热浓缩至 10mL。冷却后加 5mL 硝酸, 再加热浓缩至 10mL, 冷却至室温。加 3mL 高氯酸加热至冒白烟, 调节电热板温度使消解液在锥形瓶内壁保持回流状态, 直至剩余 3 ~ 4mL, 取下冷却至室温。加水 10mL 和 1 滴酚酞指示剂, 滴加氢氧化钠溶液至恰好呈微红色, 再滴加硫酸溶液使微红刚好褪去, 充分混匀。移至具塞刻度管中, 用水稀释至标线, 待测。

注意: ①用硝酸 – 高氯酸消解需要在通风橱中进行, 高氯酸和有机物的混合物经加热易发生爆炸危险, 需将试样先用硝酸消解, 然后再加入硝酸 – 高氯酸进行消解; ②不可把消解的试样蒸干; ③如消解后还有残渣, 用滤纸过滤置于具塞刻度管中, 并用水充分清洗锥形瓶及滤纸后一并移到具塞刻度管中。

(二) 正磷酸盐的测定

1. 钼酸铵分光光度法

经预处理后的水样在酸性条件下, 其中的正磷酸盐与钼酸铵、酒石酸锑钾反应生成磷钼杂多酸, 再被还原剂抗坏血酸还原生成蓝色络合物(磷钼蓝), 于 700nm 波长处测定吸光度, 用标准曲线法定量。

该法适用于测定地表水、生活污水及某些工业废水中的正磷酸盐, 最低检出浓度为 0.01mg/L, 测定上限为 0.6mg/L。

2. 氯化亚锡分光光度法

经预处理后的水样在酸性条件下, 其中的正磷酸盐与钼酸铵反应生成磷钼杂多酸, 再被还原剂氯化亚锡还原生成磷钼蓝, 于 700nm 波长处测定吸光度, 用标准曲线法定量。

该法适用于地表水中正磷酸盐的测定, 检出范围为 0.025 ~ 0.6mg/L。

五、硫化物

地下水(特别是温泉水)和生活污水都含有硫化物, 焦化、煤气、选矿、造纸、印染、制革等工业废水中也含有硫化物。水中的硫化物包括溶解性的硫化氢(H_2S)、硫氢根离子(HS^-)、硫离子(S^{2-})、酸溶性的金属硫化物及不溶性的硫化物和有机硫化物。水中硫化物具有腐蚀性和一定的生物毒性, 硫化物可与细胞色素氧化酶作用, 使酶失去活性, 影响细胞氧化过程, 导致细胞组织缺氧, 甚至危及生命; 它还腐蚀金属设备和管道, 并可被微生物氧化成硫酸, 加剧腐蚀性。同时, 水中的硫化物还是耗氧性物质, 能使水中溶解氧降低, 抑制水生生物活动。因此, 硫化物是水体污染的一项重要指标。

通常水质监测中所测定的硫化物是指水和废水中溶解性的无机硫化物及酸溶性的金属硫化物的总称。测定水中硫化物的方法有对氨基二甲基苯胺分光光度法，碘量法、离子色谱法、离子选择电极法、极谱法、库仑滴定法、间接原子吸收分光光度法及气相分子吸收光谱法等。

（一）水样的保存

硫离子易被氧化，H_2S则易从水中逸出。因此，在水样采集时应防止曝气，采集后立即加入$Zn(CH_3COO)_2$溶液和适量$NaOH$固体，使形成ZnS沉淀而将硫离子固定，并将水样充满容器后立即盖塞。

（二）水样的预处理

水样的色度、悬浮物及一些还原性物质（如亚硫酸盐、硫代硫酸盐等）均会对光度法或碘量法测定硫化物有干扰，需进行预处理。常用的预处理方法有乙酸锌沉淀-过滤法、酸化-吹气法或过滤-酸化-吹气法,可根据水样的清洁程度选择合适的预处理方法。

1. 乙酸锌沉淀-过滤法

当水样中只含有少量硫代硫酸盐、亚硫酸盐等干扰物时，将现场采集并已经用$Zn(CH_3COO)_2$溶液固定的水样用中速定量滤纸或玻璃纤维滤膜进行过滤，实现硫化物与硫代硫酸盐、亚硫酸盐等干扰物质的分离。然后根据含量高低选择适当的测定方法测定沉淀中的硫化物。

2. 酸化-吹气法

若水样存在悬浮物或浊度高、色度深时，可向现场采集固定后的水样中加入一定量的磷酸，使水样中的硫化锌转变为硫化氢气体，利用载气将硫化氢吹出，用乙酸锌-乙酸钠溶液或2%氢氧化钠溶液吸收，使硫化物与干扰物质分离，再选择适当的方法进行测定。

3. 过滤-酸化-吹气法

当水样污染严重，不仅含有亚硫酸盐、硫代硫酸盐等还原性干扰物质，而且悬浮物多或浊度高、色度深，则需将现场采集且已固定的水样用中速定量滤纸过滤，并将硫化物沉淀连同滤纸转入反应瓶中，用玻璃棒捣碎，加水200mL，然后再进行酸化-吹气分离操作。

（三）硫化物的测定方法

1. 亚甲基蓝分光光度法

在含高铁离子的酸性溶液中，硫离子与对氨基二甲基苯胺反应，生成蓝色的亚甲基蓝染料，颜色深浅与水样中硫离子浓度成正比，在665nm波长处进行比色定量测定。

该法适用于地表水、地下水、生活污水和工业废水中硫化物的测定。试样体积为100mL、使用1cm的比色皿时，该方法的检出限为0.005mg/L，测定上限为0.700mg/L。对硫化物含量较高的水样，可适当减少取样量或将样品稀释后测定。

2. 碘量法

水样中的硫化物与乙酸锌反应生成白色硫化锌沉淀，将其用酸溶解后，加入一定量过量的碘溶液，使碘与硫化物反应析出硫，然后用硫代硫酸钠标准溶液滴定剩余的碘，根据硫代硫酸钠溶液的消耗量，间接计算硫化物的含量。

该法适用于测定硫化物含量大于 1mg/L 的水样。

3. 间接原子吸收分光光度法

水样酸化后使水中硫化物转化为硫化氢，用氮气带出，被定量且过量的铜离子吸收液吸收。将生成的硫化铜沉淀分离后，用原子吸收分光光度法测定滤液中剩余的铜离子，间接计算硫化物含量。

该法测定灵敏度高，适用于水中硫化物的测定。当水样的基体成分较简单（如地下水、饮用水等），可不用吹气，直接采用间接法测定。

4. 气相分子吸收法

在 5%~10% 磷酸介质中将硫化物瞬间转变成 H_2S，用空气将该气体载入气相分子吸收光谱仪的吸光管中，在 202.6nm 或 228.8nm 波长处测得的吸光度与硫化物的浓度符合朗伯－比尔定律，利用标准曲线法定量测定。

该法适用于地表水、地下水、海水、饮用水、生活污水及工业污水中硫化物的测定。使用 202.6nm 波长，该方法的检出限为 0.005mg/L，测定下限为 0.020mg/L，测定上限为 10mg/L；在 228.8nm 波长处，测定上限为 500mg/L。

亚甲基蓝分光光度法具有较高的灵敏度和精密度、仪器简单、快速准确，是测定水中微量硫化物（<1mg/L）的常用方法。碘量法操作简便、快速、准确度高，但灵敏度较低，适宜水样中硫化物含量 >1mg/L 时采用。离子选择电极法具有快速、简便、测定范围宽，且对有色、浑浊的水样可直接测定等优点，有利于实现自动在线监测，但电极易受损和老化，且重现性较差、准确度不高，因此该法应用受到限制。间接原子吸收分光光度法及气相分子吸收法具有准确、灵敏等优点，适于各种水样中硫化物的测定。

六、氰化物

氰化物包括简单氰化物、络合氰化物和有机氰化物（腈）。简单氰化物易溶于水、毒性大；络合氰化物在水体中受 pH、水温和光照等影响解离为毒性强的简单氰化物。氰化物进入人体后，主要与高铁细胞色素氧化酶结合，生成氰化高铁细胞色素氧化酶而使其失去传递氧的作用，引起组织缺氧窒息。地表水一般不应含有氧化物，受污染的水中氰化物的主要来源是金矿开采、冶炼、电镀、焦化、造气、选矿、有机化工、有机玻璃制造等工业废水。

水中氰化物的测定方法有硝酸银滴定法、异烟酸吡唑啉酮分光光度法、异烟酸－巴比妥酸分光光度法、催化快速比色法和离子选择电极法。异烟酸－吡唑啉酮分光光度法和异烟酸－巴比妥酸分光光度法灵敏度高，是广泛应用的方法；硝酸银滴定法适用于高浓度水样：离子选择电极法不稳定；催化快速比色法是一种适用于环境污染事故应急监测的快速定性和半定量方法。

（一）水样的预处理

测定之前，通常将水样在酸性介质中蒸馏，把氰化物形成的氰化氢蒸馏出来，用氢氧化钠溶液吸收，使之与干扰组分分离。常用的蒸馏方法有以下两种：

①向水样中加入酒石酸和硝酸锌，调节 pH 为 4，加热蒸馏，则简单氰化物及部分络合氰化物（如 [Zn（CN）$_4$]$^{2-}$）以氰化氢的形式被蒸馏出来，用氢氧化钠溶液吸收，取该吸收液测得的结果为易释放的氧化物。

②向水样中加入磷酸和 EDTA，在 pH < 2 的条件下加热蒸馏，此时可将全部简单氰化物和除钴与氰的络合物以外的绝大部分络合氰化物以氰化氢的形式蒸馏出来，用氢氧化钠溶液吸收，取该吸收液测得的结果为总氰化物。

（二）氧化物的测定方法

1. 硝酸银滴定法

取一定体积水样的吸收液，调节 pH 至 11 以上，以试银灵为指示剂，用硝酸银标准溶液滴定，氧离子与银离子生成银氰络合物 [Ag（CN）$_2$]$^-$，稍过量的银离子与试银灵反应，使溶液由黄色变为橙红色即为终点。

另取与水样吸收液相等体积的空白实验吸收液，按水样测定方法进行空白实验。根据二者消耗硝酸银标准溶液的体积，按式（4-6）计算水样中氰化物的质量浓度：

$$氰化物 (CN^-，mg/L) = \frac{(V_A - V_B) \cdot c \times 52.04}{V_1} \times \frac{V_2}{V_3} \times 1000$$

$$（4-6）$$

式中 V_A——滴定水样吸收液消耗硝酸银标准溶液的体积，mL；

V_B——滴定空白实验吸收液消耗硝酸银标准溶液的体积，mL；

c——硝酸银标准溶液的浓度，mol/L；

V_1——水样体积，mL；

V_2——水样吸收液的总体积，mL；

V_3——测定时所取水样吸收液的体积，mL；

52.04——氰离子（2CN$^-$）的摩尔质量，g/mol。

该方法适用于氰化物含量大于 1mg/L 的地表水和废（污）水，测定上限为 100mg/L。

2. 异烟酸 - 吡唑啉酮分光光度法

取一定体积水样吸收液，加入缓冲溶液调节 pH 至中性，加入氯胺 T 溶液，则割离子被氯胺 T 氧化生成氯化氰（CNCl），再加入异烟酸 - 吡唑啉酮溶液，氯化氰与异烟酸作用，经水解生成戊烯二醛，与吡唑啉酮进行缩合反应生成蓝色染料，在 638nm 波长下进行吸光度测定，用标准曲线法定量。

水样中氰化物的质量浓度按式（4-7）计算：

$$氰化物 (CN^-，mg/L)= \frac{m_a - m_b}{V} \cdot \frac{V_1}{V_2}$$

（4-7）

式中 m_a ——标准曲线上查出的水样中氰化物质量，μg；

m_b ——标准曲线上查出的空白样品中氰化物质量，μg；

V ——水样的体积，mL；

V_1 ——水样吸收液的总体积，mL；

V_2 ——测定时所取水样吸收液的体积，mL。

应注意，当氰化物以 HCN 存在时易挥发。因此，从加入缓冲溶液后，每步都要迅速操作，并随时盖严塞子。当吸收液的浓度较高时，加缓冲溶液前应以酚酞为指示剂，滴加盐酸溶液至红色褪去。

该方法适用于各种水中氰化物的测定，测定范围为 0.004 ~ 0.25mg/L（以 CN⁻计）。

3. 异烟酸 - 巴比妥酸分光光度法

在弱酸性条件下，水样中的氰化物与氯胺 T 作用生成氯化氰；氯化氰与异烟酸作用，其生成物经水解生成戊烯二醛；戊烯二醛再与巴比妥酸作用生成紫蓝色染料；在一定浓度范围内，颜色深度与氰化物含量成正比，在分光光度计上于 600nm 波长处测量吸光度，与系列标准溶液的吸光度比较确定水样中氰化物的含量。该方法检出限为 0.001mg/L，适用于饮用水、地表水和废（污）水中氰化物的测定。

七、氟化物

氟化物广泛存在于天然水中。饮用水中氟（F⁻）的适宜质量浓度为 0.5 ~ 1.0mg/10有色冶金、钢铁和铝加工、玻璃、磷肥、电镀、陶瓷、农药等行业排放的废水和含氟矿物废水是氟化物的主要来源。

测定水中氟化物的方法主要有离子色谱法、氟离子选择电极法、氟试剂分光光度法、茜素磺酸锆目视比色法和硝酸钍滴定法。离子色谱法被国内外普遍应用，方法简便、测定快速干扰较小；氟离子选择电极法的选择性好，适用浓度范围宽，可测定浑浊、有颜色的水样：茜素磺酸锆目视比色法测定误差较大；氟化物含量大于 5g/L 时，用硝酸钍滴定法测定。

清洁的地表水、地下水、饮用水可直接取样测定。对于污染严重的生活污水和工业废水，以及含氟硼酸盐的水，由于干扰因素较多，一般测定前都需蒸馏分离。

（一）水样的预处理

利用氟化氢的挥发性，在硫酸或高氯酸作用下将其蒸出。若水中含有较多氯化物，为防止其蒸出可加入适量硝酸银。氟的蒸馏装置需做水和硫酸空白蒸馏，以除去装置内可能被污染的氟化物。

（二）氟化物的测定

1. 氟离子选择电极法

氟离子选择电极是一种以氟化镧（LaF_3）单晶片为敏感膜的传感器，由于单晶结构对能进入晶格交换的离子有严格的限制，故有良好的选择性。

在干扰较少时，可用标准曲线法，测量系列 F^- 标准溶液，用氟电极作工作电极，饱和甘汞电极作参比电极，测量电位，制作 F^- 浓度与电位的标准曲线；然后测量被测溶液的电位，在标准曲线上查得水样中氟化物的浓度。由于电位与浓度对数的关系，一般用半对数纸作图制作标准曲线，通过样品液的电位直接求得样品中 F^- 的浓度。如果用专用离子计测量，经校准后，可直接显示被测溶液中 F^- 的浓度。对于基体复杂的水样，可采用标准加入法测定。

某些高价阳离子（如 Al^{3+}、Fe^{3+}）及氢离子能与氟离子络合而干扰测定；在碱性溶液中，氢氧根离子浓度大于氟离子浓度的 1/10 时也有干扰，常采用加入总离子强度缓冲剂（TISAB）的方法加以消除。TISAB 是一种含有强电解质、络合剂、pH 缓冲剂的溶液，其作用是消除标准溶液与被测溶液的离子强度差异，使二者的离子活度系数保持一致；络合干扰离子，使络合态的氟离子释放出来，缓冲 pH 的变化，保持溶液有合适的 pH 范围（5~8）。

该方法检出限为 0.05mg/L（以 F^- 计），测定上限可达 1900mg/L（以 F^- 计），适用于各种水中氟化物的测定。

2. 氟试剂分光光度法

氟试剂即茜素络合剂（ALC），在 pH 为 4.1 的乙酸盐缓冲介质中能与氟离子和硝酸翎反应生成蓝色的三元络合物，络合物的颜色深度与氟离子浓度成正比，于 620nm 波长处测定吸光度，用标准曲线法定量。

根据反应原理，凡是对 ALC-La-F 三元络合物的任何一个组分存在竞争反应的离子均产生干扰。例如，Pb^{2+}、Zn^{2+}、Cu^{2+}、Cu^{2+}、Cd^{2+} 等能与 ALC 反应生成红色螯合物；Al^{3+}、Be^{2+} 等与 F^- 生成稳定的络离子；大量 PO_4^{3-}、SO_4^{2-} 能与 La^{3+} 反应等。当这些离子超过允许浓度时，水样应进行预蒸馏。

该方法适用于各种水中氟化物的测定，检出限为 0.02mg/L（以 F^- 计），测定上限为 0.08mg/L。如果用含有胺的醇溶液萃取后测定，其检出限为 5 ng/L。

3. 离子色谱法

对于污染严重的水样，可在分离柱前安装预处理柱，去除所含油溶性有机物和重金属离子。该方法适用于地表水、地下水、江水中无机阴离子的测定，其测定下限一般为 0.1mg/L。

4. 硝酸钍滴定法

以氯乙酸为缓冲剂，pH 为 3.2~3.5 的酸性介质中，以茜素磺酸钠和亚甲基蓝作指示剂，用硝酸钍标准溶液滴定氟离子，当溶液由翠绿色变为灰蓝色，即为终点。根据硝酸钍标准溶液的用量和水样体积计算氟离子的浓度。

本法适用于含氟质量浓度大于 50mg/L 的废（污）水中氟化物的测定。

八、氯化物

氯化物几乎存在于所有的水和废水中，水中的氯化物含量以氯离子计。天然淡水中氯离子含量较低，约为几毫克每升；海水、盐湖及某些地下水中，氯离子可高达数十克每升。水源流过含氯化物的地层，导致食盐矿床和其他含氯沉积物在水中的溶解，含氯化物的地层是水中氯离子的天然源；而工业废水和生活污水的排放是水中氯化物的重要人为源。饮用水中氯离子含量较低时，对人体无害；当水中氯化物浓度为 250mg/L，阳离子为钠时，就会感觉到咸味；而当水中氯化物浓度为 170mg/L，阳离子为镁时，水就会出现苦味。当氯化物含量较高时，不适于一些工业行业作为生产用水；工业用水氯离子浓度过高，会对金属管道、锅炉和构筑物有腐蚀作用；另外，含有过多的氯离子的水会影响植物生长，不适合灌溉。

水中氯离子的测定方法有硝酸银滴定法、硫氰化汞光度法、离子色谱法、硝酸汞滴定法和电位滴定法等。

第四节　水中有机污染物的测定

一、化学需氧量

化学需氧量是指在强酸并加热条件下，用重铬酸钾为氧化剂处理水样时消耗氧化剂的量，以氧的质量浓度（mg/L）表示。化学需氧量所测得的水中还原性物质主要是有机物和硫化物、

亚硫酸盐、亚硝酸盐、亚铁盐等无机还原物质。但是水体中有机物的数量远多于无机还原物质的数量，因此化学需氧量可以反映水体受有机物污染的程度，可作为水中有机物相对含量的综合指标之一。

我国规定用重铬酸盐法测定废（污）水的化学需氧量，其他方法有快速消解分光光度法、库仑滴定法、氯气校正法等。化学需氧量是一个条件性指标，其测定结果受到加入的氧化剂的种类、浓度、反应液的酸度、温度、反应时间及催化剂等条件的影响。重铬酸钾的氧化率可达 90% 左右，使得重铬酸钾法成为国际上广泛认定的化学需氧量测定的标准方法，适用于生活污水、工业废水和受污染水体的测定。

（一）重铬酸盐法

在强酸性溶液中，一定量的重铬酸钾在催化剂（硫酸银）作用下氧化水样中还原性物质，过量的重铬酸钾以试亚铁灵为指示剂，用硫酸亚铁铵标准溶液回滴，溶液的颜色由黄色经蓝绿色至红褐色即为滴定终点，记录硫酸亚铁铵标准溶液的用量，根据其用量计算水样中还原性物质的需氧量。

测定方法是：取 20.00mL 混合均匀的水样（或适量水样稀释至 20.00mL）置于 250mL 磨口的回流锥形瓶中，准确加入 10.00mL 重铬酸钾标准溶液及数粒小玻璃珠，连接磨口回流冷凝管，从冷凝管上口慢慢地加入 30mL 硫酸 – 硫酸银溶液，轻轻摇动锥形瓶使溶液混匀，加热回流 2h（自开始沸腾时计时）。冷却后，用 90mL 水冲洗冷凝管壁，取下锥形瓶。溶液总体积不得少于 140mL，否则会因酸度太大使得滴定终点不明显。溶液冷却后，加 3 滴试亚铁灵指示液，用硫酸亚铁铵标准溶液滴定至溶液的颜色至红褐色即为终点，记录硫酸亚铁铵标准溶液的用量。同时取 20.00mL 重蒸馏水，按同样操作步骤做空白实验。记录滴定空白时硫酸亚铁铵标准溶液的量，按式（4-8）计算 CODCr 的值：

$$COD_{Cr}(O_2, mg/L) = \frac{(V_0 - V_1) \times c \times 8 \times 1000}{V}$$

（4-8）

式中 V_0——空白实验时硫酸亚铁铵标准溶液的用量，mL；

V_1——测定水样时硫酸亚铁铵标准溶液的用量，mL；

V——所取水样的体积，mL；

c——硫酸亚铁铵标准溶液的浓度，mol/L；

8——氧的摩尔质量，g/mol。

重铬酸钾氧化性很强，大部分直链脂肪化合物可有效地被氧化，而芳烃及吡啶等多环或杂环芳香有机物难以被氧化。但挥发性好的直链脂肪族化合物和苯等存在于气相，与氧化剂接触不充分，氧化率较低。氯离子也能被重铬酸钾氧化，并与硫酸银作用生成沉淀，干扰 CODCr 的测定，可加入适量 $HgSCO_4$ 络合或采用 $AgNO_3$ 沉淀去除。若水中含亚硝酸盐较多，可预先在重铬酸钾溶液中加入氨基磺酸，便可消除其干扰。

重铬酸钾法测定化学需氧量，存在操作步骤较烦琐、分析时间长、能耗高，所使用的银盐、汞盐及铬盐还会造成二次污染等问题。为了解决这些问题，国内外学者相继提出了一些改进方法与装置，取得了较好的效果。例如，用空气冷凝回流管取代传统的水冷凝管，同时实现多个样品的批量消解，节省了水资源的消耗，使操作更加安全。还有研究用 Al^{3+}、MoO_4^{2-} 等助催化剂部分取代 Ag_2SO_4，既可以节约成本，又可以缩短反应时间。在定量方面，利用分光光度法和库仑滴定法取代传统的容量滴定法。

（二）库仑滴定法

在强酸性溶液中，一定量的重铬酸钾在催化剂（硫酸银）作用下氧化水样中还原性物质，利用电解法产生所需的 Fe^{2+} 滴定溶液中剩余的重铬酸钾，并用电位指示终点。

依据电解消耗的电量和法拉第电解定律按照式（4-9）计算被测物质的含量：

$$W = \frac{Q}{96487} \cdot \frac{M}{n}$$

（4-9）

式中 Q —— 电量，C；

M —— 被测物质的相对分子质量；

n —— 滴定过程中被测离子的电子转移数；

W —— 被测物质质量，g。

库仑池由电极对及电解液组成，其中工作电极为双铂片工作阴极和铂丝辅助阳极（内置 3mol/LH_2SO_4），用于电解产生滴定剂；指示电极为铝片指示电极（正极）和钨棒参比电极（负极，内充饱和 K_2SO_4 溶液）。以其点位的变化指示库仑滴定终点。电解液为 10.2mol/L 硫酸、重铬酸钾和硫酸铁混合液。

库仑滴定法测定水样的 COD 值的要点是分别在空白溶液（蒸馏水加硫酸）和样品溶液（水样加硫酸）中加入等量的重铬酸钾标准溶液，分别进行回流消解 15min，冷却后加入等量的硫酸铁溶液，在搅拌下进行库仑滴定，设样品 COD 值为 c_x（mg/L），取样量为 V（mL），因为 $W = c_x \dfrac{V}{1000}$；而 $Q = I \cdot t$，氧的相对分子质量为 32，电子转移数为 4，将以上各项代入方程式（4-10），整理得计算式：

$$c_x = \frac{8000}{96487} \cdot \frac{I(t_0 - t_1)}{V}$$

（4-10）

式中 I —— 电解电流，mA；

t_0 —— 空白实验时电解产生亚铁离子滴定重铬酸钾的时间，s；

t_1 —— 水样实验时电解产生亚铁离子滴定剩余重铬酸钾的时间，S。

库仑滴定法简单、快速、试剂用量少，不需要标定亚铁标准溶液，不受水样颜色干扰，尤其适合于工业废水的控制分析。

（三）分光光度法

分光光度法是根据重铬酸钾中橙色的 Cr^{6+} 与水样中还原性物质反应后生成绿色的 Cr^{3+} 从而引起溶液颜色的变化这一特征，建立在一定波长下溶液的吸光度值与反应物浓度之间的定量关系，通过标准工作曲线得到未知水样所对应的 COD 值。其中，快速消解分光光度法是光度法测定水样 COD 含量的典型方法。

快速消解分光光度法：在试样中加入已知量的重铬酸钾溶液，在强酸介质中，以硫酸银作为催化剂，经高温消解 2h 后用分光光度法测定 COD 值。

当试样中 COD 值在 100～1000mg/L 时，在（600±20）nm 波长处测定重铬酸钾被还原产生的 Cr^{3+} 的吸光度，试样中还原性物质的量与 Cr^{3+} 的吸光度成正比例关系，

从而可以根据 Cr^{3+} 的吸光度对试样的 COD 值进行定量。

当试样中 COD 值在 15 ~ 250mg/L 时，在（440±20）nm 波长处测定重铬酸钾未被还原的 Cr^{6+} 和被还原产生的 Cr^{3+} 两种铬离子的总吸光度，试样中还原性物质的量与 Cr^{6+} 吸光度的减少值和 Cr^{3+} 吸光度的增加值分别成正比，与总吸光度的减少值成正比，从而可以将总吸光度换算成试样的 COD 值。

该法所规定的各种试剂的浓度与标准法类似，但试剂用量和水样量都要小得多；多采用在消解管中预装混合试剂的方法；消解温度为（165±2）℃，消解时间为 15min；加热器具有自动恒温和计时鸣叫等功能；有透明通风的防消解液飞溅的防护盖，加热孔的直径应与消解管匹配，使之紧密接触；可以使用普通光度计，用长方形比色皿盛装反应液测量，也可以采用专用光度计，直接将消解比色管放入光度计中在一定波长下进行测量。

二、高锰酸盐指数

高锰酸盐指数是指在酸性或碱性介质中，以高锰酸钾为氧化剂处理水样时所消耗的氧的量，以（Ch，mg/L）来表示。水中的亚硝酸盐、亚铁盐、硫化物等还原性无机物和在此条件下可被氧化的有机物均可消耗高锰酸钾。因此，该指数常被作为地表水受有机物和还原性无机物污染程度的综合指标。为避免 Cr^{6+} 的二次污染，日、德等国家也用高锰酸盐作为氧化剂测定废水的化学需氧量。高锰酸盐指数的测定方法有酸性法和碱性法两种。

1. 酸性法高锰酸盐指数的测定：取 100mL 水样（原样或经稀释），加入（1+3）硫酸使呈酸性，加入 10.00mL 浓度为 0.01mol/L 的高锰酸钾标准溶液，在沸水浴中加热反应 30min。剩余的高锰酸钾用过量的草酸钠标准溶液（10.00mL，0.0100mol/L）还原，再用高锰酸钾标准溶液回滴过量的草酸钠，溶液由无色变为微红色即为滴定终点，记录高锰酸钾标准溶液的消耗量。

水样不稀释时，按式（4-11）计算高锰酸盐指数：

$$高锰酸盐指数 (O_2，mg/L) = \frac{[(10+V_1) \times K - 10] \times c \times 8 \times 1000}{100}$$

（4-11）

式中 V_1 —— 回滴时所消耗高锰酸钾标准溶液的体积，mL；

K —— 高锰酸钾校正系数；

c —— 草酸钠标准溶液的浓度，mol/L；

8 —— 氧的摩尔质量，g/mol。

由于高锰酸钾溶液不是很稳定，应该保存在棕色瓶中并要求每次使用前进行重新标定，即准确移取 10.00mL 草酸钠溶液（0.0100mol/L）立即用高锰酸钾溶液滴定至微红色，记录消耗的高锰酸钾溶液体积（V_2）并利用式（4-12）计算 K：

$$K = \frac{10.00}{V_2}$$

（4-12）

若水样测定前用蒸馏水稀释，则需同时做空白实验，高锰酸盐指数计算公式为：

高锰酸盐指数 $(O_2，mg/L)= \dfrac{\{[(10+V_1) \times K - 10] - [(10+V_0) \times K - 10] \times f\} \times c \times 8 \times 1000}{100}$

（4-13）

式中 V_0——空白实验中所消耗高锰酸钾标准溶液的量，mL；

f——蒸馏水在稀释水样中所占比例。

其他符号同不稀释水样的公式。

当水中含有的氯离子 < 300mg/L 时，不干扰高锰酸盐指数的测定；当水中氯离子含量超过 300mg/L 时，在酸性条件下，氯离子可与硫酸反应生成盐酸，再被高锰酸钾氧化，从而消耗过多的氧化剂影响测定结果。此时，需采用碱性法测定高锰酸盐指数，在碱性条件下高锰酸钾不能氧化水中的氯离子。

2. 碱性法高锰酸盐指数的测定步骤与酸性法基本一样，只不过在加热反应之前将溶液用氢氧化钠溶液调至碱性，在加热反应之后先加入硫酸酸化，然后再加入草酸钠溶液。高锰酸盐指数计算方法同酸性法。

化学需氧量和高锰酸盐指数是采用不同的氧化剂在各自的氧化条件下测定的，难以找出明显的相关关系。一般来说，重铬酸盐法的氧化率可达 90%，而高锰酸盐法的氧化率为 50% 左右，两者均未将水样中还原性物质完全氧化，因而都只是一个相对参考数据。

三、生化需氧量

生化需氧量（biochemical oxygen demand，BOD）是指在有溶解氧的条件下，好氧微生物在分解水中有机物的生物化学氧化过程中所消耗的溶解氧量，同时也包括如硫化物、亚铁等还原性无机物氧化所消耗的氧量，但这部分通常占很小比例。因此 BOD 可以间接表示水中有机物的含量。BOD 能相对表示出微生物可以分解的有机污染物的含量，比较符合水体自净的实际情况，因而在水质监测和评价方面更具有实际操作意义。

有机物在微生物作用下，好氧分解可分两个阶段：第一阶段为含碳物质的氧化阶段，主要是将含碳有机物氧化为二氧化碳和水；第二阶段为硝化阶段，主要是将含氮有机物在硝化菌的作用下分解为亚硝酸盐和硝酸盐。这两个阶段并非截然分开，只是各有主次。通常条件下，要彻底完成水中有机物的生化氧化过程历时需超过 100 天，即使可降解的有机物全部分解也需要超过 20 天的时间，用这么长时间来测定生化需氧量是不现实的。目前，国内外普遍规定在 20℃下培养 5 天所消耗的溶解氧作为生化需氧量的数值，也称为五日生化需氧量，用 BOD_5 表示，这个测定值一般不包括硝化阶段。

BOD_5 测定方法有稀释与接种法、微生物传感器快速测定法、压力传感器法、减压式库仑法和活性污泥曝气降解法等。

（一）五天培养法

五天培养法也称稀释与接种法，其原理是水样经稀释后在（20±1）℃下培养5天，求出培养前后水样中溶解氧的含量，两者之差即为BOD_5。若水样$BOD_5 < 7mg/L$，则不必稀释，可直接测定，清洁的河水属于此类。对不含或少含微生物的废水，如酸性废水、碱性废水、高温废水及经过氯化处理的废水，在测定BOD时应进行接种，以引入能降解废水中有机物的微生物。对某些地表水及大多数工业废水，因含有较多的有机物，需要稀释后再培养测定，以保证在五天培养过程中有充足的溶解氧。其稀释比例应使培养中所消耗的溶解氧大于2mg/L，而剩余溶解氧大于1mg/L。具体包括：

1. 稀释水的配制

一般采用蒸馏水配制稀释水，并对其中的溶解氧、温度、pH、营养物质和有机物含量有一定的要求。首先向蒸馏水中通入洁净的空气曝气2～8h，使水中溶解氧含量接近饱和，为五天内微生物氧化分解有机物提供充足的氧，然后于20℃下放置一定时间使其达到平衡。其次，用磷酸盐缓冲溶液调节稀释水pH为7.2，以适合好氧微生物的活动。此外，再加入适量的硫酸镁、氯化钙、氯化铁等营养溶液，以维持微生物正常的生理活动。稀释水的pH为7.2，其BOD5应小于0.2mg/L。

2. 稀释水的接种

一般情况下，生活污水中有足够的微生物。而工业废水，尤其是一些有毒工业废水，微生物含量甚微，应在稀释水中接种微生物，即在每升稀释水中加入生活污水上层清液1～10mL，或表层土壤浸出液20～30mL，或河水、湖水10～100mL。接种后的水也称为接种稀释水。在分析含有难于生物降解或剧毒物质的工业废水时，可以采用该种废水所排入的河道的水作为接种水；也可用产生这种废水的工厂、车间附近的土壤浸出液接种，或者进行微生物菌种驯化。接种液可事先加入稀释水中，但稀释水样中的微生物浓度要适量，其含量过大或过小都将影响微生物在水中的生长规律，从而影响BOD5的测定值。

3. 稀释倍数

废水样用接种稀释水稀释，一般可采用经验值法对稀释倍数进行估算。

对于地表水等天然水体，可根据其高锰酸盐指数来估算稀释倍数，即

$$稀释倍数 = 高锰酸盐指数 \times 稀释系数$$

对于生活污水和工业废水，其稀释倍数可由CODcr值分别乘以稀释系数0.075、0.15和0.25获得。通常同时做三个稀释比的水样。对高浓度的工业废水，可根据废水样总有机碳进行预估；也可以先粗测几个大稀释倍数，基本了解CODcr大致范围内，再进行多个稀释倍数的测定。

4. 水样 BOD_5 的计算

测定结果可按式（4-14）计算水样的 BOD_5，即

$$BOD_5(mg/L) = \frac{(c_1 - c_2) - (B_1 - B_2)f_1}{f_2}$$

（4-14）

式中 c_1、c_2 —— 稀释水样在培养前、后的溶解氧浓度，mg/L；

B_1、B_2 —— 稀释水在培养前、后的溶解氧浓度，mg/L；

f_1 —— 稀释水在培养液中所占比例；

f_2 —— 水样在培养液中所占比例。

水样含有铜、铅、镉、铬、砷、氰等有毒物质时，对微生物活性有抑制，可使用经驯化微生物接种的稀释水，或提高稀释倍数，以减小毒物的影响。如果含少量氯，一般放置 1 ~ 2h 可自行消散；对游离氯短时间不能消散的水样，可加入一定量亚硫酸钠去除。

该方法适用于测定 BOD5 大于或等于 2mg/L，最大不超过 6000mg/L 的水样；大于 6000mg/L，会因稀释带来更大误差。

（二）微生物电极法

微生物电极是一种将微生物技术与电化学检测技术相结合的传感器，主要由溶解氧电极和紧贴其透气膜表面的固定化微生物膜组成。响应 BOD 物质的原理为当将微生物电极插入恒温、溶解氧浓度一定的不含 BOD 物质的底液时，由于微生物的呼吸活性一定，底液中的溶解氧分子通过微生物膜扩散进入溶解氧电极的速率一定，微生物电极输出一个稳定电流；如果将 BOD 物质加入底液中，则该物质的分子与氧分子一起扩散进入微生物膜，因为膜中的微生物对 BOD 物质发生同化作用而耗氧，导致进入氧电极的氧分子减少，即扩散进入的速率降低，使电极输出电流减小，并在几分钟内降至新的稳态值。在适宜的 BOD 物质浓度范围内，电极输出电流降低值与 BOD 物质浓度之间呈线性关系，而 BOD 物质浓度又和 BOD 值之间有定量关系。

BOD 是一个能反映废水中可生物氧化的有机物数量的指标。根据废水的 BOD_5/COD 比值，可以评价废水的可生化性及是否可以采用生化法处理等。一般若 BOD_5/COD 比值大于 0.3，认为此种废水适宜采用生化处理方法；若 BOD_5/COD 比值小于 0.3，说明废水中不可生物降解的有机物较多，需先寻求其他处理技术。

四、总有机碳

TOC 是以碳的含量表示水体中有机物总量的综合指标。由于 TOC 的测定采用燃烧法，能将有机物全部氧化，它比 BOD 或 COD 更能直接表示有机物的总量，因此常被用来评价水体中有机物污染的程度。当然，由于它排除了其他元素，如含 N、S、P 等元素的有机物，这些有机物在燃烧氧化过程中也参与氧化反应，但 TOC 以 C 计，结果中并不能反映出这部分有机物的含量。

TOC 的测定方法有燃烧氧化 - 非分散红外吸收法、电导法、气相色谱法、湿法氧化 - 非分散红外吸收法等。其中，燃烧氧化 - 非分散红外吸收法只需一次性转化，流程简单、重现性好、灵敏度高，因此被广泛使用。

燃烧氧化 - 非分散红外吸收法测定 TOC 又分为差减法和直接法。由于个别含碳有机物在高温下也不易被燃烧氧化，因此所测得的 TOC 值常略低于理论值。

（一）差减法

将一定体积的水样连同净化氧气或空气（干燥并除去二氧化碳）分别导入高温炉（900 ~ 950℃）和低温炉（150℃）中，经高温炉的水样在催化剂（铂和二氧化钴或三氧化二铬）和载气中氧的作用下，使有机物转化为二氧化碳；经低温炉的水样受酸化而使无机碳酸盐分解成二氧化碳。其所生成的二氧化碳依次进入非色散红外线检测器。由于一定波长的红外线被二氧化碳选择吸收，并在一定浓度范围内，二氧化碳对红外线吸收的强度与二氧化碳的浓度成正比，故可对水样中的总碳（TC）和无机碳（IC）进行分别定量测定。总碳与无机碳的差值为总有机碳。

（二）直接法

将水样加酸酸化使其 pH < 2，通入氮气曝气，使无机碳酸盐转变为二氧化碳并被吹脱而去除。再将水样注入高温炉，便可直接测得总有机碳；除需要先吹脱去除水样中的无机碳之外，其他原理同差减法。

五、总需氧量

总需氧量（TOD）是指水中的还原性物质，主要是有机物在燃烧中变成稳定的氧化物所需要的氧量，结果以（O_2，mg/L）表示。

TOD 值能反映几乎全部有机物经燃烧后变成 CO_2、H_2O、NO、SO_2 等所需的氧量。它比 BOD、COD 和高锰酸盐指数更接近于理论需氧量值。但它们之间也没有固定的相关关系。有的研究指出，BOD5/TOD=0.1 ~ 0.6，COD/TOD=0.5 ~ 0.9，具体比值取决于废水的性质。

根据 TOD 和 TOC 的比例关系可粗略判断有机物的种类。对于含碳化合物，因为一个碳原子消耗两个氧原子，即 O_2/C=2.67，因此从理论上说，TOD=2.67TOC。若某水样的 TOD/TOC 为 2.67 左右，可认为主要是含碳有机物；若 TOD/TOC4.0，则应考虑水中有较大量含 S、P 的有机物存在；若 TOD/TOC < 2.6，就应考虑水样中硝酸盐和亚硝酸盐可能含量较大，它们在高温和催化条件下分解放出氧，使 TOD 测定呈现负误差。

六、挥发酚

根据能否与水蒸气一起蒸出，酚类化合物分为挥发酚和不挥发酚。挥发酚通常是指沸点在 230℃以下的酚类，通常属一元酚。沸点在 230℃以上的酚类为不挥发酚。

酚类属高毒物质，人体摄入一定量时，可出现急性中毒症状；长期饮用被酚污染的水，可引起头昏、出疹、瘙痒、贫血及各种神经系统症状。水中含低浓度（0.1 ~ 0.2mg/L）酚类时，可使生长鱼的鱼肉有异味，水中含有高浓度（> 5mg/L）酚时则造成鱼中毒死亡。含酚浓度高的废水不宜用于农田灌溉，否则会使农作物枯死或减产。水中含微量酚类，在加氯消毒时可产生特异的氯酚臭。

酚类主要来自炼油、煤气洗涤、炼焦、造纸、合成氨、木材防腐和化工生产等废水。

酚类的分析方法有溴化滴定法、分光光度法和色谱法等，目前使用较多的是 4– 氨基安替吡啉分光光度法。当水样中挥发酚浓度低于 0.5mg/L 时，采用 4– 氨基安替吡啉萃取光度法；浓度高于 0.5mg/L 时，采用 4– 氨基安替吡啉直接光度法。高浓度含酚废水可采用溴化滴定法，此法适用于车间排放口或未经处理的总排污口废水。

无论是分光光度法还是溴化滴定法，当水样中存在氧化剂、还原剂、油类及某些金属离子时，均应设法消除并进行预蒸馏。例如，对游离氯加入硫酸亚铁还原；对硫化物加入硫酸铜使之沉淀，或者在酸性条件下使其以硫化氢形式逸出；对油类可用有机溶剂萃取除去等。

蒸馏可以分离出挥发酚，同时消除颜色、浑浊和金属离子等的干扰。

第五章 土壤环境监测

第一节 土壤与固体废物

一、土壤基本知识

（一）土壤组成

土壤是地球表层的岩石经过生物圈、大气圈和水圈长期的综合影响演变而成的。由于各种成土因素，诸如母岩、生物、气候、地形、时间和人类生产活动等综合作用的不同，形成了多种类型的土壤。

土壤是由固、液、气三相物质构成的复杂体系。土壤固相包括矿物质、有机质和生物。在固相物质之间为形状和大小不同的孔隙，孔隙中存在水分和空气。

1. 土壤矿物质

土壤矿物质是岩石经物理风化和化学风化作用形成的，占土壤固相部分总质量的90%以上，是土壤的骨骼和植物营养元素的重要供给源，按其成因可分为原生矿物质和次生矿物质两类。

（1）原生矿物质

原生矿物质是岩石经过物理风化作用被破碎形成的碎屑，其原来的化学组成没有改

变，这类矿物质主要有硅酸盐类矿物、氧化物类矿物、硫化物类矿物和磷酸盐类矿物，

（2）次生矿物质

次生矿物质是原生矿物质经过化学风化后形成的新的矿物质，其化学组成和晶体结构均有所改变，这类矿物质包括简单盐类（如碳酸盐、硫酸盐、氯化物等）、三氧化物类和次生铝硅酸盐类。次生铝硅酸盐类是构成土壤黏粒的主要成分，故又称为黏土矿物，如高岭石、蒙脱石和伊利石等；三氧化物类如针铁矿（$Fe_2O_3 \cdot H_2O$）、褐铁矿（$2Fe_2O_3 \cdot 3H_2O$）、三水铝石（$Al_2O_3 \cdot 3H_2O$）等，它们是硅酸盐类矿物彻底风化的产物。

土壤矿物质所含主体元素是氧、硅、铝、铁、钙、钠、钾、镁等，其质量分数约占96%，其他元素含量多在0.1%（质量分数）以下，甚至低至十亿分之几，属微量、痕量元素。

土壤矿物质颗粒（土粒）的形状和大小多种多样，其粒径从几微米到几厘米，差别很大。不同粒径的土粒的成分和物理化学性质有很大差异，如对污染物的吸附、解吸和迁移、转化能力，以及有效含水量和保水保温能力等。为了研究方便，常按粒径大小将土粒分为若干类，称为粒级；同级土粒的成分和性质基本一致。

自然界中任何一种土壤，都是由粒径不同的土粒按不同的比例组合而成的，按照土壤中各粒级土粒含量的相对比例或质量分数分类，称为土壤质地分类。

2. 土壤有机质

土壤有机质是土壤中有机化合物的总称，由进入土壤的植物、动物、微生物残体及施入土壤的有机肥料经分解转化逐渐形成的，通常可分为非腐殖质和腐殖质两类。非腐殖质包括糖类化合物（如淀粉、纤维素等）、含氮有机化合物及有机磷、有机硫化合物，一般占土壤有机质总量的10%～15%（质量分数）。腐殖质是植物残体中稳定性较强的木质素及其类似物，在微生物作用下，部分被氧化形成的一类特殊的高分子聚合物，具有苯环结构，苯环周围连有多种官能团，如羧基、羟基、甲氧基及氨基等，使之具有表面吸附、离子交换、络合、缓冲、氧化还原作用及生理活性等性能土壤有机质一般占土壤固相物质总质量的5%左右，对于土壤的物理、化学和生物学性状有较大的影响。

3. 土壤生物

土壤中生活着微生物（细菌、真菌、放线菌、藻类等）及动物（原生动物、蚯蚓、线虫类等），它们不但是土壤有机质的重要来源，更重要的是对进入土壤的有机污染物的降解及无机污染物（如重金属）的形态转化起主导作用，是土壤净化功能的主要贡献者。

4. 土壤溶液

土壤溶液是土壤水分及其所含溶质的总称，存在于土壤孔隙中，它们既是植物和土壤生物的营养来源，又是土壤中各种物理、化学反应和微生物作用的介质，是影响土壤性质及污染物迁移、转化的重要因素。

土壤溶液中的水来源于大气降水、地表径流和农田灌溉，若地下水位接近地面，则也是土壤溶液中水的来源之一。土壤溶液中的溶质包括可溶性无机盐、可溶性有机物、

无机胶体及可溶性气体等。

5. 土壤空气

土壤空气存在于未被水分占据的土壤孔隙中，来源于大气、生物化学反应和化学反应产生的气体（如甲烷、硫化氢、氢气、氮氧化物、二氧化碳等）。土壤空气组成与土壤本身特性相关，也与季节、土壤水分、土壤深度等条件相关，如在排水良好的土壤中，土壤空气主要来源于大气，其组分与大气基本相同，以氮、氧和二氧化碳为主；而在排水不良的土壤中氧含量下降，二氧化碳含量增加，土壤空气含氧量比大气少，而二氧化碳含量高于大气。

（二）土壤的基本性质

1. 吸附性

土壤的吸附性能与土壤中存在的胶体物质密切相关。土壤胶体包括无机胶体（如黏土矿物和铁、铝、硅等水合氧化物）、有机胶体（主要是腐殖质及少量的生物活动产生的有机物）、有机无机复合胶体。由于土壤胶体具有巨大的比表面积，胶粒带有电荷，分散在水中时界面上产生双电层等性能，使其对有机污染物（如有机磷、有机氯农药等）和无机污染物（如 Hg^{2+}、Pb^{2+}、Cu^{2+}、Cd^{2+} 等重金属离子）有极强的吸附能力或离子交换吸附能力。

2. 酸碱性

土壤的酸碱性是土壤的重要理化性质之一，是土壤在形成过程中受生物、气候、地质、水文等因素综合作用的结果。土壤的酸碱度可以划分为九级：pH < 4.5 为极强酸性土，pH 4.5 ~ 5.5 为强酸性土，pH 5.6 ~ 6.0 为酸性土，pH 6.1 ~ 6.5 为弱酸性土，pH 6.6 ~ 7.0 为中性土，pH 7.1 ~ 7.5 为弱碱性土，pH 7.6 ~ 8.5 为碱性土，pH 8.6 ~ 9.5 为强碱性土，pH > 9.5 为极强碱性土。我国土壤的 pH 大多为 4.5 ~ 8.5，并呈"东南酸、西北碱"的规律。土壤的酸碱性直接或间接地影响着污染物在土壤中的迁移转化。

根据氢离子的存在形式，土壤酸度分为活性酸度和潜性酸度两类。活性酸度又称有效酸度，是指土壤溶液中游离氢离子浓度反映的酸度，通常用 pH 表示。潜性酸度是指土壤胶体吸附的可交换氢离子和铝离子经离子交换作用后所产生的酸度。如土壤中施入中性钾肥（KCl）后，溶液中的钾离子与土壤胶体上的氢离子和铝离子发生交换反应，产生盐酸和三氯化铝。土壤潜性酸度常用 100g 烘干土壤中氢离子的物质的量表示。土壤碱度主要来自土壤中钙、镁、钠、钾的重碳酸盐、碳酸盐及土壤胶体上交换性钠离子的水解作用。

3. 氧化还原性

由于土壤中存在着多种氧化性和还原性无机物质及有机物质，使其具有氧化性和还原性土壤中的游离氧和高价金属离子、硝酸根等是主要的氧化剂，土壤有机质及其在厌氧条件下形成的分解产物和低价金属离子是主要的还原剂。土壤环境的氧化作用或还原作用通过发生氧化反应或还原反应表现出来，故可以用氧化还原电位（E_h）来衡量因为土壤中氧化性和还原性物质的组成十分复杂，计算 Eh 很困难，所以主要用实测的氧化还原电位衡量。通常当 $E_h > 300mV$ 时，氧化体系起主导作用，土壤处于氧化状态；当 $E_h < 300mV$ 时，还原体系起主导作用，土壤处于还原状态。

（三）土壤污染

由于自然原因和人为原因，各类污染物质通过多种渠道进入土壤环境。土壤环境依靠自身的组成和性能，对进入土壤的污染物有一定的缓冲、净化能力，但当进入土壤的污染物质量和速率超过了土壤能承受的容量和土壤的净化速率时，就破坏了土壤环境的自然动态平衡，使污染物的积累逐渐占据优势，引起土壤的组成、结构、性状改变，功能失调，质量下降，导致土壤污染。土壤污染不仅使其肥力下降，还可能成为二次污染源，污染水体、大气、生物，进而通过食物链危害人体健康。

土壤环境污染的自然源来自矿物风化后的自然扩散、火山爆发后降落的火山灰等。人为源是土壤污染的主要污染源，包括不合理地使用农药、化肥，废（污）水灌溉，使用不符合标准的污泥，生活垃圾和工业固体废物等的随意堆放或填埋，以及大气沉降物等。

土壤中污染物种类多，但以化学污染物最为普遍和严重，也存在生物类污染物和放射性污染物。化学污染物如重金属、硫化物、氟化物、农药等，生物类污染物主要是病原体，放射性污染物主要是如 90Sr、137Cs 等。

二、固体废物基本知识

（一）固体废物的定义和分类

固体废物是指在生产、建设、日常生活和其他活动中产生的污染环境的固态、半固态废弃物质。

固体废物主要来源于人类的生产和消费活动。它的分类方法很多：按化学性质可分为有机废物和无机废物，按形状可分为固体废物和泥状废物，按危害状况可分为危险废物（亦称有害废物）和一般废物，按来源可分为工业固体废物、矿业固体废物、生活垃圾（包括下水道污泥）、电子废物、农业固体废物和放射性固体废物等。

工业固体废物是指在工业、交通等生产活动中产生的固体废物。生活垃圾是指在城市日常生活中或者为城市日常生活提供服务的活动中产生的固体废物，以及法律、行政法规规定视为生活垃圾的固体废物。被丢弃的非水液体，如废变压器油等由于无法归入废水、废气类，习惯上归为固体废物类。

在固体废物中，对环境影响最大的是工业固体废物和生活垃圾。

（二）危险废物的定义和鉴别

危险废物是指在《国家危险废物名录》中，或根据国务院环境保护主管部门规定的危险废物鉴别标准认定的具有危险性的废物。工业固体废物中危险废物量占总量的 5% ~ 10%，并以 3% 的年增长率发展。因此，对危险废物的管理已经成为重要的环境管理问题之一。

我国于 2016 年公布了新版《国家危险废物名录》，其中包括 46 个类别和 479 种危险废物。凡《国家危险废物名录》中规定的废物直接属于危险废物，其他废物可按下列鉴别标准予以鉴别。

一种废物是否对人类和环境造成危害可用下列四点来鉴别：①否引起或严重导致人类和动、植物死亡率增加；②否引起各种疾病的增加；③是否降低对疾病的抵抗力；④在储存，运输、处理、处置或其他管理不当时，是否会对人体健康或环境造成现实或潜在的危害。

由于上述定义没有量值规定，因此在实际使用时往往根据废物具有潜在危害的各种特性及其物理、化学和生物的标准试验方法对其进行定义和分类。危险特性包括易燃性、腐蚀性、反应性、放射性、浸出毒性、急性毒性（包括口服毒性、吸入毒性和皮肤吸收毒性），以及其他毒性（包括生物积累性、刺激性或过敏性、遗传变异性、水生生物毒性和传染性等）。

我国对危险废物的危险特性的定义如下：

1. 急性毒性

能引起小鼠（或大鼠）在 48 内死亡半数以上的固体废物，参考制定的有害物质卫生标准的试验方法，进行半数致死量（LD）试验，评定毒性大小。

2. 易燃性

经摩擦或吸湿和自发的变化具有着火倾向的固体废物（含闪点低于 60℃ 的液体），着火时燃烧剧烈而持续，在管理期间会引起危险。

3. 腐蚀性

含水固体废物，或本身不含水但加入定量水后其浸出液的 $H \leqslant 2$ 或 $pH \geqslant 12.5$ 的固体废物，或在 55℃ 以下时对钢制品每年的腐蚀深度大于 0.64cm 的固体废物。

4. 反应性

当固体废物具有下列特性之一时为具有反应性：①在无爆震时就很容易发生剧烈变化；②和水剧烈反应；③能和水形成爆炸性混合物；④和水混合会产生毒性气体、蒸气或烟雾；⑤在有引发源或加热时能爆震或爆炸；⑥在常温、常压下易发生爆炸或爆炸性反应；⑦其他法规所定义的爆炸品。

5. 放射性

含有天然放射性元素，放射性比活度大于 3700Bq/kg 的固体废物；含有人工放射性元素的固体废物或者放射性比活度（以 Bq/kg 为单位）大于露天水源限值 10～100 倍（半衰期 > 60d）的固体废物。

6. 浸出毒性

按规定的浸出方法进行浸取，所得浸出液中有一种或者一种以上有害成分的质量浓度超过表 5-1 所示鉴别标准的固体废物。

表 5-1　中国危险废物浸出毒性鉴别标准

序号	项目	浸出液的最高允许质量浓度 / （mg·L⁻¹）
1	汞（以总汞计）	0.1
2	镉（以总镉计）	1
3	砷（以总砷计）	5
4	铬（以六价铬计）	5
5	铅（以总铅计）	5
6	铜（以总铜计）	100
7	锌（以总锌计）	100
8	镍（以总镍计）	5
9	铍（以总铍计）	0.02
10	无机氟化物（不包括氟化钙）	100

第二节　土壤污染物测定

一、土壤水分

土壤水分是土壤生物生长必需的物质，不是污染组分。但无论是用新鲜土样还是风干土样测定污染组分时，都需要测定土壤含水量，以便计算按烘干土样为基准的测定结果。

土壤含水量的测定要点是：对于风干土样，用分度为 0.001g 的天平称取适量通过 1mm 孔径筛的土样，置于已恒重的铝盒中；对于新鲜土样，用分度为 0.01g 的天平称取适量土样，放于已恒重的铝盒中；将称量好的风干土样和新鲜土样放入烘箱内，于（105±2）℃烘至恒重，按以下两个公式计算含水量：

$$含水量（湿基,\%）= \frac{m_1 - m_2}{m_1 - m_0} \times 100$$

$$含水量（干基,\%）= \frac{m_1 - m_2}{m_2 - m_0} \times 100$$

$$\text{（5-1）}$$

式中 m_0 —— 烘至恒重的空铝盒质量，g；

m_1 —— 铝盒及土样烘干前的质量，g；

m_2 —— 铝盒及土样烘至恒重时的质量，g。

二、pH

土壤 pH 是土壤重要的理化参数，对土壤微量元素的有效性和肥力有重要影响 pH 为 6.5 ~ 7.5 的土壤，磷酸盐的有效性最大。土壤酸性增强，使所含许多金属化合物溶解度增大，其有效性和毒性也增大。土壤 pH 过高（碱性土）或过低（酸性土），均影响植物的生长。

测定土壤 pH 使用玻璃电极法。其测定要点是：称取通过 1mm 孔径筛的土样 10g 于烧杯中，加无二氧化碳蒸馏水 25mL，轻轻摇动后用电磁搅拌器搅拌 1min，使水和土样混合均匀，放置 30min，用 pH 计测定上部浑浊液的 pH。测定方法同水的 pH 测定方法。

测定 pH 的土样应存放在密闭玻璃瓶中，防止空气中的氨、二氧化碳及酸、碱性气体的影响土壤的粒径及水土比均对 pH 有影响。一般酸性土壤的水土比（质量比）保持（1：1）~（5：1），对测定结果影响不大；碱性土壤水土比以 1：1 或 2.5：1 为宜，水土比增加，测得 pH 偏高。另外，风干土壤和潮湿土壤测得的 pH 有差异，尤其是石灰性土壤，由于风干作用，使土壤中大量二氧化碳损失，导致 pH 偏高，因此风干土壤的 pH 为相对值。

三、可溶性盐分

土壤中可溶性盐分是用一定量的水从一定量土壤中经一定时间提取出来的水溶性盐分。当土壤所含的可溶性盐分达到一定数量后，会直接影响作物的萌发和生长，其影响程度主要取决于可溶性盐分的含量、组成及作物的耐盐度。就盐分的组成而言，碳酸钠、碳酸氢钠对作物的危害最大，其次是氯化钠，而硫酸钠危害相对较轻。因此，定期测定土壤中可溶性盐分总量及盐分的组成，可以了解土壤盐渍程度和季节性盐分动态，为制定改良和利用盐碱土壤的措施提供依据。

测定土壤中可溶性盐分的方法有重量法、比重计法、电导法、阴阳离子总和计算法等，下面简要介绍应用广泛的重量法。

重量法的原理：称取通过 1mm 孔径筛的风干土壤样品 1000g，放入 1000mL 大口塑料瓶中，加入 500mL 无二氧化碳蒸馏水，在振荡器上振荡提取后，立即抽滤，滤液供分析测定。吸取 50 ~ 100mL 滤液于已恒重的蒸发皿中，置于水浴上蒸干，再在 100 ~ 105℃烘箱中烘至恒重，将所得烘干残渣用质量分数为 15% 的过氧化氢溶液在水浴上继续加热去除有机质，再蒸干至恒重，剩余残渣量即为可溶性盐分总量。

水土比和振荡提取时间影响土壤可溶性盐分的提取，故不能随意更改，以使测定结果具有可比性。此外，抽滤时尽可能快速，以减少空气中二氧化碳的影响。

四、金属化合物

土壤中金属化合物的测定方法与第二章中金属化合物的测定方法基本相同，仅在预处理方法和测定条件方面有差异，故在此作简要介绍。

（一）铅、镉

铅和镉都是动、植物非必需的有毒有害元素，可在土壤中积累，并通过食物链进入人体。测定它们的方法多用原子吸收光谱法和原子荧光光谱法。

1. 石墨炉原子吸收光谱法

该方法测定要点是：采用盐酸 – 硝酸 – 氢氟酸 – 高氯酸分解法，在聚四氟乙烯坩埚中消解 0.1 ~ 0.3g 通过 0.149mm（100 目）孔径筛的风干土样，使土样中的欲测元素全部进入溶液，加入基体改进剂后定容。取适量溶液注入原子吸收分光光度计的石墨炉内，按照预先设定的干燥、灰化、原子化等升温程序，使铅、镉化合物解离为基态原子蒸气，对空心阴极灯发射的特征光进行选择性吸收，根据铅、镉对各自特征光的吸光度，用标准曲线法定量。土壤中铅、镉含量的计算式见铜、锌的测定。在加热过程中，为防止石墨管氧化，需要不断通入载气（氧气）。

按照表 5-2 所列仪器测量条件测定，当称取 0.5g 土样消解定容至 50mL 时，其检出限为：铅 0.1mg/kg，镉 0.01mg/kg。

表 5-2　仪器测量条件

元素	铅	镉
测定波长 /nm	283.3	228.8
通带宽度 /nm	1.3	1.3
灯电流 /mA	7.5	7.5
干燥温度（时间）/℃（s）	80 ~ 100（20）	80 ~ 100（20）
灰化温度（时间）/℃（s）	700（20）	500（20）
原子化温度（时间）/℃（s）	2000（5）	1500（20）
消除温度（时间）/℃（s）	2700（3）	2600（3）
氧气流量 /（mL·min^{-1}）	200	200
原子化阶段是否停气	是	否
进样量 /μL	10	10

2. 氢化物发生 – 原子荧光光谱法

该方法测定原理的依据：将土样用盐酸 – 硝酸 – 氢氟酸 – 高氯酸体系消解，彻底破坏矿物质晶格和有机质，使土样中的欲测元素全部进入溶液。消解后的样品溶液经转移稀释后，在酸性介质中及有氧化剂或催化剂存在的条件下，样品中的铅或镉与硼氢化钾（KBH_4）反应，生成挥发性铅的氢化物（PbH_4）或镉的氢化物（CdH_4）。以氧气为载气，将产生的氢化物导入原子荧光分光光度计的石英原子化器，在室温（铅）或低温（镉）下进行原子化，产生的基态铅原子或基态镉原子在特制铅空心阴极灯或镉空心阴极灯发射特征光的照射下，被激发至激发态，由于激发态的原子不稳定，瞬间返回基态，发射出特征波长的荧光，其荧光强度与铅或镉的含量成正比，通过将测得的样品溶液荧光强度与系列标准溶液荧光强度比较进行定量。

铅和镉测定中所用催化剂和消除干扰组分的试剂不同，需要分别取土样消解后的溶液测定，它们的检出限可达到：铅 $1.8 \times 10^{-9} g/mL$，镉 $8.0 \times 10^{-9} g/mL$。

（二）铜、锌

铜和锌是植物、动物和人体必需的微量元素，可在土壤中积累，当其含量超过最高允许浓度时，将会危害作物。测定土壤中的铜、锌，广泛采用火焰原子吸收光谱法。

火焰原子吸收光谱法测定原理的依据：用盐酸－硝酸－氢氟酸－高氯酸消解通过 0.149mm 孔径筛的土样，使欲测元素全部进入溶液，加入硝酸镧溶液（消除共存组分干扰），定容。将制备好的溶液吸入原子吸收分光光度计的原子化器，在空气－乙炔（氧化型）火焰中原子化，产生的铜、锌基态原子蒸气分别选择性地吸收由铜空心阴极灯、锌空心阴极灯发射的特征光，根据其吸光度用标准曲线法定量。按下式计算土壤样品中铜、锌的含量：

$$w = \frac{\rho \cdot V}{m(1-f)}$$

（5-3）

式中 w —— 土壤样品中铜、锌的质量分数，mg/kg；

ρ —— 样品溶液的吸光度减去空白试验的吸光度后，在标准曲线上查得铜、锌的质量浓度，mg/L；

V —— 溶液定容体积，mL；

m —— 称取土壤样品的质量，g；

f —— 土壤样品的含水量。

按照表 5-3 所列仪器测量条件测定，当称取 0.5g 土样消解定容至 50mL 时，其检出限为：铜 1mg/kg，锌 0.5mg/kg。

表 5-3 仪器测量条件

元素	铜	锌
测定波长 /nm	324.7	213.9
通带宽度 /nm	1.3	1.3
灯电流 /mA	7.5	7.5
火焰性质	氧化性	氧化性
其他可测定波长 /nm	327.4，225.8	307.6

（三）总铬

由于各类土壤成土母质不同，铬的含量差别很大。土壤中铬的背景值一般为 20 ～ 200mg/kg，铬在土壤中主要以三价和六价两种形态存在，其存在形态和含量取决于土壤 pH 和污染程度等。六价铬化合物迁移能力强，其毒性和危害大于三价铬。三价铬和六价铬可以相互转化。测定土壤中铬的方法主要有火焰原子吸收光谱法、分光光度法、等离子体发射光谱法等。

1. 火焰原子吸收光谱法

方法原理的依据：用盐酸－硝酸－氢氟酸－高氯酸混合酸体系消解土壤样品，使待测元素全部进入溶液，同时，所有铬都被氧化成 $Cr_2O_7^{2-}$ 形态。在消解液中加入氯化铵溶液（消除共存金属离子的干扰）后定容，喷入原子吸收分光光度计原子化器的富燃型空气－乙炔火焰中进行原子化，产生的基态铬原子蒸气对铬空心阴极灯发射的特征光进行选择性吸收，测其吸光度，用标准曲线法定量。其计算式同铜、锌的测定。

按照表 5-4 所列仪器测量条件测定，当称取 0.5g 土样消解定容至 50mL 时，其检出限为 5mg/kg。

表 5-4　仪器测量条件

元素	铬
测定波长 /nm	357.9
通带宽度 /nm	0.7
火焰性质	还原性
次灵敏线 /nm	359.0，360.5，425.4
燃烧器高度	10mm（使空心阴极灯光斑通过火焰亮蓝色部分）

2. 二苯碳酰二肼分光光度法

称取土壤样品于聚四氟乙烯坩埚中，用硝酸－硫酸－氢氟酸体系消解，消解产物加水溶解并定容。取一定量溶液，加入磷酸和高锰酸钾溶液，继续加热氧化，将土样中的铬完全氧化成 $Cr_2O_7^{2-}$ 形态，用叠氮化钠溶液除去过量的高锰酸钾后，加入二苯碳酰二肼溶液，与 $Cr_2O_7^{2-}$ 反应生成紫红色铬合物，用分光光度计于 540nm 波长处测量吸光度，用标准曲线法定量。方法最低检出质量浓度为 0.2μg（六价铬）/（25mL）。

（四）镍

土壤中含少量镍对植物生长有益，镍也是人体必需的微量元素之一，但当其在土壤中积累超过允许量后，会使植物中毒；某些镍的化合物，如羟基镍毒性很大，是一种强致癌物质。

土壤中镍的测定方法有火焰原子吸收光谱法、分光光度法、等离子体发射光谱法等，目前以火焰原子吸收光谱法应用最为普遍。

火焰原子吸收光谱法的测定原理是：称取一定量土壤样品，用盐酸－硝酸－氢氟酸体系消解，消解产物经硝酸溶解并定容后，喷入空气－乙炔火焰，将含镍化合物解离为基态原子蒸气，测其对镍空心阴极灯发射的特征光的吸光度，用标准曲线法确定土壤中镍的含量。

测定时，使用原子吸收分光光度计的背景校正装置，以克服在紫外光区由于盐类颗粒物、分子化合物产生的光散射和分子吸收对测定的干扰。如果按照表 5-5 所列仪器测量条件测定，当称取 0.5g 土样定容至 50mL 时，镍的检出限为 5mg/kg。

表 5-5　仪器测量条件

元素	镍
测定波长 /nm	232.0
通带宽度 /nm	0.2
灯电流 /mA	12.5
火焰性质	中性

（五）总汞

天然土壤中汞的含量很低，一般为 0.1 ~ 1.5mg/kg，其存在形态有单质汞、无机化合态汞和有机化合态汞，其中，挥发性强、溶解度大的汞化合物易被植物吸收，如氯化甲基汞、氯化汞等。汞及其化合物一旦进入土壤，绝大部分被耕层土壤吸附固定。当积累量超过《土壤环境质量标准》最高允许浓度时，生长在这种土壤上的农作物果实中汞的残留量就可能超过食用标准。

测定土壤中的汞广泛采用冷原子吸收光谱法和冷原子荧光光谱法。

冷原子吸收光谱法的测定要点是：称取适量通过 0.149mm 孔径筛的土样，用硫酸 – 硝酸 – 高锰酸钾或硝酸 – 硫酸 – 五氧化二钒消解体系消解，使土样中各种形态的汞转化为高价态（Hg^{2+}）。将消解产物全部转入冷原子吸收测汞仪的还原瓶中，加入氯化亚锡溶液，把汞离子还原成易挥发的汞原子，用净化空气载带入测汞仪吸收池，选择性地吸收低压汞灯辐射出的 253.7nm 紫外线，测量其吸光度，与汞标准溶液的吸光度比较定量。方法的检出限为 0.005mg/kg。

冷原子荧光光谱法是将土样经混合酸体系消解后，加入氯化亚锡溶液将离子态汞还原为原子态汞，用载气带入冷原子荧光测汞仪的吸收池，吸收 253.7nm 波长紫外线后，被激发而发射共振荧光，测量其荧光强度，与标准溶液在相同条件下测得的荧光强度比较定量。方法的检出限为 0.05 μg/kg。

（六）总砷

土壤中砷的背景值一般在 0.2 ~ 40mg/kg，而受砷污染的土壤，砷的质量分数可高达 550mg/kg。砷在土壤中以五价和三价两种价态存在，大部分被土壤胶体吸附或与有机物络合、螯合，或与铁（Ⅲ）、铝（Ⅲ）、钙（Ⅱ）等离子形成难溶性砷化物。砷是植物强烈吸收和积累的元素，土壤被砷污染后，农作物中砷含量必然增加，从而危害人和动物。

测定土壤中砷的主要方法有：二乙基二硫代氨基甲酸银分光光度法、新银盐分光光度法、氢化物发生 – 非色散原子荧光光谱法等。

二乙基二硫代氨基甲酸银分光光度法测定原理：称取通过 0.149mm 孔径筛的土样，用硫酸 – 硝酸 – 高氯酸体系消解，使各种形态存在的砷转化为可溶态离子进入溶液。在碘化钾和氯化亚锡存在下，将溶液中的五价砷还原为三价砷，三价砷被锌与酸反应生成的新生态氢还原为气态神化氢（肿），被吸收于二乙基二硫代氨基甲酸银 – 三乙醇胺 –

三氯甲烷吸收液中，生成红色胶体银，用分光光度计于 510nm 波长处测其吸光度，用标准曲线法定量。方法检出限为 0.5mg/kg。

新银盐分光光度法测定原理：土壤样品经硫酸 – 硝酸 – 高氯酸消解，使各种形态的砷转化为可溶态砷离子进入溶液后，用硼氢化钾（或硼氢化钠）在酸性溶液中产生的新生态氢将五价砷还原为砷化氢（胂），被硝酸 – 硝酸银 – 聚乙烯醇 – 乙醇吸收液吸收，生成黄色胶体银，在分光光度计上于 400nm 处测其吸光度，用标准曲线法定量。方法检出限为 0.2mg/kg。

五、有机化合物

（一）六六六和滴滴涕

六六六和滴滴涕属于高毒性、高生物活性的有机氯农药，在土壤中残留时间长，其半衰期为 2 ~ 4a。土壤被六六六和滴滴涕污染后，对土壤生物会产生直接毒害，并通过生物积累和食物链进入人体，危害人体健康。

六六六和滴滴涕的测定广泛使用气相色谱法，其最低检出质量分数为 0.05 ~ 4.87 μg/kg。

1. 方法原理

用丙酮 – 石油醚提取土壤样品中的六六六和滴滴涕，经硫酸净化处理后，用带电子捕获检测器的气相色谱仪测定。根据色谱峰保留时间进行两种物质异构体的定性分析，根据峰高（或峰面积）进行各组分的定量分析。

2. 主要仪器及其主要部件

主要仪器是带电子捕获检测器的气相色谱仪，仪器的主要部件包括：

①全玻璃系统进样器。

②与气相色谱仪匹配的记录仪。

③色谱柱：长 1.8 ~ 2.0m、内径 2 ~ 3mm 的螺旋状硬质玻璃填充柱，柱内填充剂（固定相）为质量分数 1.5% 的 OV–17（甲基硅酮）和质量分数 1.95% 的 QF–1（氟代烷基硅氧烷聚合物）/Chromosorb WAW–DMCS，80 ~ 100 目；或质量分数 1.5% 的 OV–17 和质量分数 1.95% 的 OV–210/Chromosorb WAW–DMCS–HP，80 ~ 100 目。

④电子捕获检测器：可采用 63Ni 放射源或高温 3H 放射源。

3. 色谱条件

汽化室温度：220℃；柱温：195℃；载气（N_2）流量：40 ~ 70mL/min。

4. 测定要点

（1）样品预处理

准确称取 20g 土样，置于索氏提取器中，用石油醚和丙酮（体积比为 1 : 1）提取，则六六六和滴滴涕被提取进入石油醚层，分离后用浓硫酸和无水硫酸钠净化，弃去水相，石油醚提取液定容后供测定。

（2）定性和定量分析

用色谱纯 α－六六六、β－六六六、γ－六六六、δ－六六六、p, p'-DDE、o, p'-DDT、p, p'-DDD、p'-DDT 和异辛烷、石油醚配制标准溶液；用微量注射器分别吸取 3～6μL 标准溶液和样品溶液注入气相色谱仪测定，记录标准溶液和样品溶液的气相色谱图。根据各组分的保留时间和峰高（或峰面积）分别进行定性和定量分析。用标准曲线法计算土样中农药质量分数的计算式如下：

$$w_i = \frac{h_i \cdot m_{is} \cdot V}{h_{is} \cdot V_i \cdot m}$$

（5-4）

式中 w_i——土样中 i 组分农药质量分数，mg/kg；

h_i——样品溶液中 i 组分农药的峰高（或峰面积），cm（或 cm^2）；

m_{is}——标准溶液中 i 组分农药的质量，ng；

V——土样定容体积，mL；

h_{is}——标准溶液中 i 组分农药的峰高（或峰面积），cm（或 cm^2）；

V_i——样品溶液进样量，μL；

m——土样质量，g。

（二）苯并（a）芘

苯并（a）芘是研究得最多的多环芳烃，被公认为强致癌物质。它在自然界土壤中的背景值很低，但当土壤受到污染后，便会产生严重危害。开展土壤中苯并（a）芘的监测工作，掌握不同条件下土壤中苯并（a）芘量的变化规律，对评价和防治土壤污染具有重要意义。

测定苯并（a）芘的方法有紫外分光光度法、荧光光谱法、高效液相色谱法等。

紫外分光光度法的测定要点是：称取通过 0.25mm 孔径筛的土壤样品于锥形瓶中，加入三氯甲烷，在 50℃水浴上充分提取，过滤，滤液在水浴上蒸发近干，用环己烷溶解残留物，制成苯并（a）芘提取液。将提取液进行两次氧化铝层析柱分离纯化和溶出后，在紫外分光光度计上测定 350～410nm 波段的吸收光谱，依据苯并（a）芘在 365nm、385nm，403nm 处有三个特征吸收峰进行定性分析。测量溶出液对 385nm 紫外线的吸光度，对照苯并（a）芘标准溶液的吸光度进行定量分析。该方法适用于苯并（a）芘质量分数大于 5μg/kg 的土壤样品，如苯并（a）芘质量分数小于 5μg/kg，则用荧光光谱法。

荧光光谱法是将土壤样品的三氯甲烷提取液蒸发近干，并把环己烷溶解后的溶液滴入氧化铝层析柱上进行分离，分离后用苯洗脱，洗脱液经浓缩后再用纸层析法分离，在层析滤纸上得到苯并（a）芘的荧光带，用甲醇溶出，取溶出液在荧光分光光度计上测量其被 387nm 紫外线激发后发射的荧光（405nm）强度，对照标准溶液的荧光强度定量。

高效液相色谱法是将土壤样品置于索氏提取器内，用环己烷提取苯并（a）芘，提取液注入高效液相色谱仪测定。

第三节　固体废物危险特性监测

一、急性毒性的初筛试验

危险废物中会有多种有害成分，组分分析难度较大。急性塞性的初筛试验可以简便地鉴别并表达其综合急性毒性，方法如下：

作为毒性试验的动物应该是规定的品种。以质量 18 ~ 24g 的小白鼠（或 200 ~ 300g 的大白鼠）作为实验动物，若是外购鼠，必须在本单位饲养条件下饲养 7 ~ 10d，仍活泼健康者方可使用。试验前 8 ~ 12h 和观察期间禁食。

称取制备好的样品 100g，置于 500mL 具磨口玻璃塞的锥形瓶中，加入 100mL 水（pH 为 5.8 ~ 6.3）（固液质量比为 1∶1），振摇 3min，于室温下静止浸泡 24h，用中速定量滤纸过滤，滤液留待灌胃用。

灌胃采用 1mL（或 5mL）注射器，注射针采用 9 号（或 12 号），去针尖，磨光，弯曲成新月形。对 10 只小白鼠（或大白鼠）进行一次性灌胃，每只灌滤液 0.50mL（或 4.80mL），对灌胃后的小白鼠（或大白鼠）进行中毒症状观察，记录 48h 内的死亡数。

二、易燃性的试验方法

鉴别易燃性是测定闪点，闪点较低的液态固体废物和燃烧剧烈而持续的非液态固体废物，由于摩擦、吸湿、点燃等自发的变化会发热、着火，或可能由于它的燃烧造成对人体或环境的危害。

采用闭口闪点测定仪测定闪点。温度计采用 1 号温度计（-30 ~ 170℃）或 2 号温度计（100 ~ 300℃）。防护屏采用镀锌铁皮制成，高度 550 ~ 650mm，宽度应适于使用，屏身内壁漆成黑色。

测定步骤为：按标准要求加热样品至一定温度，停止搅拌，每升高 1 龙点火一次，至样品上方刚出现蓝色火焰时，立即读取温度计上的读数，该值即为测定结果。

三、腐蚀性的试验方法

腐蚀性指通过接触能损伤生物细胞组织或腐蚀物体而引起危害。测定方法有两种：一种是测定 pH，另一种是测定在 55.7℃ 以下对钢制品的腐蚀率。现介绍 pH 的测定。

仪器采用 pH 计或酸度计，最小分度值在 0.1 以下。

该方法是用与待测样品 pH 相近的标准溶液校正 pH 计，并加以温度补偿。对含水量高、呈流体状的稀泥或浆状物料，可将电极直接插入进行 pH 的测量；对黏稠状物料可离心或过滤后，测其液体的 pH；对粉、粒、块状物料，称取制备好的样品 50g（干基），置于 1L 塑料瓶中，加入新鲜蒸馏水 250mL，使固液质量比为 1：5，加盖密封后，放在振荡器上 [振荡频率（110±10）次 /min，振幅 40mm]，于室温下，连续振荡 30min，静置 30min 后，测上清液的 pH，每种废物取两个平行样品测定其 pH，差值不得大于 0.15，否则应再取 1～2 个样品重复试验，取中位数报告结果。对于高 PH（10 以上）或低 pH（2 以下）的样品，两个平行样品的 pH 测定结果允许误差值不超过 0.2，还应报告环境温度、样品来源、粒度级配，试验过程中出现的异常现象，特殊情况下试验条件的改变及原因等。

四、反应性的试验方法

测定方法包括：①撞击感度测定；②摩擦感度测定；③差热分析测定；④爆炸点测定；⑤火焰感度测定，具体测定方法见相关标准。

五、遇水反应性的试验方法

遇水反应性包括：①固体废物与水发生剧烈反应而放出热量，使体系温度升高，可用温升试验测定；②与水反应释放出有害气体，如乙炔、硫化氢、砷化氢、氰化氢等。现介绍释放有害气体的反应装置和试验步骤。

1. 反应装置

用 250mL 高压聚乙烯塑料瓶，另配橡胶塞（将橡胶塞打一个 6mm 的孔），插入玻璃管。试验过程中使用振荡器（采用调速往返式水平振荡器），100mL 注射器，并配有 6 号针头。

2. 试验步骤

称取固体废物 50g（干物质），置于 250mL 的反应容器（塑料瓶）内，加入 25mL 水，加盖密封后，固定在振荡器上，振荡频率为（110±10）次 /min，振荡 30min，静置 10min。用注射器抽气 50mL，注入不同的 5mL 吸收液中，测定其氧化氢、硫化氢、砷化氢、乙炔的含量。第几次抽 50mL 气体的校正值：

$$校正值 (mg/L)= 测得值 \times \left(\frac{275}{225}\right)^n$$

（5-5）

式中 225 —— 塑料瓶空间体积，mL；
275 —— 塑料瓶空间体积和注射器体积之和，mL。
有害气体测定方法见相关的标准方法，如美国环境保护局（USEPA）标准。

六、浸出毒性试验

固体废物受到水的冲淋、浸泡，其中的有害成分将会转移到水相而污染地表水、地下水，导致二次污染。

浸出毒性试验采用规定方法浸出水溶液，然后对浸出液进行分析。我国规定的分析项目有：汞、镉、砷、铬、铅、铜、锌、镍、锑、铍、氟化物、氧化物、硫化物、硝基苯类化合物。

浸出方法如下：

称取 100g（干基）样品（无法称取干基质量的样品则先测定水分含量加以换算），置于容积为 2L（φ130mm×l60mm）的具盖广口聚乙烯瓶中，加水 1L（先用氢氧化钠溶液或盐酸溶液调 pH 至 5.8～6.3）。

将广口聚乙烯瓶垂直固定在往返式水平振荡器上，调节振荡频率为（110±10）次/min，振幅 40mm，在室温下振荡 8h，静置 16h。

浸出液通过 0.45μm 滤膜过滤。滤液按各分析项目要求进行保护，于合适条件下储存备用。每种样品做两个平行浸出毒性试验，每瓶滤液对欲测项目平行测定两次，取算术平均值报告结果；对于含水污泥样品，其滤液也必须同时加以分析并报告结果；试验报告中还应包括被测样品的名称、来源、采集时间、样品粒度级配情况、试验过程中出现的异常情况，浸出液的 pH、颜色、乳化和相分层情况，试验过程的环境温度及其波动范围、条件改变及其原因。

考虑到样品与浸出容器的相容性，在某些情况下，可用类似形状与容积的玻璃瓶代替聚乙烯瓶一例如，测定有机成分宜用硬质玻璃容器。对于某些特殊类型的固体废物，由于安全及样品采集等方面的原因，无法严格按照上述条件进行试验时，可根据实际情况适当改变。浸出液分析项目按有关标准的规定及相应的分析方法进行。

第四节　生活垃圾监测

一、生活垃圾及其分类

（一）生活垃圾的概念

生活垃圾是指城镇居民在日常生活中抛弃的固体垃圾，主要包括：（日常）生活垃圾、医院垃圾、市场垃圾、建筑垃圾和街道扫集物等，其中医院垃圾（特别是带有病原体的垃圾）和建筑垃圾应予单独处理，其他的垃圾通常由环卫部门集中处理，一般统称为生活垃圾。

（二）生活垃圾的分类

生活垃圾是一种由多种物质组成的异质混合体，包括：

①废品类：包括废金属、废玻璃、废塑料、废橡胶、废纤维类、废纸类和废砖瓦类等。

②厨房类（亦称厨房垃圾）：包括饮食废物、蔬菜废物、肉类和肉骨，以及我国部分城市厨房所产生的燃料用煤、煤制品、木炭的燃余物等。

③灰土类：包括修建、清理时的土、煤、灰渣。

世界各国的城市规模、人口、经济水平、消费方式、自然条件等差异很大，导致生活垃圾的产量和质量存在明显差别，并且不断地变化。生活垃圾是一种极不均匀、种类各异的异质混合物，若居民能自觉地将其分类堆放，则会更有利于生活垃圾作为资源回收。

（三）处置方法

生活垃圾的处置方法大致有焚烧（包括热解、气化）、（卫生）填埋和堆肥。不同的方法监测的重点和项目也不一样。例如，焚烧，垃圾的热值是决定性参数；而堆肥需测定生物降解度、堆肥的腐熟程度；至于填埋，则渗滤液分析和堆场周围的蝇类滋生密度等成为主要项目。

二、生活垃圾特性分析

（一）垃圾采集和样品处理

从不同的垃圾产生地、储存场或堆放场采集有整体代表性的样品，是垃圾特性分析的第一步，也是保证数据准确的重要前提。为此，应充分研究垃圾产生地的基本情况，如居民情况、生活水平、垃圾堆放时间；还要考虑在收集、运输、储存过程等可能的变化，然后制订周密的采样计划。采样过程必须详细记录地点、时间、种类、表观特性等。在记录卡传递过程中，必须有专人签署，便于核查。

（二）垃圾的粒度分级

粒度分级采用筛分法，按筛目排列，依次连续摇动 15min，依次转到下一号筛子，然后计算各粒度颗粒物所占的比例。如果需要在样品干燥后再称量，则需在 70℃下烘干 24h，然后再在干燥器中冷却后筛分。

（三）淀粉的测定

垃圾在堆肥过程中，需借助淀粉量分析来鉴定堆肥的腐熟程度。这一分析的基础是在堆肥过程中形成了淀粉碘化络合物。这种络合物颜色的变化取决于堆肥的降解度（即堆肥的腐熟程度），当堆肥降解尚未结束时，呈蓝色，降解结束时即呈黄色。

堆肥颜色的变化过程是：深蓝—浅蓝—灰—绿—黄。这种样品分析实验的步骤是：

①将 1g 堆肥置于 100mL 烧杯中，滴入几滴酒精使其湿润，再加 20mL 质量分数为 36% 的高氯酸。

②用纹网滤纸（90 号）过滤。

③加入 20mL 碘反应剂到滤液中并搅动。

④将几滴滤液滴到白色板上，观察其颜色变化。

碘反应剂是将 2g 碘化钾溶解到 500mL 水中，再加入 0.08g 碘制成。

4. 生物降解度的测定

垃圾中含有大量天然的和人工合成的有机物质，有的容易被生物降解，有的难以被生物降解。通过实验已经寻找出一种可以在室温下对垃圾生物降解作出适当估计的 COD 实验方法，即：

①称取 0.5g 已烘干磨碎的样品于 500mL 锥形瓶中。

②准确量取 20mL c（$1/6K_2Cr_2O_7$）=2mol/L 的重铬酸钾溶液加入锥形瓶中并充分混合。

③用另一个量筒量取 20mL 硫酸加到锥形瓶中。

④在室温下放置 12h 且不断摇动。

⑤加入约 15mL 蒸馏水。

⑥依次加入 10mL 磷酸，0.2g 氟化钠和 30 滴指示剂，每加入一种试剂后必须混匀。

⑦用硫酸亚铁铵标准溶液滴定，在滴定过程中颜色的变化是棕绿—绿蓝—蓝—绿，在化学计量点时出现的是纯绿色。

⑧用同样的方法在不加样品的情况下做空白试验。

⑨如果加入指示剂时已出现绿色，则实验必须重做，必须再加 30mL 重铬酸钾溶液。

⑩生物降解度的计算：

$$BDM = \frac{1.28(V_2 - V_1) \cdot V \cdot c}{V_2}$$

（5-6）

式中 BDM —— 生物降解度；

V_1 —— 滴定样品消耗硫酸亚铁铵标准溶液的体积，mL；

V_2 —— 空白试验滴定消耗硫酸亚铁铵标准溶液的体积，mL；

V —— 加入重铬酸钾溶液的体积，mL；

c —— 重铬酸钾溶液的浓度，mol/L；

1.28 —— 折合系数。

5. 热值的测定

焚烧是有机工业固体废物、生活垃圾、部分医院垃圾处置的重要方法，从卫生角度要求医院中病理性垃圾、传染性垃圾必须焚烧，一些发达国家由于生活垃圾分类较好，部分垃圾焚烧可以发电。

热值是垃圾焚烧处置的重要指标，分高热值（H_0）和低热值（H_n），垃圾中可燃物燃烧时产生的反应水一般以水蒸气形式挥发，因此，相当一部分能量不能被利用。所以当垃圾的高热值 Hn 测出后，应扣除水蒸发和燃烧时加热物质所需要的热量，由高热值换算成低热值。显然，低热值在实际工作中意义更大，两者换算公式为：

$$H_{\mathrm{n}} = H_0 \left[\frac{100 - (w_1 + W)}{100 - W_{\mathrm{L}}} \right] \times 5.85W$$

（5-7）

式中 H_0——低热值，kJ/kg；

H_{n}——高热值，kJ/kg；

w_1——惰性物质含量（质量分数），%；

W——垃圾的表面湿度，%；

W_{L}——垃圾焚烧后剩余的和吸湿后的湿度，%。

通常可对结果的准确性影响不大，因而可以忽略不计。

热值的测定可以用热量计法或热耗法。常用的氧弹式热量计是通常的物理仪器，测定方法可参考仪器说明书，或物理、物理化学书籍。测定垃圾热值的主要困难是要了解垃圾的比热容，因为垃圾组分变化范围大，各种组分比热容差异很大，所以测定某一垃圾的比热容是一复杂过程，而对组分较为简单的垃圾（如含油污泥等）就比较容易测定。

三、渗滤液分析

渗滤液主要来源于生活垃圾填埋场，在填埋初期，由于地下水和地表水的流入、雨水的渗入及垃圾本身的分解会产生大量的污水，该污水称为垃圾渗滤液。由于渗滤液中的水主要来源于垃圾自身和降水，因此渗滤液的产生量与垃圾的堆放时间有关，在生活垃圾的三大主要处置方法中，渗滤液是填埋处置中最主要的污染源。合理的堆肥处置一般不会产生渗滤液，热解和气化也不产生，只有露天堆肥、裸露堆场，以及垃圾中转站可能产生。

（一）渗滤液的特性

渗滤液的特性取决于它的组成和浓度。由于不同国家、不同地区、不同季节的生活垃圾组分变化很大，并且随着填埋时间的不同，渗滤液组分和浓度也会变化。它的特点是：

①成分的不稳定性：主要取决于垃圾组成。

②浓度的可变性：主要取决于填埋时间。

③组成的特殊性：垃圾中存在的物质在渗滤液中不一定存在；一般废水中含有的污染物在渗滤液中不一定有，如油类、氰化物、铬和汞等，这些特点影响着监测项目。

④渗滤液是不同于生活污水的特殊污水。例如，在一般生活污水中，有机物主要是蛋白质（质量分数为40%～60%）、糖类（质量分数为25%～50%），以及脂肪、油类（质量分数为10%），但在渗滤液中几乎不含油类，因为生活垃圾具有吸收和保持油类的能力；氰化物是地表水监测中的必测项目，但在填埋处理的生活垃圾中，各种氰化物转化为氢氰酸，并生成复杂的氰化物，以致在渗滤液中很少测到氰化物的存在；金属铬在填埋场内因有机物的存在被还原为三价铬，从而在中性条件下被沉淀为不溶性的

氢氧化物，所以在渗滤液中不易测到金属铬；汞则在填埋场的厌氧条件下生成不溶性的硫化物而被截留。因此渗滤液中几乎不含上述物质。

（二）渗滤液的分析项目

渗滤液分析项目在各种资料上大体相近，我国《生活垃圾填埋场污染控制标准》（GB 16889—2008）中对于水污染物的监测项目包括：色度、化学需氧量、生化需氧量、悬浮物、总氮、氨氮、总磷、粪大肠菌群数、总汞、总镉、总铬、六价铬、总砷、总铅。参照水质监测方法进行测定。

四、渗滤试验

工业固体废物和生活垃圾在堆放过程中由于雨水的冲淋和自身的原因，可能通过渗滤而污染周围土地和地下水，因此对渗滤液的测定是很重要的。

（一）固体废物堆场渗滤液采样点的选择

正规设计的固体废物堆场（简称废物堆场）通常设有渗滤液渠道和集水井，采集比较方便，典型安全填埋场也设有渗滤液采样点。

一般废物堆场，渗滤液采样困难，只能根据实际情况予以采样。

（二）渗滤试验

渗滤液可取自废物堆场，但在研究工作中，特别是研究拟议中的废物堆场可能对地下水和周围环境产生的影响时，可采用渗滤试验的方法。

（1）工业固体废物渗滤模型：固体废物先经粉碎后通过 0.5mm 孔径筛，然后装入玻璃管柱内，在上面玻璃瓶中加入雨水或蒸馏水以 12mL/min 的流速通过玻璃管柱下端的玻璃棉流入锥形瓶内，然后测定渗滤液中的有害物质含量。

（2）生活垃圾渗滤柱：渗滤柱的壳体由钢板制成，总容积为 0.339m³，柱底铺有碎石层，体积为 0.014m³，柱上部再铺碎石层和黏土层，体积为 0.056m³，柱内装垃圾的有效容积为 0.269m³。黏土和碎石应采自所研究场地，碎石直径一般为 1 ~ 3mm。

试验时，添水量应根据当地降水量确定。例如，我国某县年平均降水量为 1074.4mm，日平均降水量为 2.9436mm，由于柱的直径为 600mm，柱的底面积乘以日平均降水量即为日添水量，因此渗滤柱日添水量为 832mL，可以一周添水 1 次，即添水 5824mL。

第六章　海洋环境监测

第一节　重金属监测

一、光学法

（一）原子吸收分光光度法

原子吸收分光光度法（atomic absorption spectroscopy，AAS），简称原子吸收法，是检测海洋重金属最主要的方法之一，也是应用最早的重金属检测方法。AAS 的原理基于从光源辐射出待测元素的特征谱线，当其通过待测样品原子化产生的原子蒸汽时会被待测元素的基态原子吸收，可由特征谱线减弱的程度来测定样品中待测元素的含量。

原子吸收光谱仪一般由光源、原子化器、光学系统和检测系统四个部分组成。

（二）原子荧光分光光度法

原子荧光分光光度法（atomic fluorescence spectrophotometry，AFS）又称原子荧光光谱法，简称原子荧光法，是根据原子能够吸收光源的辐射能，使外层电子跃迁到较高能级，然后在跃迁返回较低能级或基态时，发射出荧光，被检测器检测到从而进行物质的定性和定量分析。不同于原子吸收法，原子荧光法是一种光致发光、二次发光，是20 世纪 60 年代中期提出并发展起来的一种优良的痕量分析技术。

原子荧光光谱仪的结构与原子吸收光谱仪相似，包括激发光源、原子化器、光学系统和检测系统四部分。激发光源可以是锐线光源（空心阴极灯、无极放电灯、激光等），也可以是连续光源（氙弧灯）。锐线光源辐射强度高，稳定性好，检出限较低，但每次只能检测一种元素，而连续光源操作简单，使用时间长，能够同时检测多种元素，但检出限较高。其他三部分与 AAS 基本相同。

（三）原子发射光谱法

原子发射光谱法（atomic emission spectrometry，AES），首先试样在原子化器中被转变成原子或简单离子，其中部分原子或离子在电能或热能激发下处于较高的电子能级，再弛豫回到基态或较低的电子激发态时，以发射紫外或可见光的形式释放能量。原子发射光谱法就是根据这些特征辐射的波长和强度进行元素的定性和定量分析。原子发射光谱法的组成部分基本与吸收光谱相同，其原子化方法有火焰原子化法、电弧原子化法和电火花原子化法。从 20 世纪 60 年代等离子体的概念出现后，电感耦合等离子体在原子发射光谱中得到了广泛而深入的应用。电感耦合等离子体发射光谱法（ICP-AES）是利用高频等离子体火焰（Inductively coupled plasma，ICP）作为激发光源，通过对样品特征谱线进行分析，从而确定样品中各成分含量的方法。ICP 作为激发光源有效地消除了样品的自吸效应，大大扩展了定量分析的线性范围，与其他样品前处理方法的联用更使得检测的灵敏度大大提高。相比火焰原子化和非火焰原子化吸收光谱，ICP-AES 基本上没有化学干扰，但由于 ICP 激发能力很强，样品中几乎所有的物质都会被激发出丰富的谱线，从而产生大量的光谱干扰。

（四）分光光度法

分光光度法是目前水环境监测中使用最多的仪器分析方法之一。按反应体系中所用指示剂的不同，主要有：①偶氮类：偶氮苯、偶氮酚、偶氮磺等；②罗丹明 B 类；③双硫腙类，以双硫腙为螯合剂，能够与金属离子反应生成带色物质，再以分光光度法测定该金属离子浓度，这种方法可以测定铅、镉、锌、汞等，但操作过程中会用到剧毒的氰化钾，在用这种方法检测重金属时需要格外小心；④三苯甲烷类：甲酚红、甲基蓝、甲基紫、吖啶橙等；⑤达旦黄类。其中以偶氮类试剂应用最为广泛，少部分方法中的表观摩尔吸光系数在 104 数量级，有待于进一步改善；三苯甲烷类试剂则普遍较高，均在 104 数量级。

常规光度法是利用重金属的化学活性，使反应体系中的某种成分发生显色或褪色反应，根据吸光度与重金属的线性关系来测定样品中的重金属含量，这种方法被称为直接显（褪）色法，不同重金属的显色体系各有不同。

（五）改进的分光光度法

多年的发展中，分光光度法主要致力于开发高灵敏的显色反应，并与流动注射、萃取富集等技术联用，以提高分光光度法检测重金属的灵敏性及检出限，近年来逐渐发展出胶束增溶分光光度法、固相分光光度法、树脂相分光光度法、催化动力学光度法、基

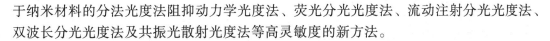

于纳米材料的分法光度法阻抑动力学光度法、荧光分光光度法、流动注射分光光度法、双波长分光光度法及共振光散射光度法等高灵敏度的新方法。

1. 胶束增溶分光光度法

胶束增溶分光光度法是 20 世纪 60 年代后期发展起来的一种新型分光光度分析法，是在显色体系中加入表面活性剂，其胶体质点对一些染料有增溶作用并使染料的吸收光谱发生改变，从而提高了染料与金属离子显色反应的灵敏度。胶束增溶分光光度法与普通分光光度法相比，具有更高的灵敏度，摩尔吸光系数可达 $10^4 \sim 10^5 L/(mol \cdot cm)$，有的甚至高达 $10^6 L/(mol \cdot cm)$。

2. 固相分光光度法

固相分光光度法是利用固体载体预富集待测成分，发色后直接测定载体表面的吸光度。固相吸附方式主要有三种：①将吸附了络合剂的固相载体如离子交换树脂填充在流通池内来富集待测物；②将固相载体填充在流通池内直接富集待测物；③用固相载体来富集待测物生成的络合物。根据载体的不同，分为树脂相分光光度法、泡沫塑料相分光光度法、萘相分光光度法、聚氯乙烯膜相分光光度法、甲壳素相分光光度法、凝胶相分光光度法和石蜡相分光光度法等。

3. 树脂相分光光度法

树脂相分光光度法又称为离子交换剂光度法或离子交换树脂光度法。一般要比水相光度法灵敏度高 1 ~ 2 个数量级，传统的树脂相光度法，为克服树脂透光性差的问题，大都需特制 1mm 比色皿，而且在比色皿底部需打一小孔，以使树脂装实并防止树脂颗粒包水发生光散射现象，操作繁琐，装皿困难，使其应用受到限制。为解决这一问题，薄层树脂分光光度法应运而生。随着环境监测对快速监测和在线监测要求的不断提高，人们研究出更多的固相载体新材料，以满足环境监测的要求。萘相吸光光度法和石蜡相分光光度法便是固相吸光光度新方法。二者都是通过较高温度时，两相液液萃取达到平衡后，低温下有机相凝固，然后通过测定固相体系中待测离子配合物的吸光度来测定被测离子含量，其测定原理与树脂相似，都属透射固相光度法。由于固体萘相或石蜡相基本是均一稳定的，所以精密度较理想。

4. 催化动力学光度法

由于不同重金属离子的催化反应体系大多不同，因此用催化动力学法对重金属进行检测，具有很好的选择性。目前有报道的铅离子的催化氧化还原体系所使用的氧化剂主要有 O_2、H_2O_2、$KBrO_3$、KIO_3 等，指示物质主要以有机有色染料和指示剂为主，但 Fe^{3+}、Cu^{2+} 等具有氧化性和催化活性的离子会对影响结果的准确性和精确性，可采取加入离子掩蔽剂、萃取、经过离子交换树脂分离等方法消除测定干扰；也可通过加入十六烷基三甲基溴化铵等表面活性剂和乳化剂来提高体系测定灵敏度。汞催化方法的指示反应体系大部分是配位体交换反应体系，而且大部分都是汞催化亚铁氰化钾的配位体交换反应体系。近年来也报道了 KIO_4 和 H_2O_2 氧化有机试剂的指示反应体系。

5. 基于纳米材料的分光光度法

基于纳米材料的分光光度法是20世纪90年代发展起来的一种新型分光光度法。由于传统的分光光度法主要是借助一些有机染料分子通过络合作用、氧化还原反应实现待测重金属离子的定性与定量。但由于有机染料的摩尔消光系数不是很大，因而导致检测的灵敏度不高。此外，这类方法的选择性也不是很好。而贵金属纳米材料（特别是金、银纳米颗粒）根据其组分、形貌以及聚集程度的不同在可见光范围内（390～750nm）呈现出丰富的颜色变化并展现出较好的特征吸收峰，这就使得贵金属纳米材料可以代替有机染料分子实现重金属的分光光度检测。贵金属纳米材料的另一个优势是其摩尔吸光系数一般高于传统有机染料分子3～5个数量级，因此在测定过程中只需要非常低的浓度（nmol/L）就可以实现重金属的检测，并保证检测的灵敏度。目前，基于纳米材料的分光光度法已成功应用于Hg^{2+}、Pb^{2+}、Cu^{2+}、Cd^{2+}、Cr^{3+}、Cr^{5+}等重金属离子的检测中。然而，由于纳米材料自身的稳定性较差，此类方法主要应用于自来水、湖水以及河水中重金属离子的检测。由于海水的盐度很高，会造成纳米材料自身的团聚，因此用于海水中重金属离子检测的报道较少。

分光光度计法仍旧是常规检测中常用的重金属检测方法之一，因此，分光光度法对海洋重金属监测的应用将必须以"更准、更快、更绿色"为目标。由于重金属监测分析正逐渐向着痕量乃至超痕量的分析方向发展，为适应现代及未来重金属监测的需要，分光光度法对于准确度的要求也越来越高。另外，值得注意的是，很多显色剂都属于高危、高毒药品，在用分光光度法测定重金属时会产生较大的二次污染，因此，在线监测方面还需要进一步发展新型无毒或低毒的显色体系，以减少监测过程中的环境破坏，真正达到环境监测的意义。

（六）化学发光分析法

化学发光（chemiluminescence，CL）是分子发光光谱的一种，指在某些特殊的化学反应中，反应中间体或反应产物吸收了反应释放的化学能（产生蓝光约需300kJ/mol，产生红光约需150kJ/mol）而处于激发态，不稳定的激发态返回到基态释放能量时产生的一种光辐射现象，根据化学发光强度或反应的总发光量可以确定反应中相应组分的含量。根据化学发光反应介质的不同，又可将其分为气相化学发光、液相化学发光、固相化学发光和异相化学发光（反应在两个不同介质中进行）。目前，液相化学发光法在痕量和超痕量分析中应用比较广泛。利用化学发光方法对重金属检测，大多是基于重金属离子对发光体系的抑制和催化作用实现的。化学发光法的核心体系是发光体系，常见的发光体系有酰肼类，洛粉碱、过氧化草酸酯、光泽精、高锰酸钾等。

二、电化学监测方法

电化学分析法是根据溶液中物质的电化学性质及其变化规律来进行分析的方法。电化学分析的检测信号通常指电导、电位、电流、电量等电信号，可以直接记录，无需分析信号的转换，因而电化学分析仪器一般比较小型，易于实现监测的自动化和原位连续监测，是现代海洋环境监测的重要发展方向。电化学分析方法能够快速、灵敏、准确地对痕量物质进行分析，对重金属的检出限也低至 10-12mol/L。电化学分析法应用于重金属检测方面主要包括溶出伏安法、电位分析法等。

（一）溶出伏安法

溶出伏安法（stripping voltammetry，SV）属于电化学方法，是在经典极谱法基础上发展起来的，目前已经能够实现对铜、锌、铅、镉、汞、砷等重金属的现场自动检测，无需人工操作，具有体积小、灵敏度高、检出限低、检测快速、能够连续测定多种金属离子等优点，最低检限可低至 10-12mol/L。溶出伏安法是一种将电解沉积和电解溶出两个过程相结合的电化学分析方法，主要分为富集、静置和溶出三个步骤。首先，待测金属离子在一定的还原电位下，被还原富集在工作电极上，待测金属均匀分布于待测电极上时，以反向扫描电位从负向正快速扫描，当电极电位达到电极上金属的氧化电位时，金属被氧化为离子重新进入溶液中并产生氧化电流，记录电压－电流曲线，其峰值与待测组分的浓度成正比，依此原理可进行待测组分的定量分析。根据溶出电位的扫描方向的不同，可将溶出伏安法分为阳极溶出伏安法（anodic stripping voltammetry，ASV）和阴极溶出伏安法（cathodic stripping voltammetry，CSV）两种。ASV 是在电解富集时将工作电极作为阴极，溶出时电位向阳极方向扫描，重金属检测常用该方法；CSV 则相反，通常将阳极作为工作电极，电位向阴极方向扫描，该方法主要用于阴离子的检测。

采用二电极系统进行溶出伏安法的分析时，电极电位会随着待测离子浓度的下降而越来越低，因此长时间使用可能会使后放电离子还原或发生氢离子放电，严重影响测量结果的准确性。目前溶出伏安法一般采用三电极系统，即工作电极、参比电极和对电极。三电极系统溶液的 IR 降（由于电流 I 和电阻 R 所引起的偏差）会自动补偿，工作电极的电位能够保持恒定，能够长时间地对待测离子进行检测，同时由于能自动补偿溶液中的 IR 降，三电极体系允许溶液的电阻高些，只需加入少量的支持电解质，降低 IR 降，减小迁移电流，维持恒定的离子强度和扩散系数。

（二）化学修饰电极

化学修饰电极于 20 世纪 70 年代问世，是修饰电极中的一种，突破了传统电化学中只限于研究裸电极／电解液界面的范围，开创了从化学状态上人为控制电极表面结构的领域。研究这种人为设计和制作的电极表面微结构及其界面反应，不仅对电极过程动力学理论的发展进行了推动，同时它显示出的催化、光电、电色、表面配合、富集和分离、开关和整流、立体有机合成、分子识别、掺杂和释放等效应和功能，使整个化学领域的发展彰显出有吸引力的前景。在化学修饰电极的应用中，其中很重要的一项便是用于提高重金属检测的灵敏度。

现代化学修饰电极的种类有很多，其中常用在重金属检测中的化学修饰电极方法有以下几类。

1. 化学吸附电极

化学吸附法是一种比较简单且直接的修饰方法，通过电极浸入的方式，使活性物质吸附于修饰电极表面。在进行电极反应时，吸附在电极表面上的物质就会表现出其特性，参与或影响反应的进程。

2. 自组装（单／多层）膜修饰电极

自组装膜法是构膜分子通过分子间及其与基体材料间的物理化学作用而自发形成的一种热力学稳定、排列规则的单层或多层分子膜。常用的构膜材料有含硫有机物、脂肪酸、有机硅、烷烃及二磷脂五大类，主要是硫醇修饰金电极、双层磷脂膜修饰电极等。

3. 聚合物修饰电极

将预处理的电极放入含有一定浓度单体和支持电解质的体系中，通过电极反应产生活泼的自由基离子中间体，将其作为聚合反应的引发剂，使电活性的单体在电极表面发生聚合，生成聚合物膜修饰电极。聚合物修饰电极主要包括电活性（氧化还原）聚合物膜修饰电极、离子交换树脂聚合物修饰电极和导电聚合物修饰电极三类。

4. 纳米材料修饰电极

纳米材料修饰电极是将纳米科学与化学修饰电极有机结合的一个新领域。当纳米材料与电极相结合时，除可将材料本身的物化特性引入电极界面外，也会使电极拥有纳米材料比表面积大，粒子表面带有功能团较多等特性，从而对某些物质的电化学行为产生特有的催化效应。近些年研究较多的纳米材料修饰电极有金属纳米粒子修饰电极、氧化物纳米粒子修饰电极、半导体纳米粒子修饰电极、碳纳米管修饰电极。

5. 生物大分子修饰电极

生物大分子修饰电极主要是酶电极、DNA 修饰电极、抗原（或抗体）修饰电极、蛋白质修饰电极。

6. 超分子修饰电极

超分子体系是由多个分子通过分子间非共价键作用力缔合而成的复杂有序且具有某种特定功能和性质的实体或聚集体，将超分子体系组装到电极表面便可获得超分子修饰电极。其主要包括卟啉、酞菁、杯芳烃、环糊精和金属配合物修饰电极等。

（三）电位分析法

电位分析法是利用电极电位与化学电池电解质溶液中的某种组分浓度的对应关系而实现定量测量的电化学分析法。电位分析法检测重金属，准确度高、重现性好、稳定性好，灵敏度相对光学仪器分析法较低，但检测下限也能达到 $10^{-4} \sim 10^{-8}$mol/L（极谱法、伏安法可达 $10^{-10} \sim 10^{-12}$mol/L），对于污染不是十分严重的海域可以直接以电位分析法进行测量，该方法对常量、微量和痕量重金属都可以进行检测。电位分析法的另外一个优点是仪器设备简单，价格较低，容易实现自动在线监测。

电位分析法中，比较有代表性的是离子选择性电极。离子选择性电极能直接测定水样中的自由金属离子，一般不需要复杂的前处理，几乎没有外源物质的引入，不会破坏样品的平衡和组成，其测量结果一般不受溶液颜色和浊度的影响，选择性高。由于仪器设备简单，易于实现监测仪器的小型化、微型化；ISEs 操作简便，易于实现在线连续和自动分析，在现代海洋环境监测，特别是重金属等元素的监测中得到了广泛的应用。

三、电感耦合等离子体质谱法

电感耦合等离子体质谱法（inductively coupled plasmamass spectrometry，ICP-MS）是 20 世纪 80 年代发展起来的一种新的元素分析技术，它将电感耦合等离子体（inductively coupled plasma，ICP）的高温（8000K）电离特性与四级杆质谱计的灵敏快速扫描的优点相结合，是一种新型的元素分析、同位素分析和形态分析技术，也是目前测定痕量金属含量、超痕量金属和重金属形态分析最有效的方法之一。

电感耦合等离子体质谱仪一般分为 ICP 离子源、射频发生器（RF 发生器）、进样系统、光学系统、质量分析器、多级真空系统、检测与数据处理系统等几部分组成。ICP 离子源是利用高温等离子体将待测样品的原子或分子离子化为带电离子，此时绝大多数金属离子均成为单价离子；RF 发生器是 ICP 离子源的供电装置，该装置产生足够强的高频电能，并通过电感耦合的方式把稳定的高频电能输送给等离子炬；样品引入系统可将不同形态的样品直接或通过转化成为气态或气溶胶状态引入等离子炬的装置中；离子通过接口，在离子透镜的电场作用下聚焦为离子束并进入离子分离系统；离子进入质量分析器后，按质荷比（m/z）不同被依次分开，并把相同 m/z 的离子聚焦在一起，按 m/z 大小顺序组成质谱；最后进入离子检测器进行检测，并转换成电信号经放大、处理给出的分析结果；多级真空系统指的是接口外的大气压到高真空状态质量分析器压力降低至少达 8 个数量级，这是通过压差抽气技术，由机械真空泵、涡轮分子泵来实现的。

ICP-MS 具有检出限低（对于大部分金属元素检出限低于 10-9g/L）、灵敏度高、线性动态范围宽（8 ~ 9 个数量级）、谱线简单、干扰少、分析速度快、可提供同位素信息等优点。它与 ICP-AES 相比，检出限至少低 3 个数量级，谱线比较简单，谱线干扰明显较小。为解决样品中离子干扰的问题，ICP-MS 在进样系统不断地发展和改进。近年来逐渐出现了如激光烧蚀、电热蒸发、冷原子蒸汽、液相色谱、高效液相色谱、气相色谱、流动注射等不同类型的进样装置。进样系统的改进对提高仪器测量速度、降低检测限、消除基体干扰都起到了很好的作用。

ICP-MS 由于仪器昂贵，需要较高的操作技术，很少用于常规的海水分析，通常只用于一些对环境要求比较高的海域（如开阔大洋或南北极等人类污染较少的海域）的监测，此外，ICP-MS 可对重金属进行形态分析，所以常用于食品安全方面的检测。

四、重金属快速在线分析监测

目前，市场流通的重金属自动在线分析监测仪器大多是分光光度法和电化学法。这些监测仪器有些是自动的，有些是半自动的。

分光光度法用于水质重金属在线分析时，需要选择合适的显色剂，消除其他金属组分干扰，获得稳定可靠的单色光以及光强检测系统。一般比色法自动分析水体中的重金属，每次只能检测一种重金属。该方法的重金属在线分析仪灵敏度较低，适用于测定某些特殊组分以及较高浓度的重金属，如高浓度废水中重金属的检测——电镀废水、采矿废水、钢铁冶炼废水等在线监测。例如，美国哈希公司在 2012 年和 2013 年相继推出 HMA-TCR 总铬在线自动分析仪、HMA-CR6 六价铬在线自动分析仪、HMA-TCU 总铜在线自动分析仪、HMA-TNI 总镍在线自动分析仪和 HMA-TMN 总锰在线自动分析仪。这些重金属在线监测仪器均采用比色光度法进行分析，具有运行成本较低、测量范围宽、无二次污染、测量准确、能长时间稳定运行等优点，可适用于污染严重的水体检测。其缺点是每种仪器只能进行一种元素的检测分析，如果要对水样进行综合分析，还是需要采用阳极伏安法的分析仪器。

电化学法相对于分光光度法，具有更低的检出限，一般检出限可低至 μg/L 级，且在选择合适的电极情况下，可以同时检测几种重金属。但电化学分析方法易受到水中有机物等的干扰，样品分析前一般都需要进行样品预处理，故基本上都是分析水体中的重金属离子态、原子态和有机态的总量。

水环境重金属的监测发展方向为实时、在线、连续和计算机控制测量的自动化、小型、微型、集成化和芯片化。但由于海洋特殊的水文、气象环境，这使得重金属的自动监测存在较大的困难。在对未来海水重金属的自动监测仪器开发领域中，对于已有的针对淡水的重金属在线监测仪器可以进一步改造，使其同样适用于海水。除此之外，还必须加大适用于海水监测的各类重金属传感器的开发，加强海水重金属传感器在自动监测仪器上的组装和适用。

第二节　有机污染监测

一、有机污染物

有机污染物是指以碳水化合物、蛋白质、氨基酸及脂肪等形式存在的天然有机物质及某些其他可生物降解的人工合成有机物质组成的污染物。其中，持久性有机污染物（prsistentorganic pollutants，POPs）影响最为严重，越来越受到人们的广泛关注，其是指人类合成的，能持久性存在于环境中，并在大气环境中进行长距离迁移后而沉积回地球，对人类健康和环境造成严重危害的天然或人工合成的有机污染物。根据 2001 年 5 月 23 日在瑞典首都斯德哥尔摩签署的《关于持久性有机污染物的斯德哥尔摩公约》中可知，POPs 有三大类共 12 种物质，第一类为有机氯杀虫菌剂，共九种，包括艾氏剂、狄试剂、异狄试剂、滴滴涕、氯丹、七氯、灭蚁灵、毒杀芬和六氯苯。第二类为氯苯类工业化学品，包括多氯联苯（PCBs）和 HCB 等。第三类为二噁英和呋喃等生产中的副产品。其中，二噁英不会天然生成，而是工业化过程中的副产物。目前，二噁英与呋喃的主要来源包括不完全燃烧和热解。事实上，符合 POPs 定义的化学物质不止以上几种，拟加入《斯德哥尔摩公约》中的新 POPs 还有开蓬、六溴联苯、六六六、多环芳烃、六氯丁二烯、八溴联苯醚、十溴联苯醚、五氯苯、多氯化萘和短链氯化石蜡。

POPs 具有以下几个特点：①蓄积性。POPs 具有低水溶性、高脂溶性等特征，因而可以长期在脂肪组织和环境中存留、蓄积。一般来说，在有机碳化合物结构里加上氯原子，这个化合物的稳定性就要增加很多，从而导致 POPs 容易从周围媒介物质中富集到生物体内。②收放性。通过食物链可逐级放大，也就是在自然环境如大气、水、土壤中浓度很低，甚至检测不出来时，依然可通过大气、水、土壤进入植物或低等生物中，然后逐级对营养级放大，营养级越高蓄积越高，而人是最高的，因此对人类造成的影响也是最大的。③半挥发性。它们可从水体或土壤中以蒸汽的形式进入大气环境或吸附在大气颗粒物上，这个特性决定了它可在全球运转，而且可以长距离地运转到一些地区。同时，适度的挥发性又使得它们不会永久停留在大气中，而是能重新沉降到地球上，且这种过程会反复多次发生，从而导致全球范围内，包括大陆、沙漠、海洋和南北极地区均可检测到 POPs。研究表明，即使在人烟罕至的北极地区，也可检测到 POPs，且浓度达到了相当高的水平。④高毒性。绝大多数 POPs 即使浓度很低时，绝大多数 POPs 会对生物体造成危害，如二噁英是 POPs 中毒性最大的物质。目前，已有很多迹象表明，它可使野生生物先天缺陷，免疫机能障碍导致发育与生殖系统疾病。除了对人类造成以上影响之外，也会导致人体神经行为及内分泌紊乱等严重疾病。

二、色谱法

色谱法又称色谱分析，是一种分离和分析方法，在分析、有机、生物和地球化学等领域有着非常广泛的应用。由于海洋环境中存在着多种多样、不同类型的 POPs，因此，需用不同类型的色谱法对其进行检测。

（一）原理与特点

色谱法的基本原理是用流动相对固定相中的混合物进行洗脱，利用不同物质在不同相态的选择性分配，使得混合物中的不同物质以不同流速沿固定相移动，最终达到分离的效果。根据物质分离的机制不同可分为吸附色谱、分配色谱、离子交换色谱、凝胶色谱和亲和色谱等。它可在几分钟或几十分钟的时间内完成几十种甚至上百种性质类似的化合物的分离，检测下限达 10-12 数量级，可配合不同检测器实现对待测组分的高灵敏、选择性检测，同时样品消耗量少。因此，这种方法具有分离效率高、检测速度快、样品用量少、分析灵敏度高和多组分同时检测等优点。但因其保留时间定性，因此需要其他定性技术手段如质谱、红外、紫外和核磁等进行确证。根据应用目的可将其分为制备型和分析型两大类。其中，制备色谱的目的是分离混合物，获得一定数量的纯净组分，如合成有机产物、分离纯化天然产物和去离子水的制备等。而分析色谱的目的是定量或定性测定混合物中各组分的性质和含量，包括气相色谱、液相色谱、薄层色谱和纸色谱等。

（二）分类

1. 气相色谱法

气相色谱法（gas chromatography，GC）是以流动相为气体的色谱，产生于20世纪50年代，按固定相可分为气固色谱和气液色谱。气相色谱法按分离原理可分为吸附色谱和分配色谱法，但在实际应用中，气液色谱法应用的多些，因此，可以称它为色谱技术仪器化、成套化的先驱。其基本原理是以惰性气体为流动相，以一定活性的吸附剂或涂有分离特性的液体为固定相，当混合样品被流动相带入色谱柱后，组分会在两相间进行反复多次（$10^3 \sim 10^6$）的吸附和解吸，由于固定相对各种组分的吸附能力不同即保留作用不同，因此，各组分在色谱柱中的运行速度就不同，经过一定的柱长后便将其分离，顺序地离开色谱柱进入检测器，产生的离子流信号经放大后，便可在记录器上描绘出各组分的色谱峰。相比其他的分离分析手段，其特点体现在分析速度快，分离效率高上。由于样品在气相中的传递速度快，因此，样品组分在流动相和固定相间可瞬间达到平衡，加上可选作固定相的物质很多，这使得其分析速度快、分离效率高，成为目前分离能力最强的手段之一。

从组成上看，气相色谱由气源、色谱柱、柱箱、检测器和记录器等部分组成。其中，气源提供色谱分析所需的载气，即流动相，载气需经过纯化和恒压处理，而色谱柱有填充柱和毛细管柱两大类，填充柱柱长一般在 0.5～10m，直径较粗，一般在 1～6mm，材质主要有玻璃、金属等，分离能力和柱效根据内填填料的不同而不同，目前，主要用于惰性气体的分析。毛细管又称开管柱或空心柱，其柱长一般为 10～50m，甚至百米，直径较细，一般在 0.2～0.5mm，内壁涂布了不同极性的填料，由于其分离效果好、分辨率高，目前已逐步取代填充柱。而用于气相色谱新检测器类型多样，其中常用的有氢火焰离子化检测器（flame Ionization detector，FID）、电子捕获检测器（electron capture detector，ECD）、氮磷检测器（nitrogen phosphorus detector，NPD）、火焰光度检测器（flame photometric detector，FPD）和热导检测器（thermal conductivity detector，TCD）等。对酚类有机物进行分析测定时，由于酚是一种极性有机污染物，因此，需将酚类衍生化，生成相应的酯类，以降低酚类的极性和提高挥发性，从而用气相色谱测定时可提高回收率，相应的检测器为 FID。而对于水中有机农药进行分析时，需要固相萃取或固相微萃取，相应的检测器为 FID 或 ECD。对于水中的多环芳烃和有机胺类有机物测定时，则检测器也多采用 FID 或 ECDO 对酞酸酯类化合物，使用 FID 或 ECD 也较多。此外，对金属有机物的测定，检测器则用 FPD。

《海洋监测规范第4部分：海水分析》中用气相色谱法对河口、近岸海水中 HCHs 和 DDTs 的测定方法进行了介绍。方法原理为水样中的六六六和 DDTs 经正己烷萃取、净化和浓缩后，通过填充型气相色谱法可测定各异构体的含量，而总含量为各异构体含量之和。分析步骤包含色谱柱的制备（色谱柱预处理、固定相制备、色谱柱装柱、色谱柱老化和连接检测器）和样品的测定（样品萃取、净化、浓缩和色谱测定）等，见式

（6-1）：

$$\rho = \frac{C_0(h_{\mathrm{w}} - h_{\mathrm{b}})V}{h_0 V_1}$$

（6-1）

式中 ρ —— 水样中有机氯农药各异构体浓度（ng/L）；

C_0 —— 标准溶液中该异构体的浓度（ng/μL）；

h_0 —— 标准溶液中该异构体的色谱峰高（mm）；

h_{w} —— 样品提取液相应异构体的色谱峰高（mm）；

V —— 提取液浓缩后定容体积（以）；

V_1 —— 水样体积（L）；

h_{b} —— 空白中相应异构体的色谱峰高（mm）。

水样中 HCHs 和 DDTs 的总量为各异构体浓度之和。

同时，《海洋监测规范第 4 部分：海水分析》对近岸和大洋海水中多氯联苯含量的测定液也作了方法介绍。方法原理为海水样品通过树脂柱后，多氯联苯和有机氯农药会吸附在树脂上，用丙酮洗脱，正己烷萃取后，通过硅胶混合层析柱脱水、净化、分离和浓缩的洗脱液经氢氧化钾 – 甲醇溶液碱解、浓缩后进行气相色谱测定。与上述检测六六六和 DDTs 不同的是，样品提取液需进行脱水、净化和分离后，还需将提取液进行碱解，最后，将色谱数据带入式（6-2）：

$$\rho = \sum \rho_{\mathrm{PCB_s}} = \sum \frac{\left(h_{\mathrm{w}} - h_{\mathrm{b}}\right) C_{\mathrm{st}} V_1}{h_{\mathrm{st}} V_2}$$

（6-2）

式中 $\rho_{\mathrm{PCB_s}}$ —— 水样中 PCBs 的浓度（mg/L）；

$\sum \rho_{\mathrm{PCB_s}}$ —— 水样中 PCB 各异构体 PCBs 浓度之和（mg/L）；

h_{w} —— 试样组分峰高（mm）；

h_{b} —— 试样空白组分峰高（mm）；

C_{st} —— 峰高 h_{st} 组分标准溶液的浓度（ng/μL）；

V_1 —— 提取液体积（ml）；

V_2 —— 水样的体积（ml）。

其中，还有关于近岸和大洋海水中狄试剂含量测定的相关操作，其方法原理同 PCBs。公式则采用式（6-3）：

$$\rho_D = \sum \frac{C_{\mathrm{st}} V_1 (h_{\mathrm{w}} - h_{\mathrm{b}})}{h_{\mathrm{st}} V_2}$$

（6-3）

式中 ρ_D —— 水样狄试剂的含量（mg/L）；

h_{w} —— 试样峰高（mm）；

h_b——空白峰高（mm）；

C_{st}——狄试剂标准溶液浓度（μg/ml）；

V_1——样品提取液体积（ml）；

h_{st}——标准样峰高（mm）；

V_2——海水样体积（ml）。

该方法可用来分析水中挥发性有机物包括挥发性卤代有机物、挥发性非卤代有机物、挥发性芳香烃、丙烯醛、丙烯腈和乙腈等。常用的前处理方法有吹扫－捕集法，固相萃取法及固相微萃取法，检测器则使用 ECD 较多。但由于气相色谱可将分析气体或易挥发气体转化为易挥发液体，所以应用时受到一定的限制，只有 20% 的物质可用于这种方法的测定。

2. 高效液相色谱法

高效液相色谱法（high performanceLiquid chromatography，HPLC）又称高压液相色谱或高速液相色谱法，与气相色谱法相比，高效液相色谱法不需要样品气化，不受样品挥发性的限制，对于高沸点、热稳定性差、相对分子量大于 400 的有机物都可进行分离和分析。例如，多环芳烃类化合物属于高沸点化合物，用气相色谱法测定时灵敏度低，分析条件接近气相色谱极限。

3. 超高效液相色谱法

超高效液相色谱法（ultra-performanceLiquid chromatography，UPLC），又称超高速液相色谱，是在高效液相色谱法的基础上围绕 1.7 μm 的小颗粒技术进行整体设计而形成的系列创新技术，大幅度改善了液相色谱的分离度，样品通量和灵敏度，使得液相色谱进入了全新时代。这种技术在柱缩短 3 倍的同时，柱效依然不变，而流速提高了 3 倍，分析速度提高了 9 倍，从而使得灵敏度提高了 3 倍。因而，超高分离度、超高流速、超高灵敏度和低有机溶剂使用量成为超高效液相色谱的突出优点。

UPLC 的超高流速、超低流量等优点除与紫外检测器、二极管阵列检测、荧光检测器等检测器联用获取超高灵敏度、超高分离度外，还更适合与单四级杆、串联四级杆、飞行时间质谱联用而使得 UPLC 的检测灵敏度等大大提高。但 UPLC 采用小颗粒技术，仪器及分析柱承受很大压力，因此，对样品颗粒物的粒径和纯度等要求极高，污染重、基质样品复杂易造成系统污染。

4. 全二维气相色谱法

全二维气相色谱法（comprehensive two-dimensionalgas chromatography，GC×GC）的基本原理是将不同固定相的两根柱子以串联的方式连接在一起，然后利用调制解调器将第一根一维的色谱柱流出的每一个饲分捕集、聚焦，最后以脉冲的方式送入第二根二维色谱柱中进一步分离。被分离的组分再依次送入检测器检测，这使其分辨率呈指数增加。仪器结构由气源、色谱柱、柱箱、调制器、检测器和记录器等部分组成，调制器具有捕集、聚焦和控制二次进样的作用。由于全二维分离速度快，因此，必须配合选用具有高速精确处理检测数据的检测器，如飞行时间质谱（time of flightmass spectrometer，

TOF-MS）。基于此，它具有如下特点：①分辨率高（两根色谱柱各自分辨率的平方和的平方根），峰容量大（两根色谱柱峰容量的乘积）；②灵敏度高，比普通的一维色谱高 20 ~ 50 倍；③分析时间短；④由于大多数化合物可基线分离，定量可靠性大；⑤由于每种物质有两个保留值而明显区别于其他物质，定性的准确性提高；⑥由于这种二维色谱实现了正交分离，色谱中的二维保留时间分别代表物质的不同性质，具有相近的二维性质的组分在二维平面上可聚成一族，因此可实现族分离。总的来说，它具有峰容量大、分辨率高、族分离和瓦片效应等特点，使其成为复杂混合物分析的强有力工具，在石油化工等领域得到了有效应用，如对于石油化工产品、石油生物标记物的分析，环境中溢出油的来源和柴油馏分中含硫化合物、含氮化合物等的分析具有较好的检测效果。

虽然色谱法具有许多不可超越的优点，但它需要复杂的样品前处理过程，并且要求高精密的分离检测仪器以及良好的实验环境和高度熟练的操作人员，同时，有些标准品还不具备这些条件，这使得它们的应用受到了一定的限制。因此，产生了其他类的检测方法，以便更及时准确地对有机污染物进行分析检测。

三、有机质谱法

有机质谱法（mass spectrometry，MS）是以电子轰击或其他方式使被测物质离子化，形成各种质荷比（m/z）的离子（带电荷的原子、分子或分子碎片，有分子离子、同位素离子、碎片离子、重排离子、多电荷离子、亚稳离子、负离子和离子－分子相互作用产生的离子等），然后利用电磁学原理使离子按不同质荷比分离并测量各种离子的强度，从而确定被测物质的相对分子质量、结构和含量。按照质量分析器的工作原理不同可分为磁质谱仪（单聚焦磁质谱仪和双聚焦磁质谱仪）、四级杆质谱仪、离子阱质谱仪和飞行时间质谱仪等。按照工作效能分为低分辨质谱（分辨率 W1000）、中分辨质谱（1000 ~ 5000）和高分辨质谱（≥ 5000）。其中，双聚焦磁质谱属于高分辨率质谱，分辨率达 10000 以上。高分辨率质谱可以精确地测定离子的质量，精度可达小数点后 4 位，而低分辨质谱则只能测量到离子质量的整数值。四级杆质谱仪、离子阱质谱仪和飞行时间质谱仪属于低分辨质谱仪。虽然高分辨质谱仪器检测数据准确、可靠，但价格昂贵、维修操作复杂、维护费用高，近年来，随着我国国力日渐增强，高分辨质谱仪已逐渐被普遍使用。

另外，质谱类仪器结构一般由进样系统、离子源、质量分析器、离子检测器、真空系统和供电系统等部分组成。其中，进样系统是根据电离方式不同而把样品送入离子源的适当位置。离子源是把样品分子或原子电离成离子的装置。质量分析器是按照电磁场的原理将来自离子源的离子按照质荷比大小而分离的装置。检测器是测量并记录离子强度以获得质谱图的装置。主要用于有机化合物的结构、相对分子质量、元素组成、官能团结构等信息的鉴定，这是一种测定物质质量和含量的仪器。它具有灵敏度高（可检测 10–7 ~ 10–12g 的物质）、速度快（几分钟甚至几秒钟）、通用性高（可用于能离子化的所有物质的检测）等特点。目前，环境监测很少单独用质谱仪作为检测手段，更多的是与其他手段如气相色谱、液相色谱等联用，可一次性检测各类复杂混合物，以获得相互补充的效果。

四、光谱法

光谱分析法包括荧光、紫外、红外法等其他传统分析方法。

（一）荧光分析法

在有机污染物检测的诸多方法中，荧光法由于具有高的灵敏度、好的选择性和易于操作等优势，一直受到环境科研工作者的青睐。这种方法与有机化合物的结构关系可分为以下三种类型：①跃迁类型，跃迁过程具有较大的摩尔吸收系数，且寿命较短，因此，常能发生较强的荧光，同时，各种跃迁过程的竞争也利于荧光的发射。②共轭效应。具有激发的芳香族化合物易于发生荧光，而且，增加分子体系的共轭度即荧光物质的摩尔吸收系数，可使荧光增强。③刚性结构和共平面效应。荧光物质的刚性和共平面性增加，可使分子与溶剂或其他溶质分子的相互作用减小，从而有利于荧光的发射。④取代基效应。芳香族化合物具有不同的取代基时，其荧光强度和荧光光谱都有很大的不同，一般，给电子基团如 $-OH$、$-NH_2$、$-OCH_3$ 和 $-NR_2$ 等可使荧光增强。吸电子基团如 $-NO_2$、$-COOH$ 等可使荧光减弱。但可根据入射光谱的特性确定污染物中含有何种物质，然后，根据所含有机物浓度的计算公式（通过无数次试验总结出的结果）找到所对应的特征光谱的光密度，如对酚的检测，如式（6-4），进而可求出污染物的浓度。

$$\log C = a + h\log\frac{D_{268}}{D_{242}}$$

（6-4）

式中 C ——污染物浓度；

D ——光密度；

a，h ——测量系数；

$\lambda_{入射}$=300 ~ 345nm；

$\lambda_{荧光}$=350 ~ 400nm。

对于环境有机污染物的检测，常用的分析方法主要有直接荧光法、间接荧光法和其他荧光分析法。直接荧光分析法是利用物质自身发射的荧光强度与其浓度之间的关系而进行定量测定的一种方法。由于具有简便易行的特点，而且多数有机污染物由芳烃或稠环芳烃组成，本身具有荧光，这为直接荧光分析测定法提供了便利条件，因此一直是环境有机污染物测定的首选方法。这种检测方法必须具备两个条件：一是该物质必须具有与所照射光线相同频率的吸收结构；二是吸收了与其本身特征频率相同的能量之后，必须具有一定的荧光量子产率。而间接荧光分析法则是通过测定有机污染物与荧光试剂所形成配合物的荧光强度来测定污染物的浓度。这种测定办法有多种，应用于环境分析中可大体分为以下几种：荧光增强法、荧光猝灭法和荧光动力学分析法。其中，荧光动力学分析法是通过测量反应速率（化学反应速率与反应物的浓度有关，某些情况下还与催化剂、活化剂和抑制剂的浓度有关）而确定待测物含量的一种方法。该方法既有高的灵敏度（可达纳克级），又可通过控制条件提高测定的选择性，且所需试样量少，方法简便。通常包含催化法和非催化法两种。

随着微型机（微型计算机）、激光及电子学等一些新科学技术的引入，还产生了诸如同步荧光光谱、导数荧光光谱（通常与同步荧光联用）、三维荧光光谱、荧光偏振、荧光免疫和时间分辨荧光等新技术。例如，同步荧光光谱技术（synchronous fluorescence spectroscopy，SFS）可使光谱简化，谱带窄化，从而减少光谱重叠和散射光的影响。导数荧光光谱法可记录荧光强度对波长的一阶或更高阶导数的光谱，这样减少了光谱干扰，增强了特征光谱精细结构和分辨能力，区分了光谱的细微变化，这在多组分混合物的分析中得到了广泛的应用。

三维荧光光谱（three-dimensional excitation emissionmatrix fluorescence spectrum，3DEEM）是将荧光强度表示为激发波长－发射波长两个变量的函数，描述荧光强度随着激发波长和发射波长变化的关系谱图，用于水质测定时能揭示有机污染物的酚类及其含量信息，提供比常规荧光光谱和导数荧光光谱更完整的光谱信息。因此，在多组分及同系物测定中三维荧光光谱显示了优越性，在环境有机污染物尤其是多环芳烃的分析中得到了广泛的应用，大大提高了对多环芳烃类有机污染物的分析灵敏度、准确度和选择性。而荧光偏振、荧光免疫和时间分辨荧光也各具特色，但很少用于环境有机污染物的分析。

将荧光分析法用在环境有机污染物分析中尚存在一些不足，需在以下几个方面做出调整和改进①发展多种有效的样品收集技术与荧光分析法相结合，为环境有机污染物分析开辟更广泛的应用前景；②开发更多的荧光试剂和技术以便能测定异构体群有机污染物如 PCBs、二噁英、呋喃及 DDTs 等，这将大大提高荧光分析法在环境有机污染物分析中的应用。

（二）分光光度法

有机化合物的紫外光与可见光吸收光谱与它们的电子跃迁有关，而且，有机化合物中的基团会呈现某种标志性的特征吸收带，可以用吸收峰的波长来表示，记为为 $\lambda_{最大}$，而这种特征吸收带决定于分子的激发态和基态间的能量差。通常，与吸收光谱相关的电子主要有三种：①形成单键的 σ 电子；②形成复键的 π 电子；③未共享的非键 n 电子。根据分子轨道理论，分子中这三种电子的能级高低次序为：$\sigma < \pi < n < \pi^* < \sigma^*$，其中，$\sigma$，$\pi$ 为成键分子轨道，n 为非键分子轨道；π^*，σ^* 为反键分子轨道。$\sigma \to \pi^*$ 跃迁，$\pi \to \sigma^*$ 跃迁以及 $\sigma \to \sigma^*$ 跃迁引起的吸收光谱都发生在小于 200nm 的远紫外区，$\pi \to \pi^*$，$n \to \pi^*$ 跃迁引起的吸收光谱在紫外光和可见光区。紫外光区的波长为 10 ~ 380nm，近紫外光区为 200 ~ 380nm，可见光区为 380 ~ 750nm。下面以甲醛、阴离子表面活性剂和硝基苯的检测为例，对其在环境有机污染物分析中的应用进行介绍。通常，对甲醛检测的分光光度法主要有乙酰丙酮法、变色酸法、副品红法和

MBTH（酚法剂）法等，而乙酰丙酮法是较常用的理想的分析方法，其缺点是受环境中 SO_2 的影响。阴离子表面活性剂是水体污染的重要指标，其中烷基苯磺酸类阴离子表面活性剂应用最广，用分光光度法测定水体中其含量的方法主要有亚甲基蓝分光光度法、Ferrion-Fe（Ⅱ）分光光度法、乙基曙红 – 溴化十六烷基吡啶光度法等。其中，亚甲基蓝分光光度法是最经典的方法。该方法的原理是阴离子染料亚甲蓝与阴离子表面活性剂作用后会生成蓝色的离子对化合物，生成的显色物会被三氯甲烷萃取，其色度与浓度成正比，这可用分光光度计，测量波长为 652nm 处的三氯甲烷层的吸光度。该方法简便、易行，误差小。而对环境水体中硝基苯检测的分光光度法为 N–（1–萘基）乙二胺偶氮分光光度法，它是根据在碱性介质中，被还原后的硝基苯与 N–（1–萘基）乙二胺偶氮会重偶氮化而生成紫红色化合物，通过测定最大吸收波长 552nm 处的吸光度，即可测定浓度范围，实验结果表明，对硝基苯的测定范围为 0 ~ 2.4mg/L。

（三）表面增强拉曼光谱法

表面增强拉曼光谱法（surface-enhanced raman scattering，SERS）是在拉曼光谱的基础上发展起来的一种方法，其主要特点表现在以下几个方面：①具有较大的增强因子，吸附在粗糙贵金属表面分子的拉曼信号强度比普通分子的拉曼信号强度高几个数量级；②很多无机和有机分子能够吸附到基底表面产生 SERS 效应；③ SERS 能够猝灭荧光信号，排除荧光的干扰，得到较好的 SERS 光谱；④ SERS 中化合物分子的相对强度差别大。

基于 SERS 机理和特点，在检测环境污染物时，分析物分子必须靠近金属表面，在电磁场增强范围内才能获得较好的 SERS 信号。而环境有机污染物难以吸附到贵金属基底表面，这成了 SERS 检测这些物质时的一个重要问题。因此，需要对金属基底进行表面修饰，利用表面修饰的基底将分析物分子富集到基底表面而改善环境污染物在基底表面弱吸附的问题，从而实现 SERS 对环境污染物的检测。

（四）其他分析法

其他分析法即传统方法，包括红外光谱法、重量法和滴定法。它们通常是根据某一类型有机物的特点而确定的检测方法。红外光谱法是有机化合物最主要的定性分析方法之一，主要原理是根据化合物的特征红外吸收光谱，其谱带数目、位置、形态及强度均随化合物及物理状态的不同而不同，因而可确定该化合物或其官能团是否存在。重量法是根据目标物的特点，对其单质或化合物进行提取、分离、称重，通过其重量，计算样品中的含量，主要分析仪器为天平。容量法则根据待测物质的不同性质，分别利用氧化还原反应、酸碱反应、络合反应等原理，分别使用不同指示剂进行滴定分析，通过消耗标准溶液的量来进行计算，从而得到分析结果。这些方法操作简单，对分析仪器要求不高，分析成本相对较低，但只能对某一类有机污染物进行检测，不能对某一特定污染物进行定量和定性分析。例如，滴定法只能测定特定条件下氧化剂的消耗量，但不能很好地区分无机还原物质与有机物各自对氧化剂的消耗量，因此，要区分具体的有机物则更难。

水体中有机物的分析监测是环境分析的一个重要组成部分，虽然已发展了各种仪器的分析检测方法，但尽量完善这些仪器，提高它们分析的灵敏度和分辨率，降低它们的检测限并尽量使仪器小型化与各种仪器的联用，取长补短，最大限度地发挥各种仪器的分析优势，是至关重要的。其中，对于水中挥发性有机污染物监测，应改变传统的顶空气相色谱法，发展吹脱捕集气相色谱法，对于水中半挥发、难挥发及难降解有机物的检测，应促进发展现代化技术的使用。然而上述方法中，用在环境水体如河水、自来水中的有机物检测较多，在应用到海水监测时，需将海水样品进行预处理如去除盐度、排除基质干扰因素等，从而较全面地监测各种水体中有机污染物的污染状况，为污染趋势分析及研究控制对策提供可靠、全面的科学依据，促进水资源的可持续发展。

第三节　油类污染监测

一、油类污染简介

（一）类型及来源

随着人类对油类资源需求的日益增多，近年来，溢油事故发生的频率也逐渐增多，这严重威胁着人类健康、渔业、海洋环境和生态系统等。其中，对海水污染的因素除了天然来源（如海底石油的渗漏、海底低温流体的渗漏及含油沉积岩遭侵蚀后的渗出等）造成的自然污染，还有来自于人类在生产活动中对海洋的人为污染，如油轮泄漏、离岸，近岸石油勘测，海底采油，油船压舱水，陆源油类污染入海，以及炼油厂生产作业事故或非事故（战争、异常天气海况等），石油化工厂废水中的油类对水体的污染等。

原油的组成主要取决于原油产地的碳来源及其所处的质地环境。这些矿物油能溶解于 CCl_4 有机溶剂中，其主要化学成分为 C_6H_{14}、C_6H_6 和多环芳烃等。长期接触或误摄入，可引起腹泻、急性中毒等消化类疾病，甚至导致神经类疾病，其中的 $C_{20}H_{12}$ 及烃类成分，对人体有致畸、致癌的作用。不同产地的石油中，各种烷类的结构和所占比例相差很大，根据沸点及密度的不同，可分为烷烃、环烷烃及芳香烃三类。通常烷烃为主的石油称为石蜡基石油，环烷烃和芳香烃为主的石油称为环烃基石油，介于两者之间的称为中间基石油。石油产品包括汽油、煤油及柴油等，由于这些石油产品的来源不同和炼制过程有差异，使得成品油的组分构成不一致，其物理化学性质也不同，所有的石油及其产品化学组成均有差异。

不同石油产品表现的特征成为溢油监测数据中油指纹的关键线索。石油中还含有一定数量的非烃化合物，它们的含量虽然很少，但对石油炼制及产品质量有很大的影响，在炼制过程中，需将它们尽可能去除。这些非烃类化合物主要指树脂、胶质与沥青质等含硫、含氧和含氮化合物。其中，树脂与沥青脂是含有非烃类的极性化合物，这些极性化合物的成分除 C 和 H 以外，还有微量 N、S 及 O。而且，树脂和沥青质的化学结构很复杂，很多并不清楚。胶质相对烃类化合物极性较强，具有较好的表面活性，相对分子质量范围一般为 700 ~ 1000，主要包括羧酸、亚砜和类苯酚化合物。而沥青质化合物非常复杂，主要包括聚合多环芳烃化合物，一般有 6 ~ 20 个芳香烃环和侧链结构。而海水中的油污基本由两大部分组成：一部分以油膜状态浮于水面，另一部分呈乳化状态溶解于水中或吸附于悬浮微粒上。其中，粒径大于 $100\mu m$ 的称为浮油，其含量占水中总油量的 60% ~ 80%，是水中油类污染物的主要部分，易于从水中分离出来。而乳化油在水中的分散粒径较小，比较稳定，不易从水中分离出来。它们中的一部分在水中呈溶解状态，溶解度为 5 ~ 15mg/L。但大多数情况下，水体中的油污主要以浮油、乳化油、溶解油和凝聚态的残余物（包括海面漂浮的焦油球和沉积物种的残余物）等形式存在。

（二）油污特点

与其他污染物相比，海洋油类污染具有显著的独特性，总的来说，它具有以下特点。

1. 突发性强

海洋油类污染事故主要由石油开发生产中探、钻、采、储、运、炼等各个生产环节中引起的事故以及港口码头装卸漏油、陆源污染输入等。在这些事故中，石油开发生产环节中的漏油是最复杂的，也是大型油类污染来源之一，因为这类油类污染往往是突发性的，其风险更高，隐患也更大。更好地认识溢油事故的特点，可以帮助我们对溢油事故的预防、响应以及污染评估和污染修复做出及时、准确的判断和应对措施。

2. 扩散快

发生在海面的溢油容易挥发，在太阳紫外线照射下，生成光化学烟雾和毒性致癌物质，而且会很快扩散稀释消失。在风、浪、潮流等作用下，海面溢油具有迅速飘移扩散的特点，如不能有效围控清理，污染事态会迅速蔓延，危害范围极广，尤其在恶劣海况条件下，围控清理作业难度增大，并且污染扩散速度更快。

3. 持续时间长

溢油通过扩散、飘移、蒸发、分散、乳化、溶解、光氧化、生物降解等过程在自然界演化，整个过程非常漫长，对于一些封闭、半封闭、与海洋系统水体置换慢的海域，油类污染完全降解的过程会更长，有些甚至会形成难降解的焦油球沉降到海底沉积物中，这种难降解焦油球将长期影响海洋环境。同时，石油中的部分难降解有毒物质在海洋生物体内富集，通过食物链逐级扩大，造成的危害更大、影响时间更长。

4. 破坏大

溢油发生时，特别是石油勘探开发或油轮泄漏等引起的突发性溢油，大量有毒有害油类物质突然进入海洋，对海洋生态系统的危害十分严重，有时甚至是毁灭性的。原因在于，当大量油膜漂浮在海面上时，会阻挡日光照射，造成靠光合作用存活的浮游植物数量的减少，这种处于海洋食物链最底层的浮游植物的减少会引起更高环节少生物数量的减少，从而导致整个海洋生物群落的衰退，结果导致海洋生态平衡失调。另外，大面积、长时间的油膜覆盖和浮游植物光合作用的衰弱，会导致海水透光层缺氧，严重时会导致大量好氧生物大面积死亡，海洋生态系统崩溃。而且，这种毁灭性生态灾害的修复是非常困难的。

5. 涉及部门多

对于溢油的防范、应急措施，需要多个部门、多个行业、多个地区甚至多个国家的配合。石油企业、航运公司、执法监督部门、环境保护单位等需要在一个各专业信息共享且对称的平台上做出决策，并且积极有效地执行溢油应急响应方案。

（三）污染影响机制

油污不同于其他溶解性物质，一般来说，其黏滞性大于水，比重小于水，在水中的溶解度较小。在进入水环境之后，会经过迁移、转化和氧化分解等过程使得水体中油含量普遍降低。一般情况，在阳光照射下，它们会发生不同程度的光氧化分解，特别在低温时，光照的氧化影响很大，分解程度可高达50%。油类污染物在水中的迁移转化主要取决于油层的厚度、油水的混合情况、水温和光辐射强度。在强烈光辐射下，有小于10%的油被氧化成可溶性物质溶于水中。而当污染面积大、强度高时，这些油类污染物可通过以下一种或多种机制影响环境。

①物理窒息，影响生理功能。大量的浮油会污染堵塞海域内游泳动物的腮部，影响生物呼吸，也会附着在鸟类体表，影响海鸟运动捕食。

②化学毒性，造成致死、亚致死现象或破坏细胞功能。除了物理窒息的影响，较轻的芳香油的毒性成分也会产生一定的化学毒性。这些有毒物质如烷基取代苯和萘，一般分解较快，油类污染是否会对海洋生物产生毒性，与这些有毒成分的含量及与生物的接触量和浓度有极大的关系。一般来说，毒性大的油，如汽油和煤油含有更高比例的各种有毒成分，一般分解较快，在溢油后段时间内就会分解，只有很小部分的残留；原油和燃料油含有较少的有毒成分，但其更难降解，持久性更强，同样会对海洋生物产生毒性；而重质原油中一般含有数量较多的高分子烃、杂原子化合物和有毒成分的轻产品，因此，比轻质原油的毒性大。而且，油类污染毒性的大小一般由污染规模、位置、季节、程度、海域的优势生物等决定。

③间接效应，栖息地及庇护所的消失及随之而来的具有生态重要性的物种消失。生活在海底的底栖动物如海参、各种贝类、海星和海胆等，它们不仅受到海水中石油的危害，而且受到沉到海底的石油的更大危害。这类物种对石油极其敏感，即使生物受油污毒性影响存活下来，其体内可能含有从海水、沉积物或受污染食物中吸取的石油化学物。其中，脊椎动物代谢和消除芳香族化合物的速度非常迅速且高效，而无脊椎动物代谢的速度缓慢而且低效。极少数情况下，毒物积累浓度可能达到影响其行为（如躲避敌害的能力）、生长、繁殖，导致生物机体病变甚至死亡。对于长期暴露在高或中等浓度油污中的经济鱼类、甲壳类，可能会产生令人反感的油腻气味，影响其经济价值。

④生态变化，群落优势物种消失及栖息地被机会主义物种占据。生物受毒性的影响，通常会有一定的恢复期，它取决于种群动态（生长、成熟、繁殖），以及毒性对替代物种的生态作用。一般情况，水中种群的恢复迅速，这使得其种群不断壮大。同时，近海

岸系统生物在几周内就能完全恢复。

二、化学监测法

与测定特定的有机污染物不同，石油类污染物不是单一的化合物，而是一类特定物质的总称。它们会因地域、污染源不同使其所含物质的组分不同，因而，对海水中油污含量的测定比较复杂。人们对水中油分测量的各种方法进行了研究。目前，我国常用于水中油污的分析方法有重量法、光学法、TOC 法、原子吸收法、浊度法、色谱法及电阻法等。

（一）重量法

重量法是常用的分析方法，属于化学计量法的一种。《海洋监测规范第 4 部分：海水分析》中也对此方法进行了阐述。具体原理为通过正己烷萃取水样中的油类组分，然后蒸除正己烷，称重，计算水样中含油的浓度，操作过程包含校正因数的测定，所用公式为式（6-5）：

$$K = \frac{m_1 - m_b}{m_0}$$

（6-5）

式 K —— 校正因数；

m_1 —— 萃取后油标准的平均质量（mg）；

m_b —— 校正空白残渣重量（mg），m。

m_0 —— 油标准液的加入量（mg）。

它适用于油污染较重的海水中油类的测定。

常规的重量法测试的具体过程为，用萃取剂将油从被测样品中萃取出来，然后通过蒸发等手段使萃取剂挥发，称量其残留组分即可得出样品中油的重量。它适用于测定 10mg/L 以上含油水样，适用于工业废水和油污染较重的海水中油类的测定。其优点是重复性好、不受油品的限制，多用于企业污水的检测。但其分析时间长，而且易受各条件的制约，在对萃取溶液采用蒸发等手段分离时，沸点低于提取剂的石油组分会蒸发，这使得较低浓度的样品测量（0.35mg/L）的相对标准偏差较大（8.6%），这影响了浓度测量及组分计算，导致测量值比真实值偏低，同时无法测定石油污染物的不同组分。其方法操作繁琐，干扰因素多，分析时间长，无法实现自动化操作，易受环境条件的扰动而产生系统误差等影响制约该方法的可行性与有效性，不适于大批量样品的测定。因此，选取一种合适的前处理方式是关键。

（二）光学法

1. 紫外分光光度法

紫外分光光度法是用连续紫外线光源照射实验样品，并依据吸收光谱特性差异，从而测定物质含量及组成的方法。在对石油类化合物进行测量时，油中含有 π 电手不饱和共轭双键（C—C 键）的芳香族化合物在紫外区 215～230nm 处有特征吸收，而含有简单的、非共轭双键以及生色团（带几电子）等在 250～300nm 范围内也存在吸收，且这种吸收强度与芳烃的含量成正比。根据这一吸收原理，在对石油类污染物的样品进行测定时，可将样品中化合物的光度吸收特性曲线与标准物吸收特性曲线对照，并依照当两种化合物具有相同组分时，这两种化合物的紫外吸收光谱也是相同的，从而确定化合物的归属类别。通常将油污样经过正己烷萃取后，以标准油做参比进行测定。国家海洋监测规定此法为海洋中油类含量的监测方法，国家标准《海洋监测规范第 4 部分：海水分析》中，规定此方法可对近海、河口水中油类进行测定。操作过程涉及正己烷的脱芳处理及参比溶液制备、油标准溶液的配制、油标准曲线的绘制和样品的测定等过程，然后通过式（6-6），可求得油的浓度 Q：

$$\rho_{oil} = Q \frac{V_1}{V_2}$$

$$(6-6)$$

式中 ρ_{oil}——水样中油的浓度（mg/L）；

Q——正己烷萃取液中油的浓度（mg/L）；

V_1——正己烷萃取液的体积（ml）；

V_2——水样的体积（ml）。

此方法的优点是操作简单，但无法测定石油污染物种的饱和烃和环烃类，灵敏度低，适合于高浓度，含 C—C 共轭双键和生色团（带 n 电子）的含油样品中石油污染物的检测，测定的含矿物油水样的浓度范围为 0.05～50mg/L。而且，所用标准物质难获取，测定结果比红外光谱法高，测定结果往往没有代表性。之后，研究人员对紫外分光光度法测定石油污染物进一步做了深入研究。针对紫外分光光度法测定水中油类污染物时遇到的标准油选择和测定结果与红外吸收光度法不一致的问题，用硅酸镁吸附柱去除动植物油，将红外分光光度法中使用的混合烃作为标准物质用在紫外分光光度法中，实验证明了硅酸镁吸附柱可有效去除紫外分光光度法中动植物油对测定的干扰，而且，石油醚萃取液经硅酸镁吸附柱吸附动植物油后，其结果与红外分光光度法测定结果一致，从而在环境监测中可用较简单的紫外法代替红外分光光度法来测定石油类物质。但由于石油类化合物成分复杂，加之紫外吸收强度差异大，采用紫外分光光度法测定时，数据的可比性和准确度易受条件的影响，限制了该方法的应用。

2. 红外吸收光度法

石油的主要成分烷烃、环烷烃和芳香烃这几种烃类化合物分别属于脂肪族、脂环族和芳香族，当红外光谱照射石油类化合物时，其 -CH$_2$-、CH$_3$-、CH- 化学键会在 31413μm、31378μm 和 31300μm 处附近有伸缩振动。因此，根据不同石油组分中 C-H 键的伸缩运动对红外光区的特征波长的辐射有选择性吸收，可以实现对样品结构分析及含量组分定量分析的方法。所以，在红外光通过待测样品时，可计算石油污染物的含量。

此法可分为非色散红外吸收光度法和红外分光光度法。非色散红外光度法是利用石油中碳氢键在近红外区 3.4μm 处具有敏感的红外线吸光特性，从而实现对石油类化合物的检测。通常，这种方法推荐污染油源或以正十六烷、异辛烷、苯按 65 : 25 : 10 的比例配成的混合烃作为标准。目前来看，实验室中使用的非色散红外吸收仪具有结构简单、重现性好等优点，常用于 0.02mg/L 以上含油水样的分析，而且，仅限于样品油中直链烷烃或环烷烃的检测，不能对苯物系实施检测，从而影响了对其他组分的分析。因此，当油品相差较大时，测定误差较大，尤其当油样中含芳烃时误差更大。且萃取剂样品分离等实验预处理过程较为繁杂。通常，采用毒性较大的四氯化碳（或三氯三氟乙烷）萃取水中石油类物质，然后，将萃取剂通过硅酸镁吸附柱，除去动植物油类，根据石油烃中碳氢伸缩振动，在红外光谱区产生的特征吸收来测定石油类的方法。一般，烃类中 C-H 振动的特征吸收波长。这种方法的测定结果受标准油品及样品中油品组成影响较小，灵敏度低，可测 0.01 ~ 100mg/L 水样。但此种检测操作过程容易引发实验事故和造成二次污染。

另外，利用含油量与 TOC（总有机碳）的相关性，用红外气体分析仪测定 TOC 值，从而得出含油量。该方法灵敏度和准确度高，简单快速，不用萃取，避免了有机溶剂的毒害，但微量进样对样品均匀程度要求高，预处理麻烦，标准油样需用超声波乳化器乳化，且要预先测定水样的非有机碳含量。这种通过测定 TOC 值用来得出含油量的方法并非十分常用，目前进展缓慢。

3. 荧光光度法

石油类样品成分中的多种碳氢化合物物系（包括芳香族、共轭双键化合物等）具有荧光特性，在紫外光的照射下即受到一定能量强度光的辐射时，分子吸收和它特征频率相一致的光线，由原来的能级跃迁至高能态，当它们从高能态跃迁至低能态时，以光的形式释放能量，辐射出比激发波长还要长的蓝色荧光。而且，矿物油中的稳定多环芳烃的荧光效率一般较高。通常，溶液的荧光强度与激发光强度、物质的荧光量子产率等有关，荧光强度 F 与物质浓度的关系如式（6-8）：

$$F = \varphi I_0 (1 - e^{-2.3\varepsilon bc})$$

（6-8）

式中 I_0 —— 激发光强度；

b —— 样品池厚度；

c —— 溶液浓度；

ε —— 摩尔吸光系数；

φ —— 常数，取决于荧光物质的量子产率（荧光效率）。

物质摩尔吸光系数取决于入射光的波长和吸光物质的吸光特性；荧光量子产率 φ，即荧光物质吸光后所发射的荧光的光子数与所吸收的激发光的光子数之比值。式中，若待测液为稀溶液时，满足 ≤ 0.05，则式中的第 2 项及以后各阶乘项可忽略不计。而且，当激发光源功率恒定，等同外围环境条件下，含油稀溶液产生的荧光强度与溶液中荧光物质的浓度呈线性关系。因此，可根据发射荧光波段的荧光强度来确定水中油的浓度。

（三）其他分析法

其他分析法按不同的检测需求可分为以下几类。

1. 浊度法

它是一种基于光散射原理的方法，在对样品油充分震荡或用超声处理被测样品时，分散在样品中的油会形成微珠而均匀地悬浮在样品溶液中，在光源入射光作用下，一部分发生透射，一部分发生散射。油层界面乳化状态的油会发生透射或散射而直接影响其透光率，因此可将其分为透射光浊度法和散射浊度法。透射光浊度法是当实验光束照射样品时，透射光强产生衰减，从而得到样品含量。此法灵敏度高，测油仪轻巧方便，易于携带，不涉及复杂的光学结构，对于不同油品线性较好，能够实现在线监测，但对低浊度的样品，几乎所有的光都以直接透射的方式进行，无法实现准确测量，而且缺乏光学特异性，在测量之前需将油品乳化。散射浊度法是样品物质使透射光散射，测量与入射光相垂直的散射光强度，即可测出该样品的组分含量。这种对于低浊度样品测量时具有较高的准确度和灵敏度，但易受洗度范围的影响。该法继承了透射法和散射法各自的优点，提高了浊度测量的灵敏度和准确度，但测量范围有一定的局限性。

2. 色谱法

气相色谱法（GC）是一种检测含有 $C_{19} \sim C_{28}$ 正烷烃类矿物油的物理分离技术，以气体为流动相，利用冲洗的方法，通过柱色谱的形式将石油污染物进行分离的一种测试手段。对于那些高沸点复杂混合物的分离，需要使用耐高温的毛细管色谱柱，如分离原油中碳数高于 40 以上的烃类。迄今为止，通常使用的气相色谱仪由于受毛细管柱及固定相热稳定性等方面的限制，最高柱温为 325℃，因此，只能提供碳数小于 35 左右化合物的信息组成。这种方法分析速度快，可进行多组分测定，柱效高，灵敏度高，可定性检测石油污染物组分，易与其他分析仪器如 MS 联用，是分离、鉴定石油烷类等复杂物质特别是油岩及原油中诸多生物标记化合物的特征（如正构烷烃碳数分布，某些异戊二烯类烷烃组成与分布）的一种实用有效的分离方法。但人力物力投入较大，所以常在实验室中使用。而且，石油污染物的组成成分非常复杂，使用此方法时的标样也较复杂，另外，气相色谱仪结构复杂，现场和在线分析时有一定的难度，因而造成了该方法难以推广普及，只能作为确认技术手段。

3. 电阻法

电阻法是通过测量一对电极之间电阻的变化程度来进行定量石油污染物含量的一种方法。首先，在样品槽内安置一对电极，并在电极间涂上一层亲油膜，当样品流过这层亲油膜时，样品中的石油污染物会在膜上聚集，导致两个电极之间的电阻值发生改变，电流强度也发生相应变化。根据电流强度的变化值就能够定量计算出待测样品中的石油。而油类可能有毒的成分的浓度现在可在兆分率级别（ppt，ng/kg，1×10^{-12}）进行测量。

针对以上方法，人们试图从不同方面对水中矿物油的检测进行改进。可以发现，无论光度法还是重量法，都少不了萃取这一过程。其中，萃取剂的使用会造成二次污染，而红外分光光度法、紫外分光光度法和浊度法都需要代表性好的标准油品，而这种标准油品能满足各种不同污染的测量则是十分困难的。同时，传统的方法存在取样、储存、运输等问题，在这个过程中，低沸点成分可能挥发，样品也可能变质，很难保证测量的准确性。因此不能及时掌握矿物油污染的动态变化趋势。这表明，对水中油的测量不再限于实验室，科学技术的发展对仪器提出了更高要求。同时，现场在线自动监测将是矿物油测试仪器的一个必然发展趋势。

三、遥感法

对溢油事故的化学监测手段过于单一，需将试样带回实验室分析。虽然，这能获得第一手数据资料，但存在效率低下、危险性大等缺点，而且数据缺乏宏观性及连续性。在溢油事故监测中，海上溢油在风、浪、海流及光照等自然因素的联合作用下，位置和形态时刻变化致使应急和清污环境条件恶劣和复杂，而遥感技术以其数据覆盖范围宽、信息获取速度快、周期短、手段多、信息量大、受限制条件少等特点，成为大范围区域观测的最佳手段，已被发展起来。特别是 ERS-1、ERS-2 和 JERS-1 等雷达卫星在确定溢油位置和面积等方面能够提供正规溢油污染水域宏观的图像而受到许多国家的重视。

其中，卫星遥感因监测面积大、费用低廉而引起人们广泛的研究兴趣。这种监测的理论依据是通过溢油改变海水的物理性质，如油膜与海水间的温度，热辐射及其对太阳的反射、散射和吸收的差异，导致了卫星资料灰度值的改变，使卫星影像在颜色、纹理、亮度等方面产生差别，因此，可以利用影像中这些差别对海洋溢油污染进行分析。

航空遥感是 20 世纪 80 年代监测海洋石油污染的一种有效方法，通过安装在飞机上的传感器接收海面反射的各种信息，并探测 50km 以内的船只及溢油而实时地提供高分辨率的证据。它对海洋石油污染的监测方法有可见光成像技术、紫外技术、红外技术、微波技术、雷达技术和激光技术等。可见光成像技术是利用海面对太阳光的反射强度的不同而对石油污染进行多光谱扫描和成像的技术。紫外技术是依靠海面反射的太阳辐射而成像。这种航空遥感对 2000m 高度以下的海面油膜感应和传感方面十分有效，它可通过各种传感设备相互参照、补充，广泛地提取油膜信息，而且通过将控制飞行高度获得的分辨率与实验室油指纹鉴定相结合，可对海洋石油污染状况做出全面的评估。但航空遥感技术需要维护飞机，费用昂贵，同时，监测的海域也有限，并不适于大范围的日常监测口。

另外，定量遥感技术发展至今，也已具有相当显著的能力，用它可以实现对海洋溢油污染的特征定量分析，更准确地反映污染情况与程度。在海上溢油污染监测过程中，通过对海上溢油污染不同过程的分析，对油污监测的自身指标体系有溢油类型（通过类型确定油的密度、黏度、溶解度），溢油范围，溢油量（通过监测溢油厚度、种类和面积计算获得），溢油源类型（瞬时源、连续源、点源、线源、面源）和溢油温度。

（一）基本计算方法

溢油事故发生后，溢油区域水面电磁波谱特性迅速发生变化，比周围水体有明显差别，利用这种光谱特性的差异可划分油水分界线，从而确定溢油范围。首先，在卫星或遥感航拍图像上，根据颜色将溢油的异常区域精细划分成各个小区，计算出各小区的溢油面积，然后利用油膜颜色灰度值与油膜厚度之间的对应关系，确定出各小区溢油厚度，最后根据溢油品种的密度计算出溢油量。其中，油膜颜色应以事故现场海面油膜观测为准，海面油膜颜色观测时间与遥感图像获取时间尽可能同步。计算溢油量的基本表达式见式（6-9）：

$$G = \sum_{i=1}^{n} S_i H_i \rho$$

（6-9）

式中 G —— 溢油量；

S_i —— 各小区溢油面积；

H_i —— 各小区溢油厚度；

ρ —— 溢油密度；

n —— 小区数量。

在开阔的海域发生的溢油无法准确测量其油膜厚度，而且油膜基本上都集中分布在海水表面，其深度也无法准确测量，因此，国际上基本上都采用《波恩协议》来计算溢油量。

（二）遥感分析类型

1. 可见光、近红外遥感技术

利用可见光、近红外光波段的遥感技术监测溢油污染是发展最为成熟，应用最为广泛的有效溢油范围监测技术。在可见光、近红外波段，入射物体表面的电磁波与物体间会发生反射、吸收和透射三种光学作用，而传感器记录的信号来源于物体对入射电磁波的反射作用。由于不同物质对不同波段电磁波具有不同的反射率，根据这种反射率的差异，可以鉴别油膜与海水的差异，同时，卫星遥感的最佳敏感波段也存在差异。例如，在比较清洁的海水中，蓝、绿光波段是最佳波段，而在较为浑浊的Ⅱ类海水中，绿、红光波段是最佳波段。但卫星平台的研究表明，单个波段内溢油物质与背景海水间差异的对比度不大，并且受到传感器观测角度、大气散射或水面波浪反射的太阳耀斑等的影响。而可见光、近红外遥感技术监测溢油污染，通常会使用波段组合运算，对每个波段进行对比度增强运算等实现油膜与背景海水分离，从而实现溢油区域信息提取。

2. 高光谱遥感技术

高光谱遥感技术能够获取物质接近连续光谱的能力，通过分析物质获得波谱特征可以对多光谱遥感不能区分的假目标进行区分，在本质原理上，高光谱遥感的溢油监测应用与可见光、近红外多光谱遥感技术基本相同，区别在于高光谱相对于多光谱的波段宽度窄、波段数多。而且，高光谱影像具有数据量庞大、大量数据冗余、混合相元波谱分析等立方数据特性。因此，用它进行海上溢油监测研究时，必须选择合适的信息提取方式，改进现有的信息提取方法，从而使海量数据的信息提取精度达到要求。由于受到环境数据和高光谱数据作为数据源进行信息提取分类的复杂性等多方面的影响，使用这种高光谱数据进行溢油范围提取研究还处于起步阶段，会提高数据处理的难度，降低分类算法的运算效率，尚未普及工程应用领域。但它包含的信息量远远超过多光谱数据，在信息提取分类算法提高的前提下，前景良好。

3. 微波雷达遥感技术

用于溢油范围监测的雷达主要有两种，即合成孔径雷达（synthetic apertureradar，SAR）和侧视机载雷达（side-looking airborne radar，SLAR）。其中，SLAR是一种传统式的雷达，造价低，空间分辨率与天线长度有关。海面的毛细波可以反射雷达波束，从而产生一种海面杂波，在SAR图像中呈现亮图像，油膜平滑了海水表面，致使雷达传感器接收到的后向散射回波减少，在SAR图像中呈现较暗的颜色。

4. 紫外遥感技术

因为薄层油（< 0.05 μm）在紫外波段也会有很高的反射。通过紫外与红外图像的叠加分析，我们可以得到油层的相对厚度，但紫外遥感容易受到外界环境因素的干扰，从而产生虚假信息，如太阳耀斑、海表亮斑及水生生物的干扰等。由于在红外波段上，这些干扰所产生的影响有很大区别，所以两者复合分析比单一紫外波段分析效果会更好。

5. 热红外遥感技术

热红外波段包含了地物温度信息，油膜在一定厚度下吸收太阳辐射，会将一部分辐射能量以热能的形式释放。因此，较厚油膜通常表现为热特征，而中等厚度油膜通常表现为冷特征，而最小能探测厚度在 20 ~ 70 μm，厚度区间很小，因此，传感器敏感性也受到限制。

6. 激光荧光遥感

激光荧光遥感是以激光为激发光源，利用激发物质的荧光效应，将荧光光谱作为信息提取的输入源的一种荧光光谱分析法。当物质被电磁波（光波）照射时，处于基态的物质分子将吸收辐射光能量，由原来的能级跃迁到较高的第一电子单线激发态或者第二电子激发态，通常情况下，跃迁的电子会急剧地降落至最低振动能力，并以光的形式释放能力，即所谓的荧光。每种物质均可发射其特有的荧光光谱，荧光光谱取决于基态中的能级分布情况，而与激发光源无关。由于不同石油油膜中所含有的荧光基质种类及各类基质比例不同，在相同激发条件下所得到的荧光谱通常具有不同的强度和形状，这种差异就可以作为鉴别溢油种类的依据。同时，利用紫外波段辐射利于吸收以及激光的单色性、方向性和高亮度的特点，可以进一步提高信息提取的灵敏度和分辨率。

7. 红外偏振遥感技术

红外偏振遥感技术是一种检测多原子分子的方法，可以实现多组目标的同时检测与鉴别，因此，是一种较为新颖的遥感监测手段。相比传统的热红外遥感，热红外偏振遥感除了能够获得目标的电磁波强度以外，还能获取目标表面状态、物质结构等本身特性有关的偏振信息，因此也更加有益于对目标的识别。

第七章 污染生物与辐射环境监测

第一节　环境污染的生物监测基础

一、生物对污染物的吸收及在体内分布

污染物进入生物体内的途径主要有表面黏附（附着）、生物吸收和生物积累三种形式。由于生物体各部位的结构与代谢活性不同，进入生物体内的污染物分布也不均匀；因此，掌握污染物质进入生物体的途径和迁移，以及在各部位的分布规律，对正确采集样品、选择测定方法和获得正确的测定结果是十分重要的。

（一）植物对污染物的吸收及在体内分布

空气中的气态和颗粒态的污染物主要通过黏附、叶片气孔或茎部皮孔侵入方式进入植物体内。例如：植物表面对空气中农药、粉尘的黏附，其黏附虽与植物的表面积大小、表面性质及污染物的性质、状态有关。表面积大、表面粗糙、有绒毛的植物比表面积小、表面光滑的植物黏附量大；黏度大、乳剂比黏度小、粉剂黏附量大。脂溶性或内吸传导性农药，可渗入作物表面的蜡质层或组织内部，被吸收、输导分布到植株汁液中。这些农药在外界条件和体内酶的作用下逐渐降解、消失，但稳定的农药直到作物收获时往往还有一定的残留量。试验结果表明，作物体内残留农药量的减少量通常与施药后的间隔

172

时间成指数函数关系。

　　气态污染物如氟化物，主要通过植物叶面上的气孔进入叶肉组织，首先溶解在细胞壁的水分中，一部分被叶肉细胞吸收，大部分则沿纤维管束组织运输，在叶尖和叶缘中积累，使叶尖和叶缘组织坏死。

　　土壤或水体中的污染物主要通过植物的根系吸收进入植物体内，其吸收量与污染物的含量、土壤类型及植物品种等因素有关。污染物含量高，植物吸收的就多；在沙质土壤中的吸收率比在其他土质中的吸收率要高；块根类作物比茎叶类作物吸收率高；水生作物的吸收率比陆生作物高。

　　污染物进入植物体后，在各部位分布和积累情况与吸收污染物的途径、植物品种、污染物的性质及其作用时间等因素有关。

　　从土壤和水体中吸收污染物的植物，一般分布规律和残留的顺序是：根＞茎＞叶＞穗＞壳＞种子。也有不符合上述规律的情况，如萝卜的含 Cd 量是地上部分（叶）＞直根；莴苣是根＞叶＞茎。

（二）动物对污染物的吸收及在体内分布

　　环境中的污染物一般通过呼吸道、消化管、皮肤等途径进入动物体内。

　　空气中的气态污染物、粉尘从口鼻进入气管，有的可到达肺部。其中，水溶性较大的气态污染物，在呼吸道黏膜上被溶解，极少进入肺泡；水溶性较小的气态污染物，绝大部分可到达肺泡。直径小于 $5\mu m$ 的尘粒可到达肺泡，而直径大于 $10\mu m$ 的尘粒大部分被黏附在呼吸道和气管的黏膜上。

　　水和土壤中的污染物主要通过饮用水和食物摄入，经消化管被吸收。由呼吸道吸入并沉积在呼吸道表面的有害物质，也可以从咽部进入消化管，再被吸收进入体内。

　　皮肤是保护肌体的有效屏障，但具有脂溶性的物质，如四乙基铅、有机汞化合物、有机锡化合物等，可以通过皮肤吸收后进入动物肌体。

　　动物吸收污染物后，主要通过血液和淋巴系统传输到全身各组织，对人体产生危害。按照污染物性质和进入动物组织类型的不同，大体有以下五种分布规律：

　　①能溶解于体液的物质，如钠、钾、锂、氟、氯、溴等离子，在体内分布比较均匀。

　　②镧、锑、钍等三价和四价阳离子，水解后生成胶体，主要积累于肝或其他网状内皮系统。

　　③与骨骼亲和性较强的物质，如铅、钙、翅、锂、镭、被等二价阳离子在骨骼中含量较高。

　　④对某一种器官具有特殊亲和性的物质，则在该种器官中积累较多。如碘对甲状腺，汞、铀对肾有特殊的亲和性。

　　⑤脂溶性物质，如有机氯化合物（六六六、滴滴涕等），易积累于动物体内的脂肪中。

　　上述五种分布类型之间彼此交叉，比较复杂。一种污染物对某一种器官有特殊亲和作用，但同时也分布于其他器官。例如：铅离子除分布在骨骼中外、也分布于肝、肾中。同一种元素，由于价态和存在形态不同，在体内积累的部位也有差异。水溶性汞离子很少进入脑组织，但烷基汞不易分解，呈脂溶性，可通过脑屏障进入脑组织。

有机污染物进入动物体后，除很少一部分水溶性强、相对分子质量小的污染物可以原形排出外，绝大部分都要经过某种酶的代谢（或转化），增强其水溶性而易于排泄。通过生物转化，多数污染物被转化为惰性物质或解除其毒性，但也有转化为毒性更强的代谢产物。

无机污染物，包括金属和非金属污染物，进入动物体后，一部分参与生化代谢过程，转化为化学形态和结构不同的化合物，如金属的甲基化和脱甲基化反应、络合反应等；也有一部分直接积累于细胞各部分。

各种污染物经转化后，有的排出体外，也有少量随汗液、乳汁、唾液等分泌液排出，还有的在皮肤的新陈代谢过程中到达毛发而离开肌体。

二、生物样品的预处理

由于生物样品中含有大量有机物（母质），且所含有害物质一般都在痕量或超痕量级范围，因此测定前必须对样品进行预处理，对欲测组分进行富集和分离，或对干扰组分进行掩蔽等，常用方法与一般样品预处理的方法相似。其包括样品的分解和各种分离富集方法。

（一）消解和灰化

测定生物样品中的金属和非金属元素时，通常都要将其大量的有机物基体分解，使欲测组分转变成简单的无机化合物或单质，然后进行测定。分解有机物的方法有湿式消解法和干灰化法。这两种方法的基本内容在第二章已介绍，此处仅结合生物样品的分解略述之。

1. 湿式消解法

生物样品中含大量有机物，测定无机物或无机元素时，需用硝酸—高氯酸或硝酸硫酸等试剂体系消解。对于脂肪和纤维素含量高的样品，如肉、面粉、稻米、秸秆等，加热消解时易产生大量泡沫，容易造成被测组分损失，可采用先加浓硝酸，在常温下放置24h后再消解的方法，也可以用加入适宜防起泡剂的方法减少泡沫的产生，如用硝酸—硫酸消解生物样品时加入辛醇，用盐酸—高锰酸钾消解生物体液时加入硅油等。

硝酸—高氯酸消解生物样品是破坏有机物比较有效的方法，但要严格按照操作程序，防止发生爆炸。

硝酸—硫酸消解法能分解各种有机物，但对吡啶及其衍生物（如烟碱）、毒杀芬等分解不完全。样品中的卤素在消解过程中可完全损失，汞、砷、硒等有一定程度的损失。

硝酸—过氧化氢消解法应用也比较普遍，有人用该方法消解生物样品测定氮、磷、钾、硼、砷、氟等元素。

高锰酸钾是一种强氧化剂，在中性、碱性和酸性条件下都可以分解有机物。测定生物样品中的汞时，用（1+1）浓硫酸和浓硝酸混合液加高锰酸钾，于60℃保温分解鱼、肉样品；用含 50g/L 高锰酸钾的浓硝酸溶液于 85℃回流消解食品和尿液；用浓硫酸加过量高锰酸钾分解尿液等，都可获得满意的效果。

测定动物组织、饲料中的汞，使用加五氧化二钼的浓硝酸和浓硫酸混合液催化氧化，温度可达 190℃，能破坏甲基汞，使汞全部转化为无机汞。

测定生物样品中的氮沿用凯氏消解法，即在样品中加浓硫酸消解，使有机氮转化为铵盐。为提高消解温度，加快消解过程，可在消解液中加入硫酸铜、硒粉或硫酸汞等催化剂。加硫酸钾对提高消解温度也可起到较好的效果。以 –NH, 及 ==NH 形态存在的有机氮化合物，用浓硫酸、浓硝酸加催化剂消解的效果是好的，但杂环、氮氮键及硝酸盐氮和亚硝酸盐氮不能定量转化为铵盐，可加入还原剂如葡萄糖、苯甲酸、水杨酸、硫代硫酸钠等，使消解过程中发生一系列复杂氧化还原反应，则能将硝酸盐氮还原为氨。

用过硫酸盐（强氧化剂）和银盐（催化剂）分解尿液等样品中的有机物可获得较好的效果。

采用增压溶样法分解有机物样品和难分解的无机物样品具有溶剂用量少、溶样效率高、可减少沾污等优点。该方法将生物样品放入外包不锈钢外壳的聚四氟乙烯坩埚内，加入混合酸或氢氟酸，密闭加热，于 140℃~160℃保温 2~6h，即可将有机物分解，获得清亮的样品溶液。

2. 干灰化法

干灰化法分解生物样品不使用或少使用化学试剂，并可处理较大量的样品，故有利于提高测定微量元素的准确度。但是，因为灰化温度一般为 450℃~550℃，不宜处理测定易挥发组分的样品。此外，灰化所用时间也较长。

根据样品种类和待测组分的性质不同，选用不同材料的坩埚和灰化温度。常用的有石英、铀、银、镍、铁、瓷、聚四氟乙烯等材质的坩埚。为促进分解或抑制某些元素挥发损失，常加入适量辅助灰化剂，如加入硝酸和硝酸盐，可加速样品氧化，疏松灰分，利于空气流通；加入硫酸和硫酸盐，可减少氯化物的挥发损失；加入碱金属或碱土金属的氧化物、氢氧化物或碳酸盐、乙酸盐，可防止氟、氯、砷等的挥发损失；加入镁盐，可防止某些待测组分和坩埚材料发生化学反应，抑制磷酸盐形成玻璃状熔融物包裹未灰化的样品颗粒等。但是，用碳酸盐作辅助灰化剂时，会造成汞和锰的全部损失，硒、砷和碘有相当程度的损失，氟化物、氯化物、溴化物有少量损失。

样品灰化完全后，经稀硝酸或盐酸溶解供分析测定。如酸溶液不能将其完全溶解，则需要将残渣加稀盐酸煮沸、过滤，然后再将残渣用碱熔法灰化。也可以将残渣用氢氟酸处理，蒸干后用稀硝酸或盐酸溶解供测定。

测定生物样品中的砷、汞、硒、氟、硫等挥发性元素，采用低温灰化技术，如高频感应激发氧灰化法和氧瓶燃烧法。

（二）提取、分离和浓缩

测定生物样品中的农药、石油烃、酚等有机污染物时，需要用溶剂将欲测组分从样品中提取出来，提取效率的高低直接影响测定结果的准确度。如果存在杂质干扰和待测组分浓度低于分析方法的最低检出浓度问题，还要进行分离和浓缩。

随着近代分析技术的发展，对环境样品中的污染物已从单独分析到多种污染物连续分析。因此，在进行污染物的提取、分离和浓缩时，应考虑到多种污染物连续分析的需要。

1. 提取方法

提取生物样品中有机污染物的方法应根据样品的特点，待测组分的性质、存在形态和数量，以及分析方法等因素选择。常用的提取方法有如下几种。。

（1）振荡浸取法

蔬菜、水果、粮食等样品都可使用这种方法。将切碎的生物样品置于容器中，加入适当的溶剂，放在振荡器上振荡浸取一定时间，滤出溶剂后，用新溶剂洗涤样品滤渣或再浸取一次，合并浸取液，供分析或进行分离、富集用。

（2）组织捣碎提取法

取定量切碎的生物样品，放入组织捣碎机的捣碎杯中，加入适当的提取剂，快速捣碎 3 ~ 5min，过滤，滤渣重复提取一次，合并滤液备用。该方法提取效果较好，应用较多，特别是从动、植物组织中提取有机污染物比较方便。

（3）脂肪提取器提取法

索格斯列特式脂肪提取器，简称索氏提取器或脂肪提取器，常用于提取生物、土壤样品中的农药、石油类、苯并 [a] 芘等有机污染物。其提取方法是：将制备好的生物样品放入滤纸筒中或用滤纸包紧，置于提取筒内；在蒸馏烧瓶中加入适当的溶剂，连接好流装置，并在水浴上加热，则溶剂蒸气经侧管进入冷凝器，凝集的溶剂滴入提取筒，对样品进行浸泡提取。当提取筒内溶剂液面超过虹吸管的顶部时，就自动流回蒸馏烧瓶内，如此反复进行。因为样品总是与纯溶剂接触，所以提取效率高，且溶剂用量小，提取液中被提取物的浓度大，有利于下一步分析测定。但该方法比较费时，常用作研究其他提取方法的对比方法。

（4）直接球磨提取法

该方法用正己烷作提取剂，直接将样品在球磨机中粉碎和提取，可用于提取小麦、大麦、燕麦等粮食中的有机氯和有机磷农药。由于不用极性溶剂提取，可以避免后续费时的洗涤和液—液萃取操作，是一种快速提取方法，加标回收率和重现性都比较好。提取用的仪器是一个 50mL 的不锈钢管，钢管内放两个小钢球，放入 1 ~ 5g 样品，加 2 ~ 8g 无水硫酸钠，20mL 正己烷，将钢管盖紧，放在 350 r/min 的摇转机上，粉碎提取 30min 即可。

提取剂应根据欲测有机污染物的性质和存在形式，利用"相似相溶"原理来选择，其沸点在 45℃ ~ 80℃为宜。因为生物样品中有机污染物含量一般都很低，故要求提取剂的纯度高。此外，还应考虑提取剂的毒性、价格、是否有利于下一步分离或测定等因素。常用的提取剂有：正己烷、石油醚、乙腈、丙酮、苯、二氯甲烷、三氯甲烷、二甲基甲酰胺等。为提高提取效果，常选用混合提取剂。

2．分离方法

用有机溶剂提取欲测组分的同时，往往也将能溶于提取剂的其他组分提取出来。例如：用石油醚等提取有机氯农药时，也将脂肪、蜡质、色素等提取出来，对测定产生干扰，因此，必须将其分离出去。常用的分离方法有如下几种。

（1）液—液萃取法

液液萃取法是依据有机物组分在不同溶剂中分配系数的差异来实现分离的。例如：农药与脂肪、蜡质、色素等一起被提取后，加入一种极性溶剂（如乙腈）振摇，由于农药的极性比脂肪、蜡质、色素大，故可被萃取分离。

（2）蒸馏法

蒸馏法的扫集共蒸馏法集蒸馏层析方法于一体，具有高效、省时和省溶剂等优点，适用于测定蔬菜、水果等生物样品中有机氯（磷）农药残留量。

（3）层析法

层析法分为柱层析法、薄层层析法、纸层析法等。其中，柱层析法在处理生物样品中应用较多，其原理是将生物样品的提取液通过装有吸附剂的层析柱，则提取物被吸附在吸附剂上。但由于不同物质与吸附剂之间的吸附力大小不同，当用适当的溶剂淋洗时，则按一定的顺序被淋洗出来，吸附力小的组分先流出，吸附力大的组分后流出，使它们彼此得以分离。常用的吸附剂有硅酸镁、活性炭、氧化铝、硅藻土、纤维素、高分子微球、网状树脂等。活化的硅酸镁层析柱常用于分离农药。

（4）磺化法和皂化法

磺化法的原理是利用提取液中的脂肪、蜡质等干扰物质能与浓硫酸发生磺化反应的性质，生成极性很强的磺酸基化合物，并进入硫酸层。分离硫酸层后，洗去残留在提取液中的硫酸，再经脱水，得到纯化的提取液。该方法常用于有机氯农药的净化，对于易被酸分解或与之发生反应的有机磷、氨基甲酸酯类农药则不适用。

皂化法是利用油脂等能与强碱发生皂化反应，生成脂肪酸盐而将其分离的方法。例如：用石油醚提取粮食中的石油烃，同时也将油脂提取出来，如在提取液中加入氢氧化钾—乙醇溶液，油脂与之反应生成脂肪酸钾进入水相，而石油烃仍留在石油醚中。

（5）气提法和顶空法

这两种方法也常用于分离生物样品提取液中的欲测组分或干扰组分。

（6）低温冷凝法

该方法基于不同物质在同一溶剂中的溶解度随温度不同而不同的原理进行分离。例如：将用丙酮提取生物样品中农药的提取液置于 −70℃的冰 − 丙酮冷阱中，则由于脂肪和蜡质的溶解度大大降低而沉淀析出，农药仍留在丙酮中。经过滤除去沉淀，获得经净化的提取液。这种方法的最大优点是有机化合物在净化过程中不发生变化，并且有良好的分离效果。

3．浓缩方法

生物样品的提取液经过分离净化后，欲测污染物浓度可能仍达不到分析方法的要求，这就需要进行浓缩。常用的浓缩方法有：蒸馏或减压蒸馏法、K—D 浓缩器法、蒸发法等。其中，K—D 浓缩器法是浓缩有机污染物的常用方法。早期的 K–D 浓缩器在常压下工作，后来加上了毛细管，可进行减压浓度，提高了浓缩速率。生物样品中的农药、苯并 [a] 芘等极毒、致癌性有机污染物含量都很低，其提取液经净化分离后，都可以用这种方法浓缩。为防止待测物损失或分解，加热 K–D 浓缩器的水浴温度一般控制在 50℃以下，最高不超过 80℃。特别要注意不能把提取液蒸干。若需进一步浓缩，需用微温蒸发，如用改进的微型 Snyder 柱再浓缩，可将提取液浓缩至 0.1 ~ 0.2mL。

三、污染物的测定

生物样品中的主要污染物有汞、镉、铅、铜、铬、砷、氟等无机化合物和农药（六六六、滴滴涕，有机磷等）、多环芳烃、多氯联苯、激素等有机化合物，其测定方法主要有分光光度法、原子吸收光谱法、荧光光谱法、色谱法、质谱法和联用法等。

（一）粮食作物中有害金属元素测定

粮食作物中铜、镉、铅、锌、铬、汞、砷的测定方法为：首先从前面介绍的植物样品采集和制备方法中选择适宜的方法采集和制备样品，然后用湿式消解法或干灰化法制备样品溶液，再用原子吸收光谱法或分光光度法测定。

（二）水果、蔬菜和谷类中有机磷农药测定

该方法测定要点为：首先，根据样品类型选择适宜的制备方法，对样品进行制备，如粮食样品用粉碎机粉碎、过筛，蔬菜用捣碎机制成浆状；然后，取适量制备好的样品，加入水和丙酮提取农药，经减压抽滤，所得滤液用氯化钠饱和，并将丙酮相和水相分离，水相中的农药再用二氯甲烷萃取，分离所得二氯甲烷萃取液与丙酮提取液合并，用无水硫酸钠脱水后，于旋转蒸发仪中浓缩至约 2mL，移至 5 ~ 25mL 容量瓶中，用二氯甲烷定容供测定；最后，分别取混合标准溶液和样品提取液注入气相色谱仪，用火焰光度检测器（FPD）测定，根据样品溶液峰面积或峰高与混合标准溶液峰面积或峰高进行比较定量。

该方法适用于水果、蔬菜、谷类中敌敌畏、速灭磷、久效磷、甲拌磷、巴胺磷、二嗪磷、乙嘧硫磷、甲基嘧啶硫磷、甲基对硫磷、稻瘟净、水胺硫磷、氧化喹硫磷、稻丰散、甲喹硫磷、虫胺磷、乙硫磷、乐果、喹硫磷、对硫磷、杀螟硫磷的残留量测定。

（三）鱼组织中有机汞和无机汞测定

1. 巯基棉富集—冷原子吸收光谱法

该方法可以分别测定样品中的有机汞和无机汞，其测定要点如下：

称取适量制备好的鱼组织样品，加 1mol/L 盐酸提取出有机汞和无机汞化合物。将提取液的 pH 调至 3，用巯基棉富集两种形态的汞化合物，然后用 2mol/L 盐酸洗脱有机汞化合物，再用氯化钠饱和的 6mol/L 盐酸洗脱无机汞化合物，分别收集并用冷原子吸

收光谱法测定。

2. 气相色谱法测定甲基汞

鱼组织中的有机汞化合物和无机汞化合物用 1mol/L 盐酸提取后，用巯基棉富集和盐酸溶液洗脱；再用苯萃取洗脱液中的甲基汞化合物，用无水硫酸钠除去有机相中的残留水分；最后，用气相色谱（ECD）法测定甲基汞的含量。

第二节　指示生物的环境监测

一、指示生物的特征及其作用

指示生物又叫作生物指示物，就是指那些在一定的自然地理范围内，能通过其数量、特性、种类或群落等变化，指示环境或某一环境因子特征的生物。水体遭受污染缺氧，导致水中的鱼类因窒息而纷纷浮出水面进行呼吸；水体受重金属或有机毒物的污染，会令鱼类骨骼产生畸变或肌肉有异味；大气受到污染，植物叶片变黄甚至枯萎；生物的生存环境遭到破坏，导致物种绝迹——生物以自己的身体行为乃至生命向人类发出指示。

然而，并非所有生物都对环境有指示作用，只有一种生物的存在给我们指示某种特定环境条件的存在，而其不存在又指示某种特定环境条件不存在，这种耐受环境范围非常狭窄的生物才能作为环境条件的指示生物。指示生物对特定环境的反应和表征即是生物的指示作用。生物与环境关系十分密切，生物的变化可以用作环境变化的指标。生物指示作用具有客观性（不受人为因素的干扰，真实反映环境状况）、综合性（多种影响因子综合作用的结果，全面体现环境质量）、连续性（生物长期接受环境影响的具体表征，极少受偶然因素影响）、直观性（直观、形象地展现生物对环境的适应性和指示特征）的特点。

利用指示生物的特定指标对环境进行监测和评价，已逐渐成为热门的课题。例如，上海投放胭脂鱼到苏州河，作为指示生物监测水环境。胭脂鱼是上海土著鱼，对水里溶解氧、重金属的敏感度较高，水质的好坏将影响它的生理指标、生长指标和死亡率，通过对它的体征状态的检测，可以达到监测水质的作用；又如德国在莱茵河治理过程中，治理目标是"让大马哈鱼重返莱茵河"，大马哈鱼被视为是整治莱茵河的指示生物，可用以检验河流生态整体恢复的效果。然而，利用指示生物进行环境监测一直缺乏相应的规范和标准，且由于生物的自身特点，难以对监测结果进行定量化的描述，因此利用指示生物监测环境污染的需求一直不迫切。随着生物科学技术的发展以及环境监测手段的进步，利用指示生物对环境污染进行定性定量监测已取得越来越大的成效。因此，利用指示生物系统化、规范化地评价环境污染，以及提高其评价结果的可比性不久也将成为现实。

（一）指示生物的行为特征

指示生物的行为特征应用最多的是应激反应。应激反应是生物界普遍存在的特性，运动或游动能力较强的动物尤为明显。当动物接触低剂量有害污染物时，刺激动物的嗅觉、味觉和视觉等感觉器官，影响呼吸或作用于中枢神经系统，从而影响动物的活动水平、摄食、逃避捕食、繁殖或其他行为方式，改变其在环境中的分布。回避试验是目前应用最为广泛的方法，是以水生动物为指示生物，研究其对污染物尤其是有毒污染物的回避反应及引起回避的污染物浓度，以期对水体污染进行早期预报和评价。

大量研究表明，在人为设计污染水区和非污染水区的迷宫回避装置中，未经训练的鱼类在受到亚致死剂量的有毒污染物刺激时，能主动回避受污染水域，游向清洁水区。根据目测或利用电视摄像系统跟踪鱼的行为，观察污染物对鱼回避行为的影响。此外，其他水生动物如虾、蟹及某些水生昆虫等也存在有类似的回避反应。生物自有的活动方式，在外来污染物的作用下，可能会增强或减弱其活动性。利用光电设备对受试生物如鱼类、水潘、鳌虾、糠虾等的活动性进行监测，当其游过观察池时，光束受到干扰，转变成脉冲信号。光束干扰越多，表明受试生物的活动性越强，反之亦然。通过对照比较受试生物在未受污染水体中的活动性，来反映水体是否污染。其他还有诸如呼吸、代谢、习性、摄食、捕食等指标亦可用于对水体污染进行监测和评价。

另外，污染物的存在，也会造成微生物的行为异常。正常情况下，发光细菌中的核黄素 –5'– 单磷酸盐和醛类在胞内荧光素酶的催化作用下，氧化生成黄素腺嘌呤单核苷酸、酸和水，释放出蓝绿色荧光。当有害污染物存在时，发光行为受到干扰或阻碍，引起荧光强度变化，利用生物发光光度计测定光强，可以对污染物进行定量分析。细菌发光检测具有较好的剂量——效应关系，能获得可重复和可再现的试验结果。研究发现，当大气中光化学反应物的浓度为 $2\mu L/L$ 时，即阻碍发光菌发光。该方法已广泛用于废水、固体废物浸出液及重金属等的综合毒性的监测。

（二）指示生物的形态特征

许多植物对大气污染的反应非常敏感，即使在极低浓度的情况下，也能很快地表现出受害症状。将植物作为指示物，根据其表现出的受害症状，可以对污染物种类进行定性分析；也可以根据症状的轻重、面积大小，对污染物浓度进行初步的定量分析。

大气污染对植物的危害机制主要表现在：

①外部伤害。污染物通过气孔被吸收进入植物体内，对叶面产生严重伤害。

②组织伤害。污染物进入植物体内，引起阔叶树叶内海绵细胞和叶下表皮的破坏，使叶绿体发生畸变而引起栅栏细胞伤害，最后导致上表皮损伤。

③影响代谢作用。大气污染改变了植物的生理生化过程，如蒸腾作用减弱、光合作用受到抑制等，引起形态变异。

研究表明，当大气环境中二氧化硫含量的体积分数为 12×10^{-6} 时，紫花苜蓿暴露1h后，叶片出现白色"烟斑"，并逐渐枯萎，或在叶脉之间或叶缘出现明显的坏死；而二氧化硫体积分数高于 0.154×10^{-6}，苔藓即产生急性伤害。氟化物体积分数为

1×10^{-9} 暴露 2 ~ 3d 或浓度为 10×10^{-9} 暴露 20h，唐菖蒲就会受到伤害，叶缘和叶尖组织出现坏死，坏死部分颜色呈浅褐色或褐红色，并且与健康组织有明显的界线，因而被公认是监测氟化物的理想植物。燕麦、烟草等暴露在接近背景浓度的臭氧环境中，可迅速做出反应或显示出明确可见的症状。

（三）指示生物的数量特征

在正常稳定的环境中，生物的种类比较多，个体数量适当。受到污染后，敏感指示生物种类的数量会逐渐减少甚至消失，与对照点相比显示出种类数量的差异。

采用指示生物的数量特征的方法在水环境中应用较多。由于不同污染程度的水体中各有其作为特征的生物存在，因此可以利用天然出现的生物来指示水体污染的程度。20世纪初，德国科学家提出著名的污水生物体系法，将受有机物污染的河流，按其污染程度和自净过程，划分几个互相连续的污染带，每一个污染带包含着各自独特的生物。在美国伊利湖污染的调查中，利用湖中原生动物颤蚓的数量作为评价指标，根据单位面积水体中颤蚓的数量，将受污染水域分为无污染、轻度污染、中度污染和重度污染。

微生物对污染物也很敏感，叶生红酵母是生长在落叶表面的一种微生物，通过暴露试验，把不同时期的多次平行试验的结果累加，计算出菌落平均数，根据菌落数的多少反映污染的程度，菌落平均数多的树木所在地污染程度小，反之则大。苔藓地衣的共生性增加了其敏感性，在英国工业城市纽卡斯尔地区，由于二氧化硫污染，苔藓种类从55 种下降到 5 种。细菌总数、总大肠菌群、水生真菌、放线菌等也常用作水体污染的指示物种。

（四）指示生物的种群、群落特征

生物的种群、群落特征也可应用于指示作用。早期通过种群的变化来反映或判断环境污染最具代表性的当数在英国伦敦郊区发现的黑斑蝶现象。十九世纪中叶，工业革命带来了生产力的极大解放，同时也造成以煤烟型为主的大气污染，原来生活在该地区的灰斑蝶种群逐渐消失，取而代之的是黑斑蝶种群。这种蝶类种群的变化，较好地反映了长期污染对生物的影响。

生物的种群、群落特征在实际应用中，水污染指示生物采用得较多，包括浮游生物、着生生物（如藻类、原生动物、真菌等）、大型水生植物（如海藻、大型褐藻）、底栖大型无脊椎动物（如软体动物、甲壳类、腔肠动物、棘皮动物等）、鱼类（如蛛鱼、河舶等）等，以各类群在群落中所占比例作为水体污染的指标。通常采用多样性指数和各种生物指数来定量描述种群或群落变化，如香农多样性指数、Margalef 多样性指数、Gleason 指数和 Menhinick 指数，对水质进行生物学评价。

（五）指示生物的遗传特征

污染不仅会对生物的行为、形态、数量、种群或群落结构产生影响，而且可能造成细胞结构和遗传物质的破坏，导致机体畸变、致癌和变异。出于对人体健康的考虑，污染物的潜在遗传毒性逐步受到更多的关注，并可通过监测污染物对生物的三致效应来进行评价。早期开展的微核试验，以细胞中的微核数量作为指标，监测污染物对染色体的损伤。环境中存在的污染物越多，诱变因子诱发生物染色体的损害也越严重，其微核率愈高。蚕豆根尖细胞微核试验、小白鼠血红细胞微核试验等均表明，污染因子诱发染色体异常与微核率之间存在有较好的相关性。

二、指示生物污染物测定

指示生物有指示植物、指示动物和指示微生物三类，它们都可用作水污染、大气污染和土壤污染等的监测。

指示生物对环境中污染物的指示作用主要有两类：敏感指示生物和耐性指示生物。

当环境中的污染物浓度含量很低，有时用化学分析方法尚不能测出时，指示生物就表现出某些灵敏的反应，如指示植物的叶片上出现受伤斑点，指示动物行为发生改变等。我们根据这种反应的症状来指示污染物的类型，根据反应的程度和以往的经验和指数来判断污染程度和范围，并提出相应的措施。这种反应灵敏的指示生物称为敏感指示生物。这种指示生物在目前的生物监测里应用相当普遍。例如，牵牛花对光化学烟雾的氧化剂很敏感，红色和紫色的牵牛花在 O3 浓度为 1.5cm3/m3 时，经过 4 ~ 6h 以后，叶片上就出现漂白斑和叶脉间的枯斑。

另一类指示生物在不良的环境中却表现出良好的长势，也可以说，污染了的环境反而对这类生物的生长有明显的促进作用。我们可以利用这种生物的生长状况来指示污染程度，这类生物称为耐性指示生物。例如，水体富营养化时，由于水体受氮、磷等的污染，蓝藻大量繁殖，个体数迅速增加，成为该水体中的优势种。我们可以利用蓝藻的生长状况来监测水体的富营养化程度。

（一）大气污染指示生物

大气污染指示生物是指能对大气中的污染物产生各种定性、定量反应的生物。大气污染多采用植物作为指示生物，因为植物分别范围广、易于管理，且有不少植物品种对不同的大气污染物能呈现出不同的受害症状。

应用动物作为指示生物管理比较困难，受到了较多客观条件的限制，因此，目前尚未形成一套完整的监测方法。但也有学者进行了一些研究，如研究发现金丝雀、狗和家禽对二氧化硫反应敏感；老鼠和家禽接触到微量瓦斯毒气时表现出异常反应；蜜蜂等昆虫以及鸟类对大气中某些污染物也反应敏感。

大气的污染状况密切影响着生活于其中的微生物区系组成及其数量的变化，因此也可应用微生物作为指示生物监测大气质量。但由于空气环境中没有固定的微生物种群，它主要是通过土壤尘埃、水滴、人和动物体表的干燥脱落物、呼吸道的排泄物等方式带入到空气中。因此，采用微生物作为大气污染指示生物受到了一定限制，没有迅速发展起来。

1. 常用大气污染指示植物及其受害症状

指示植物在受到大气污染物伤害后，能较敏感和迅速地产生明显反应，发出受污染信息。通常可以选择草本植物、木本植物以及地衣、苔藓等。大气污染指示植物应具备下列条件：

对污染物反应敏感；受污染后的反应症状明显；干扰症状少；生长期长，能不断萌发新叶；栽培管理和繁殖容易；尽可能具有一定的观赏或经济价值，从而起到美化环境与监测环境质量的双重作用。

对指示植物的选择方法是：通过调查找出某一污染区内最易受害而且症状明显的植物作为指示植物，或者通过人工熏气实验，再通过不同类型污染区的栽培试验及叶片浸蘸等方法进行筛选。那些最易受害、反应最快、症状明显的植物便可作为指示植物。

世界上有300多种植物可用于大气污染监测，目前比较常用的大气污染指示植物如下。

（1）二氧化硫污染指示植物

常用的二氧化硫指示植物有地衣、苔藓、紫花苜蓿、荞麦、金荞麦、芝麻、向日葵、大马蓼、土荆芥、藜、曼陀罗、落叶松、美洲五针松、马尾松、枫杨、加拿大白杨、杜仲、水杉、雪松（幼嫩叶）、胡萝卜、葱、菠菜、莴苣、南瓜等。

二氧化硫伤害植物的典型症状是在植物叶片的叶脉间出现不规则的坏死区，斑点以灰白色和黄褐色居多。一般伸展的嫩叶易受害，中龄叶次之，老叶和未展开的嫩叶抗性较强。

（2）氟化氢污染指示植物

对氟化氢敏感的植物有唐菖蒲、郁金香、金荞麦、杏、葡萄、小苍兰、金线草、玉簪、梅、紫荆、雪松（幼嫩叶）、落叶松、美洲五针松和欧洲赤松等。

植物受氟伤害的典型症状是叶尖和叶缘坏死，伤害区和非伤害区之间有一条红色或深红色界线。氟污染容易危害正在伸展的幼嫩叶子或枝梢顶端，呈现枯死现象。

（3）臭氧污染指示植物

臭氧污染的指示植物有烟草、矮牵牛、牵牛花、马唐、燕麦、洋葱、萝卜、马铃薯、光叶桦、女贞、银槭、梓树、皂荚、丁香、葡萄和牡丹等。

臭氧伤害叶子的典型症状是在叶面上出现密集的细小斑点，主要危害栅栏组织，表皮呈现褐、黑、红或紫色，甚至失绿退色。针叶顶部出现坏死现象。一般中龄叶敏感，未伸展幼叶和老叶有抗性。

（4）过氧乙酰硝酸酯污染指示植物

常用的有早熟禾、矮牵牛、繁缕和菜豆等。

过氧乙酰硝酸酯伤害的叶片症状表现为叶背面呈银白色，进一步发展成青铜色。过氧乙酰硝酸酯主要危害幼叶。此外，植物在黑暗中受过氧乙酰硝酸酯影响小，抗性强，如光照2～3h再接触就变得敏感。

（5）乙烯污染指示植物

常用的乙烯污染指示植物有芝麻、番茄、香石竹和棉花等。

183

乙烯主要影响植物的生长及花和果实的发育，并且加速植物组织的老化。

（6）氯气污染指示植物

氯气污染指示植物主要有芝麻、荞麦、向日葵、大马蓼、藜、翠菊、万寿菊、鸡冠花、大白菜、萝卜、桃树、枫杨、雪松、复叶槭、落叶松、油松等。

氯气对植物的伤害症状大多为脉间点、块状伤斑，与正常组织之间界线模糊，或有过渡带，严重时全叶失绿漂白甚至脱落。

（7）二氧化氮污染指示植物

主要有悬铃木、向日葵、番茄、秋海棠、烟草等。

二氧化氮危害植物的症状是在叶脉之间和近叶缘处的组织显示出不规则的白色或棕色的解体损伤。

（8）POPs指示植物

对POPs敏感的植物有地衣、苔藓以及某些植物的树叶等。

大气中的POPs从污染源排放到富集于地衣中至少需要2～3年的时间。因此，利用不同时间采集的地衣进行大气污染的时间分辨监测时，其分辨率在3年左右。利用不同地区地衣中POPs分布模式间的差异可进行污染源的追踪。苔藓没有真正的根、茎、叶的分化，不具有维管组织，仅靠茎叶体从周围大气中吸收养料，故苔藓能指示大气中POPs的污染状况而不受土壤条件差异的影响。研究表明，树叶中POPs的含量与大气中POPs的浓度呈线性相关。其中，松柏类针叶由于表面积大、脂含量高、气孔下陷、生活周期长，对POPs的吸附容量大，在大气POPs污染监测中的应用最广，所涉及的化合物还包括PAHs、PCBs、OCPs、PCDD/Fs等。

2. 监测方法

（1）敏感植物受害症状现场调查法

植物受到污染影响后，常常会在叶片上出现肉眼可见的伤害症状，即可见症状。且不同的污染物质和浓度所产生的症状及程度各不相同。可以根据现场调查敏感植物在污染环境下叶片的受害症状、程度、颜色变化和受害面积等指标来指示空气的污染程度，判断主要污染物的种类。通常有如表7-1所示的几种情况。

表7-1 大气污染程度与植物所表现的症状

污染程度	植物症状
轻微污染区	观察植物出现的叶部症状
中度污染区	①敏感植物出现明显中毒症状
	②抗性中等的植物也可能出现部分症状
	③抗性较强的植物一般不出现症状
严重污染区	①自然分布的敏感植物可以绝迹，而人工栽培的敏感植物可以出现严重的受害症状
	②中等抗性的植物可出现明显的症状
	③抗性较强的植物也可能出现部分症状

此外，大气污染物对植物内部的生理代谢活动也产生影响。例如，使植物蒸腾率降

低，呼吸作用加强，叶绿素含量减少，光合作用强度下降；进一步影响到生长发育，出现生长量减少、植株矮化、叶面积变小、叶片早落和落花落果等受害现象。这些都是利用植物判断大气污染的重要依据。

苔藓和地衣是低等植物，分布广泛。其中某些种群对污染物如SO2、HF等反应敏感。通过调查树干上的地衣和苔藓的种类、数量及其生长发育状况，就可以估计空气污染程度。在工业城市中，通常距离市中心越近，地衣的种类越少，重污染区内一般仅有少数壳状地衣分布；随着污染程度的减轻，便出现枝状地衣；在轻污染区，叶状地衣数量较多。

（2）盆栽定点监测法

盆栽定点监测法主要是将监测用的指示植物栽培在污染区选定的监测点上，定期观察，记录其受害症状和程度，来估测污染物的成分、浓度和范围，以此来监测该地区空气污染状况。

吉林通化园艺研究所曾用花叶莴苣作为指示生物定点栽培指示二氧化硫，以此来预防黄瓜苗期受害。其具体方法是：在黄瓜播种前20d将花叶莴苣栽培于烟道附近，或在黄瓜播种时将花叶莴苣苗盆栽于苗床周围，即可在黄瓜育苗阶段起指示参照物的作用。其后昼夜观察、记录各种浓度条件下黄瓜、花叶莴苣出现初始受害症状的时间，及相同条件下各自的受害症状表现，黄瓜、花叶莴苣的受害症状分级标准如表7-2所示；然后对不同受害级别的黄瓜秧苗进行分类管理，对黄瓜成苗的株高、茎粗、叶面积、根长、须根数等进行调查。

表7-2 黄瓜、花叶莴苣的受害症状分级标准

症状级别	黄瓜	花叶莴苣
0	植株无症状表现	植株无症状表现
1	子叶边缘线性变黄，俗称镶金边	叶片边缘向上（内）卷
2	广叶失绿、萎蔫	叶片边缘脱水、萎蔫
3	子叶枯萎、真叶褪绿	2/3叶片萎蔫
4	植株死亡	植株死亡

研究发现花叶莴苣较黄瓜对二氧化硫敏感，在同等二氧化硫浓度条件下，黄瓜出现初始受害症状的时间大约是花叶莴苣的4倍。在相同条件下，花叶莴苣的受害指数高于黄瓜，当花叶莴苣受害指数高达37以上时，黄瓜才开始出现症状。黄瓜、花叶莴苣受害指数如表7-3所示。因此，当花叶莴苣出现叶缘上（内）卷，但未达到叶片边缘脱水萎蔫时，应及时采取措施，如通风换气、苗床四周过道洒水等就可有效预防黄瓜秧苗受害；而当黄瓜已出现受害症状时再采取措施，则只能起到降低危害程度的作用，达不到预防的目的。

表 7-3　黄瓜、花叶莴苣受害指数对照

作物	受害指数			
黄瓜	0	5.1	18.7	31.2
花叶莴苣	6.3	37.0	46.3	68.7

也可使用植物监测器测定空气污染状况。该监测器由 A、B 两室组成，A 室为测量室，B 室为对照室。将同样大小的指示植物分别放入两室，用气泵将污染空气以相同流量分别打入 A、B 室的导管，并在通往 B 室的管路中串联一活性炭净化器，以获得净化空气。经过一定时间后，即可根据 A 室内指示植物出现的受害症状和预先确定的与污染物浓度的相关关系估算空气中污染物的浓度。

（3）其他监测方法

利用植物监测大气污染还有不少其他方法。例如，剖析树木年轮的监测方法，可以了解所在地区空气污染的历史。在气候正常、未曾遭受污染的年份树木的年轮较宽，而空气污染严重或气候条件恶劣的年份树木的年轮较窄。还可以用 X 射线法对树木年轮材质进行测定，判断其污染情况；污染严重的年份年轮木质密度较小，正常年份的年轮木质密度较大，其对 X 射线的吸收程度不同。

（二）水污染指示生物

水污染指示生物是指在一定的水体范围内，能通过其特性、数量、种类或群落等变化，对水体中的污染物产生各种定性、定量指示作用的生物。水污染指示生物主要有浮游生物、着生生物、底栖动物、鱼类和微生物等。

1. 浮游生物

浮游生物就是悬浮生长在水体中的生物，包括浮游植物和浮游动物两类。它们大多数个体很小，游动能力弱或完全没有游动能力。浮游生物是水生食物链的基础，在水生生态系统中占有重要地位；而且其中多种生物对环境的变化反应敏感，可用来作为水污染的指示生物。

（1）浮游植物

浮游植物主要指藻类，藻类对外界环境的反应很敏感。在水体的生态系统中，藻类与水环境共同组成了一个复杂的动态平衡体系，污染物进入水体后，引起藻类的种类和数量的变化，并达到新的平衡。所以，不同污染状况的水质，有不同种类和数量的藻类出现；反过来说，不同种类和数量的藻类可以指示不同的水质状况。

选作指示种的藻类，最好是那些敏感的、生活周期长的、比较固定生活于某处、易于保存和鉴定的种类。有研究表明，绿藻和蓝藻数量多，甲藻、黄藻和金藻数量少，往往是水体污染的表征；而绿藻和蓝藻数量下降，甲藻、黄藻和金藻数量增加，则反映水质的好转。又如，硅藻结构特殊，容易保存和鉴定，能在实验室单细胞培养和自然条件下研究，是较好的有机污染及毒物的指示种。国外通过大量的研究，以硅藻作为指示生物，建立了硅藻群落对数正态分布曲线。未受污染时，水体中的硅藻种群数量多，个体数目相对较少；但如果水体受到污染，则敏感种类减少，污染种类个体数量大增，形成优势种。此外，硅藻还可作为放射性的指示生物。

（2）浮游动物

浮游动物种类很多，大多数对水体环境的变化反应较敏感，可以利用水体中浮游动物群落优势种的变化来判断水体的污染程度和自净程度。受污染的水体从上游排污口至下游清洁水体，浮游动物的优势种分布为耐污种类逐渐减少，广布型种类逐渐出现较多，在下游许多正常水体出现的种类也逐渐出现；同时，原生动物由上游的鞭毛虫至中游出现纤毛虫，在下游则发现很多一般分布在清洁型水体的种类，这说明水体从上游到下游水体的污染程度不断减轻，水体具有一定的自净功能。

2. 着生生物

着生生物就是附着在长期浸没水中的各种基质（植物、动物、石头等）表面上的有机体群落，包括细菌、真菌、原生动物和海藻等多种生物类别。由于其可用来指示水体受污染的程度，评价效果较佳；因此，近年来，有关着生生物的研究也开始受到重视。

3. 底栖动物

底栖动物是栖息于水体底部（淤泥内、石头或砾石表面和缝隙中）以及附着于水生植物之间的肉眼可见的水生无脊椎动物。它们广布于江、河、湖泊、水库和海洋等各种水体中，大多数体长超过2mm，包括大型甲壳类、水生昆虫、环节动物、软体动物和节肢动物等许多类别。

由于在水环境中，鱼类和浮游生物的移动性较大，有时往往难以准确地表明特定地点水的性质，而底栖动物的移动能力差，能较好地反映该地的环境状况。近年来，应用底栖动物对水体进行监测和评价，已经受到广泛重视。

当水体受到污染时，底栖动物的群落结构将发生变化，有些较为敏感的种类有可能逐渐死亡，甚至消失，根据底栖动物的存在种类及种个体数来判断水体的污染及污染的程度。对河流来说，可以利用不同河段有无底栖动物存在、底栖动物的种类（耐污染种和清水种等）及种个体数来探讨河流的稀释自净规律。

在未受污染的环境里，河流和湖泊中大型无脊椎动物群落的组成和密度（每单位面积的个数）各年之间比较稳定。实验证明，严重有机污染的水体通常溶解氧（DO）是很低的，会限制底栖大型无脊椎动物的种类，导致水中只有最能耐受这种污染的种类，因此其密度有了相应的增加；另一方面，有毒化学物质的污染有可能使受影响区域内的大型无脊椎动物荡然无存。

因为多数底栖动物种类的个体数有明显的季节性变化，所以必须注意调查的季节，以及水域底部的地形、底质和水文特征等。

4. 鱼类

在水生食物链中，鱼类位于最高的营养级水平，因水体受污染而改变浮游生物或其他水生生物生态平衡，也必然改变鱼类的种群结构。同时，由于鱼类的特定生理特点，使某些不能明显影响低等生物的污染物也可能对其造成伤害。因此，鱼类作为水污染的指示生物具备其特定的意义，对全面反映水体污染程度以及评价水质具有重要的作用。

上海市曾投放胭脂鱼到苏州河，作为指示生物监测水环境。胭脂鱼是上海土著鱼，其对于水体环境相当敏感，如果水中的重金属、某些有毒有机物含量超过一定指标，或者水体含氧量过少，胭脂鱼体内的生物指标会发生相关变化甚至会死亡。所以，如果把它放生到苏州河里，并定时体检，可以使它成为一种天然水质监测器，实时监测苏州河的水体质量。

5. 微生物

水体中的微生物与水体受污染程度密切相关，有机质含量少，微生物的数量也少；但是，当水体受到污染后，微生物的数量可能大量增加或减少。尤其是某些特定微生物的出现或消失能够指示水体受到某类物质的污染，使利用微生物进行水质监测迅速发展起来。

利用微生物指示水体污染的方法主要有细菌总数法、总大肠菌群法和粪大肠菌群法等。

第三节　电离辐射环境监测

一、电离辐射种类及其特征

第二次世界大战期间，美国将反应堆的冷却剂直接排放至哥伦比亚河中引起了一系列环境污染问题，随后美国政府采取了相应的辐射环境监测措施，这便是辐射环境监测的开端。我国的辐射环境监测工作开展较晚，起步于 20 世纪 80 年代。随着人类对核能的开发利用、铀矿和一些伴生放射性矿产的开采以及核技术在工业领域的普及，使得电离辐射环境监测日渐引起公众的关注。

目前，我国的电离辐射环境监测主要对象是放射性物质的设施周围的环境介质和生物，目的在于监控核设施是否正常运行以及检验设施运行在周围环境中造成的辐射和放射性水平是否符合国家和地方的相关规定，同时对人为的核活动所引起的环境辐射的长期变化趋势进行监视。从运行阶段来分可以将电离辐射环境监测分为辐射本底调查、运行辐射环境监测、退役辐射监测。从设施运行状态来分，可分为正常状态环境监测和事故应急监测两类。

物质向外释放粒子或者能段的过程叫作辐射，当辐射出的粒子能使物质发生电离的叫作电离辐射。能发出电离辐射的物质一般有放射性核素、加速器和 X 射线装置等。放射性核数会自发地向外释放。

α 衰变是不稳定重核自发放出 α 粒子的过程。α 粒子的质量大，速度小，使受辐射物质的原子、分子发生电离或激发，但穿透能力小，只能穿过皮肤的角质层。

β 衰变是放射性核素放射 β 粒子的过程，它是原子核内质子和中子发生互变的结果。β 射线的速度比 α 射线高 10 倍以上，其穿透能力较强，在空气中能穿透几米至几十米才被吸收完，可以灼伤皮肤，与物质作用时可使其原子电离。

γ 衰变是原子核从较高能级跃迁到较低能级或基态时所放射的电磁辐射。这种跃迁不影响原子核的原子序数和原子质量，所以称为同质异能跃迁。γ 射线的穿透能力极强，与物质作用时产生光电效应、康普顿效应、电子对生成效应等。

1. 半衰期

当放射性核素因衰变而减少到原来的一半时所需的时间称为半衰期。衰变常数（λ）与半衰期（$T_{1/2}$）有如下关系：

$$T_{1/2} = \frac{0.693}{\lambda}$$

（7-1）

半衰期是放射性核素的基本特性之一，不同核素的半衰期不同。因为放射性核素每一个核的衰变并非同时发生，而是有先有后，所以对一些半衰期长的核素，一旦发生核污染，要通过衰变使其自行消失，就需要很长的时间。

2. 放射性活度

放射性活度是指单位时间内发生核衰变的数目，可用式（7-2）表示：

$$A = \frac{\mathrm{d}N}{\mathrm{d}t} = \lambda N$$

（7-2）

式中 A —— 放射性活度，Bq（1 Bq=1s-1）；

d_N —— 在 $\mathrm{d}t$ 时间内衰变的原子数；

$\mathrm{d}t$ —— 时间，s；

λ —— 衰变常数，表示放射性核素在单位时间内的衰变概率，s-1。

3. 照射量

照射量被定义为：

$$X = \frac{\mathrm{d}Q}{\mathrm{d}m}$$

（7-3）

式中 $\mathrm{d}Q$ —— γ 射线或 X 射线在空气中完全被阻止时，引起质量为 $\mathrm{d}m$ 的某一体积元的空气电离所产生的带电粒子的总电量值，C；

X —— 照射量，C/kg。

4. 吸收剂量

吸收剂量是用于表示在电离辐射与物质发生相互作用时，单位质量的物质吸收电离辐射能量大小的物理量，定义为：

$$D = \frac{\mathrm{d}\overline{E_D}}{\mathrm{d}m}$$

（7-4）

式中 D ——吸收剂量，J/kg；

$\mathrm{d}\overline{E_D}$ ——电离辐射给予质量为 $\mathrm{d}m$ 的物质的平均能量，J。

二、常见的辐射源

（一）天然辐射源

天然辐射源是指天然存在的电离辐射源，主要来源于宇宙辐射、宇生放射性核素及原生放射性核素。它们产生的辐射称为天然本底辐射，是判断环境是否受到放射性污染的基准。

1. 宇宙辐射

宇宙辐射是一种从宇宙空间射到地面的射线，由初级宇宙射线和次级宇宙射线组成。初级宇宙射线指从宇宙空间射到地球大气层的高能辐射，主要成分为质子（83%~89%）、粒子（10%~15%）及原子序数 ≥ 3 的轻核和高能电子（1%~2%），这种射线能量很高，可达 1020meV 以上。次级宇宙射线是初级宇宙射线进入大气层后与空气中的原子核相互碰撞，引起核反应并产生一系列其他粒子，通过这些粒子自身转变或进一步与周围物质发生作用，就形成次级宇宙射线。

2. 宇生放射性核素

由宇宙射线与大气层、土壤、水中的核素发生反应产生的放射性核素有 20 余种。天然存在的 14C 是宇宙射线中的中子与天然存在的、N 作用而产生的核反应产物。

3. 原生放射性核素

多数天然放射性核素在地球起源时就存在于地壳之中，经过天长日久的地质年代，母体和子体之间已达到放射性平衡，从而建立了放射性核素的系列。这种系列有三个，即铀系，其母体是 238U；锕系，其母体是 235U 成土系，其母体是 232Th。这些母体具有很长的半衰期，每一系列中都含有放射性气体氢核素，且末端都是稳定的铅核素。

自然界中单独存在的核素约有 20 种，其特点是具有极长的半衰期，其中最长的为 ^{209}Bi（$T_{1/2} > 2 \times 10^{18}$ 年），而最短的是 40K（$T_{1/2} > 1.26 \times 10^9$ 年）。它们的另一个特点是强度极弱，只有采用极灵敏的检测技术才能发现。

（二）人为辐射源

引起环境辐射污染的主要来源是生产和使用放射性物质的单位所排放的放射性废物，以及核武器爆炸、核事故等产生的放射性物质。

1. 核设施

具有规模生产、加工、利用、操作、贮存和处理放射性物质的设施，如铀加工、富集设施，核燃料制造厂，核反应堆，核动力厂，核燃料贮存设施和核燃料后处理厂等。

2. 射线装置

安装有粒子加速器、X 射线机及大型放射源并能产生高强度辐射场的构筑物。

3. 放射性同位素的应用

工农业、医学、科研等部门使用放射性核素日益广泛，其排放废物也是主要的人为污染源之一。例如，医学检查、使用 60Co 照射治疗癌症，用 [131]I 治疗甲状腺功能亢进等；发光钟表工业应用放射性同位素作长期的光激发源；农业生产上利用辐射育种和辐射食品保藏等；科研部门利用放射性同位素进行示踪试验等。

4. 伴生放射性的开采与利用

在稀土金属和其他伴生金属矿开采、提炼过程中，其"三废"排放物中含有铀、钍、氧等放射性核素，将造成所在局部地区的污染。

另外，核试验及航天事故包括大气层核试验、地下核爆炸冒顶事故及核事故等，将会有大量放射性物质泄漏到环境中，对环境造成严重的污染。

三、常用的辐射量

（一）活度

活度是指单位时间内放射性核数衰变的个数，记作 A，单位是 Bq（贝可），1Bq=1 个 /se 活度还有一个常用单位叫居里（Ci），1 Ci=3.7×10^{10} Bq。

（二）半衰期

半衰期是指某种放射性核数其衰变到还剩一半该放射性核数所需要的时间，记为 $T_{1/2}$。

（三）衰变常数

反应核数衰变概率的一个量叫衰变常数，不同的核数衰变常数是唯一且固定的，记为 λ。关于活度、衰变常数和半衰期有以下关系：

$$N = N_0 e^{-\lambda t}$$

$$A = \lambda N = A_0 e^{-\lambda t}$$

$$T_{1/2} = \frac{\ln 2}{\lambda}$$

（7-5）

式中 N —— 经过 t 时间衰变后剩下的放射性原子数目；

N_0 —— 初始放射性原子数目。

（四）截面

反映某种相互作用的概率大小称为截面，可严格定义为通过单位面积上的有效碰撞粒子个数，单位为靶（恩）b，$1b=10^{-28}m^2$。

（五）粒子能量

描述粒子或射线的能量大小，记作 E，单位常用 eV，$1eV=1.6 \times 10^{-19}J$。对于粒子，如 α 或者 β 等，能量指它们的动能：

$$E = \frac{1}{2}mv^2$$

（7-6）

式中 m —— 粒子的质量；

v —— 粒子的速率。

X 和 γ 光子的能量是指：

$$E_\gamma = h\upsilon$$

（7-7）

式中，h 为普朗克常量，$h=6.626 \times 10-34J \cdot s$；$v$ 为光子的频率。

（六）注量和注量率

注量是指通过单位面积上的粒子或者光子数目，用符号 Φ 表示，单位为 m^{-2}。单位时间内通过单位面积上的粒子或光子数目称为注量率，记为 φ，单位 $m^{-2} \cdot s^{-1}$。

（七）照射量

照射量是指 X、γ 这类不带电光子在单位质量的空气中所电离出的总电荷量，记为 X，单位 C/kg。照射量引入之处单位用的是伦琴 R，其单位换算为 $1R=2.58 \times 10^{-4}C/kg$。

（八）比释动能

比释动能是指不带电粒子（X、γ 和中子等）在单位质量的吸收介质中产生的带电粒子的初始动能的总和，用符号 K 表示，单位为戈瑞 Gy，1gy=1J/kg。

（九）吸收剂量

吸收剂量是指电离辐射粒子在单位质量的任意吸收介质中能量沉积的大小，用符号 D 表示，单位 Gy，1Gy=1J/kg。由于同一种粒子与不同的介质的反应截面不同，因此不同的物质对同一种粒子的吸收剂量是不同的。

（十）剂量当量

不同粒子与物质相互作用的机制不同，即使在相同介质中产生一样的吸收剂量，其危害程度是不一样的，例如 α 粒子和 γ 粒子产生相同的吸收剂量，但 α 粒子的危害程度远远大于 γ 粒子。为了表示不同粒子对人体某组织或器官所产生的生物效应，提出剂量当量的概念。定义某类型辐射粒子 R 在某组织 T 中产生的剂量当量 H_{TR} 等于该辐射类型在组织中的吸收剂量 D_{TR} 乘以该辐射类型的品质因子 Q_R。

$$H_{TR} = D_{TR}Q_R$$

（7-8）

剂量当量一般用符号 H 表示，单位用希（沃特）Sv，1Sv=1J/kg。

（十一）有效剂量

在人体全身受到均匀照射情况下，考虑到不同组织的自我修复能力和其生物效应不同，应当给予不同组织一个照射的权重因子 W_T。有效剂量为 E，单位为 Sv，表示人体所有组织的剂量当量 H_T 与该器官的权重因子 W_T 的乘积之和。

$$E = \sum_T W_T H_T$$

（7-9）

考虑到不同辐射类型 R 同时作用于人体时，有效剂量 E 可使用双重加权算法：

$$E = \sum_R Q_R \sum_T E_T D_{TR} = \sum_T W_T \sum_R Q_R D_{TR}$$

（7-10）

在剂量使用时一定要严谨，很多时候剂量的使用十分笼统，应根据其定义确定所用剂量是指吸收剂量、剂量当量、有效剂量中的哪一个，甚至有可能是指照射量或者比释动能（表示某种物质中体积元的辐射量）等。在辐射环境监测中还经常遇到剂量率的概念，剂量率是指单位时间内所收到的剂量值，单位为 Gy/h 或者 Sv/h。

四、辐射的危害

放射性物质可通过呼吸道、消化道、皮肤等进入人体并在人体内蓄积，引起内辐射。射线可以穿透一定距离而造成外辐射伤害。放射性物质对人体的危害主要是辐射损伤。辐射引起的电子激发作用和电离作用使机体分子不稳定和破坏，导致蛋白质分子键断裂和畸变，对新陈代谢有非常重要作用的酶会遭到破坏。因此，辐射不仅可以扰乱和破坏机体细胞、组织的正常代谢活动，而且可以直接破坏细胞和组织的结构，对人体产生躯体损伤效应（如白血病、恶性肿瘤、生育力降低、寿命缩短等）和遗传损伤效应（如先天畸形等）。

五、电离辐射探测原理与探测仪器

绝大多数辐射探测器都是利用电离和激发效应来探测入射粒子的。最常用的探测器主要有气体探测器、半导体探测器和闪烁体探测器三大类。气体探测器是利用射线在气体介质中产生的电离效应，产生相应的感应电流脉冲；闪烁体探测器是利用射线在闪烁物质中产生发光效应；半导体探测器是利用射线在半导体中产生的电子和空穴。此外，还有利用离子集团作为径迹中心所用的核乳胶、固体径迹探测器等。

（一）气体探测器（电离型检测器）

利用射线在工作气体中产生电离现象，通过收集气体中产生的电离电荷来记录射线的探测器，被称为气体探测。射线通过气体介质时，由于与气体的电离碰撞而逐渐损失能量，最后被阻止，其结果是使气体的原子、分子电离和激发，产生大量的电子离子对。

气体探测器的工作电压会影响电离室的工作状态，根据其特定的工作状态可制作出不同的探测器类型，如正比计数器、G—M计数管、气体电离室等。

电离室、正比计数器和G—M计数管都属于气体探测器，只是工作电压不同。在不同的探测要求下选择合适的探测器，电离室和正比计数器所产生的脉冲幅度与入射粒子能量有关，所以可以用于能量测量；G—M计数管输出幅度大，便于甄别，但输出幅度与入射粒子能量无关，因此只能用于粒子数量的测量。

（二）闪烁体探测器

闪烁体探测器是利用离子进入闪烁体后使其电离和激发，闪烁体激发态能级寿命极低，退激时产生大量荧光光子，荧光光子通过光导打到光电倍增管光电阴极上，光电阴极与荧光光子发生光电效应转换成光电子，光电子通过光电倍增管加速、聚焦、倍增，大量的电子在阳极负载上建立起幅度足够大的脉冲信号。脉冲信号经过后续的前置放大器、脉冲放大器多道能谱进行处理与分析。

闪烁体探测器根据闪烁体类型可分为有机闪烁体和无机闪烁体。闪烁体探测器的探测效率较高，塑料闪烁体价格便宜，可广泛使用，还可塑造成各种形状和尺寸。但是在使用时一定要保护探头的密封性，避免曝光。

（三）半导体探测器

半导体探测器实际上是一种固体二极管式电离室，利用PN结形成电子—空穴对，在外接电压的作用下，PN结会形成一个内部电场称为耗尽区。射线进入耗尽区时，形成电子—空穴对，电子—空穴对的方向运动在外电路中产生一个感应脉冲信号，通过对脉冲信号的记录分析测得射线的基本信息。其原理非常类似气体探测器的电离室。

六、环境中的辐射监测

（一）室内环境空气中氡的测定

1. 测定原理

使用采样泵或自由扩散方法将待测空气中的氡抽入或扩散进入测量室，通过直接测量所收集氡产生的子体产物或经静电吸附浓集后的子体产物的放射性，推算出待测空气中的氡浓度。

2. 测定方法

（1）活性炭盒法

活性炭盒法属于被动式采样，能测量出采样期间内的平均氡浓度，暴露 3d，探测下限可达到 6Bq/ 采样盒用塑料或金属制成，直径为 6 ~ 10cm，高为 3 ~ 5cm，内装 25 ~ 100g 活性炭。盒的敞开面用滤膜封住，固定活性炭且允许氡进入采样器，

空气扩散进炭床内，其中的氡被活性炭吸附，同时衰变，新生的子体便沉积在活性炭内。用 γ 谱仪测量活性炭盒的氡子体特征 γ 射线峰（或峰群）强度。根据特征峰面积可计算出氡的浓度。

（2）径迹蚀刻法

该法也属于被动式采样，能测量采样期间内氡的累积浓度，暴露 20d，其探测下限可达 $2.1 \times 10^3 Bq \cdot h/m^3$。探测器是聚碳酸酯片或 CR-39，置于一定形状的采样盒内组成采样器。

氡及其子体发射的。粒子轰击探测器时，使其产生亚微观型损伤径迹。将此探测器在一定条件下进行化学或电化学蚀刻，扩大损伤径迹，以致能用显微镜或自动计数装置进行计数。单位面积上的径迹数与氡浓度和暴露时间的乘积成正比。用刻度系数可将径迹密度换算成氡的浓度。

（3）双滤膜法

该法属于主动式采样，能测量采样瞬间的知浓度，探测下限为 3.3Bq/m3。抽气泵开动后含氡样气经过滤膜进入衰变筒，被滤掉子体的纯氡在通过衰变筒的过程中生成新子体，新子体的一部分为出口滤膜所收集。测量出口滤膜上的放射性就可换算出氡浓度。

（4）闪烁瓶测量法

将待测点的空气吸入已抽成真空态的闪烁瓶内。闪烁瓶密封避光 3h，待氡及其短寿命子体平衡后测量 222Rn、210Po 衰变时放射出的 α 粒子。它们入射到闪烁瓶的 ZnS（Ag）涂层，使 ZnS（Ag）发光，经光电倍增管收集并转变成电脉冲，通过脉冲放大，被定标计数线路记录。在确定时间内脉冲数与所收集空气中氡的浓度成正比，根据刻度源测得的净计数率—氡浓度刻度曲线，可由所测脉冲计数率得到待测空气中的量浓度。

处于真空状态的闪烁瓶与系统连接好，按规定顺序打开各阀门，用无氡气体把扩散瓶内累积的已知浓度的氡气体吹入闪烁瓶内。在确定的测量条件下，避光 3h，进行计数测量。

（5）纸连续测量仪测定法

由泵主动采样，滤膜收集氡及子体，采用半导体探测器测量 α 辐射，二道能谱法测量 α 仅计数，使用扣除算法计算氡子体潜能浓度，仪器可在不更换滤膜情况下连续测量。

3. 测量步骤

为评价室内的氡水平，分两步测量：第一步为筛选测量，用以快速判定建筑物是否

对其居住者产生高辐照的潜在危险；第二步为跟踪测量，用以估计居住者的健康危险度以及对治理措施作出评价。

（二）水样的总 α、总 β 放射性活度的测定

水体中常见的辐射 α 粒子的核素有 226Ra、222Rn 及其衰变产物等。目前公认的水样总 α 放射性安全浓度是 0.1Bq/L，当大于此值时，就应对放射 α 粒子的核素进行鉴定和测量，确定主要的放射性核素，判断水质污染情况。

测定时，取一定体积水样，过滤除去固体物质，滤液加硫酸酸化，蒸发至干，在温度不超过 350℃下灰化。将灰化后的样品移入测量盘中并铺成均匀薄层，用闪烁检测器测量。在测量样品之前，先测量空测量盘的本底值和已知活度的标准样品。测定标准样品的目的是确定探测器的计数效率，以计算样品源的相对放射性活度，即比放射性活度。标准源最好是待测核素，并且二者强度相差不大。如果没有相同核素的标准源，可选用放射。粒子而能量相近的其他核素，如硝酸铀酰。水样的总 α 比放射性活度（Q）用下式计算：

$$Q = \frac{n_c - n_b}{n_s V}$$

$$(7-11)$$

式中 Q——比放射性活度，Bq（铀）/L；

n_c——用闪烁检测器测量水样得到的计数率，计数 /min；

n_b——空测量盘的本底计数率，计数 /min；

n_s——根据标准源的活度计数率计算出的检测器的计数率，计数 /（Bq·min）；

V——所取水样的体积，L。

水样中的 β 射线来自 40K、90Sr、129I 等核素的衰变，目前公认的安全水平为 1Bq/L。40K 标准源可用天然钾的化合物（如氯化钾或碳酸钾）制备。用氯化钾制备标准源的方法为：取经研细过筛的分析纯氯化钾试剂于 120℃ ~ 130℃烘干 2h，置于干燥器内冷却。准确称取与样品源同样质量的氯化钾标准源，在测量盘中铺成中等厚度层，用计数管测定。

第四节　电磁辐射环境监测

一、电磁辐射对人体的影响

电磁辐射是指频率低于 300GHz 的电磁波辐射。随着电子工业与电气化水平的不断发展和提高，广大人民生活水平的迅速提高，人为电磁辐射呈现出不断增加的趋势。电

磁辐射对无线电通信、遥控、导航以及电视接收信号的干扰日趋严重，严重的甚至危及人体健康。电磁辐射的危害与电磁波的频率有关，从作用机制角度看，射频辐射的危害比较大。电磁辐射对人体的影响可归结为三种效应：热效应、非热效应和"三致"（当电磁辐射与机体发生严重的生物效应，如诱发癌细胞、引起染色体畸变等这种致癌、致畸、致突变作用称为"三致"作用）作用。

二、电磁辐射的类型

（一）射频电磁场和工频电磁场

电磁辐射按频率分为射频电磁场和工频电磁场。

交流电的频率达到每分钟 10 万次以上时所形成的高频电磁场称为射频电磁场，如移动通信基站电磁辐射场。当交流电频率低于 10 万赫兹时所形成的电磁场称为工频电磁场，常见于人工型电磁场源，如 50Hz 交流电的输变电系统。

（二）近区场和远区场

根据电磁场本身特点分为近区场（感应场）和远区场（辐射场）。

1. 近区场

近区场以场源为中心，在一个波长范围内的区域称为近区场，其作用方式主要为电磁感应，所以又称为感应场。感应场受源的距离限制，主要有以下几个特点。

①电场强度 E 与磁场强度 H 没有明确的关系，因此在近区场测量电磁辐射功率密度时，电场和磁场强度都要分别测量。一般在高电压低电流的场源电场强度比磁场强度大很多；反之低电压高电流的场源附近磁场强度远大于电场强度。

②感应场内电磁场强度远大于辐射场的电磁场强度，且感应场内的电磁场强度随距离衰减的速度也远大于辐射场。

③感应场的存在与辐射源密切相关，是不能脱离场源独立存在的一种电磁场。

2. 远区场

对应于近区场，在一个波长之外的区域称为远区场，也称为辐射场。辐射场有别于感应场，有自己的如下传播规律。

①电场强度 E 和磁场强度 H 有固定的比例关系，因此在测量远区场的电磁场强度时可以只测量电场强度 E，由下式可得到磁场强度 H：

$$E = \sqrt{\mu_0 / \varepsilon_0} H = 377H$$

$$(7-12)$$

式中 $\mu_0 = 4\pi \times 10^{-7} \mathrm{N/A}^2$，是真空磁导率；

$\varepsilon_0 = 8.854187817 \times 10^{-12} \mathrm{F/m}$，是真空介电常数。

②电场强度 E 和磁场强度 H 相互垂直，且都垂直于传播方向。

③电磁波的传播速率为 $C = 1/\sqrt{\mu_0/\varepsilon_0} = 3 \times 10^8 \text{m/s}$。

通常，对于一个固定的可以产生一定强度的电磁辐射源来说，近区场辐射的电磁场强度较大，所以，应该格外注意对电磁辐射近区场的防护。对电磁辐射近区场的防护，首先是对作业人员及处在近区场环境内的人员的防护，其次是对位于近区场内的各种电子、电器设备的防护。而对于远区场，由于电磁场强度较小，通常对人的危害较小，这时应该考虑的主要因素就是对信号的保护。另外，应该对近区场有一个范围的概念，对人们最经常接触的从短波段 30MHz 到微波段 3 000MHz 的频段范围，其波长范围为10m 到 1m。

（三）自然型和人工型电磁场源

1. 自然型电磁场源

自然型电磁场源来甘于自然界，是由自然界中某些自然现象所引起的，常见的如大气与空电污染源（自然界的火花放电、雷电等），太阳电磁场源和宇宙电磁场源。

2. 人工型电磁场源

电磁辐射污染主要来源于人工型电磁辐射场源，也是人类能进行控制治理的辐射场源。一般将人工型辐射场源分为以下三类。

（1）单一杂波辐射

指特定电器设备与电子装置工作时产生的杂波辐射，它因设备与装置的不同而具有特殊的波形和强度。单一杂波辐射主要成分是工业、科研和医疗设备的电磁辐射，这类设备信号的干扰程度与设备的构造、功率、频率、发射天线形式、设备与接收机的距离以及周围的地形地貌有密切关系。

（2）城市杂波辐射

可理解为环境电磁辐射人工辐射源的环境背景值，它是源于人类日常使用电气设备时释放的、在空间中形成的远场电磁辐，是评价大环境质量的一个重要参数，也是城市规划与治理诸方面的一个重要依据。

（3）建筑物杂波

建筑物杂波一般呈现冲击性与周期性规律，主要源于变电站、工厂企业和大型建筑物以及构筑物中的辐射源。这种杂波多从接收机之外的部分串入到接收机中，产生干扰。

三、移动通信基站电磁辐射环境监测

对超过豁免水平的电磁辐射体，必须对辐射体所在的工作场所以及周同环境的电磁辐射水平进行监测，并将监测结果向所在地区的生态环境部门报告。下面以移动通信基站电磁辐射环境监测为例进行讲述。

（一）监测条件

监测应选择无雨雪天气进行，现场监测工作须有两名以上的监测人员，监测时间建议在 8：00 ~ 20：00 之间。测量仪器根据监测目的分为非选频式宽带辐射测量仪和选频式辐射测量仪。进行移动通信基站电磁辐射环境监测时，采用非选频式宽带辐射测量仪；需要了解多个辐射电磁波发射源中各个发射源的电磁辐射贡献量时，采用选频式辐射测量仪。监测应尽量选择具有全向性探头的测量仪器。使用非全向性探头时，监测期间必须调节探测方向，直至测到最大场强值。

对于非选频式宽带辐射测量仪要求频率响应在 800MHz 至 3GHz 之间时，探头线性度应当优于 ±1.5dB，其他频率范围线性度应当优于 ±3dB；动态范围要求检出限应当优于 $0.7 \times 10-3 W/m^2$（0.5V/m），上检出限应当优于 $25W/m^2$（100V/m）；同时对整套测量系统各向同性偏差小于 2dB。

对于选频式辐射测量仪要求测量误差小于 ±3dB，频率误差小于被测频率的 10″3 倍，动态范围要求至少优于 $0.7 \times 10^{-3} W/m^2$（0.5V/m） ~ $25W/m^2$（100V/m），各向同性偏差应当小于 2.5dB。

2. 监测步骤

①收集被测移动通信基站的基本信息，包括移动通信基站名称、编号、建设地点、建设单位和类型；发射机信号、发生频率范围、标称功率、时间发射功率；天线数目、天线型号、天线载频数、天线增益、天线极化方式、天线架设方式、钢塔桅类型、天线离地高度、天线方向角、天线俯仰角、水平半功率角、乖盲半功率角等参数。

②监测参数的选取，根据移动通信基站的发射频率，对所有场所监测其功率密度或电场强度。

③测量点位的选择。监测点位一般布设在以发射天线为中心半径 50m 范围内可能受到影响的保护目标，根据现场环境情况可对点位进行适当调整。具体点位优先布设在公众可能达到距离天线最近处，也可根据不同目的选择监测点位。移动通信基站发射天线为定向天线时，监测点位的布设原则上设在天线主瓣方向内，必要时画出布点图。

在室内测量时一般选取房间中央位置，点位与家用电器等设备之间距离不少于 1m。在窗口位置监测，探头尖端应在窗框界面以内。探头尖端与操作人员之间距离不少于 0.5m。对于发射天线架设在楼顶的基站，在楼顶公众可能活动范围内设监测点位。进行监测时，应设法避免或尽量减少周边偶发的其他辐射源的干扰。

④监测时间和读数。在移动通信基站正常工作时间内进行监测。每个测点连续测 5 次，每次监测时间不小于 15s，并读取稳定状态下的最大值。若监测读数起伏变化较大，适当延长监测时间，减小间隔时间。测量仪器为自动测试系统时，可设置于平均方式，每次测试时间不少于 6min，连续取样数据采集取样频率为 2 次 /s。

⑤测量高度。测量仪器探头尖端距地面或立足点 1.7m。根据不同监测目的，可调整测量高度。

⑥数据记录与处理。记录移动通信基站的基本信息和监测条件信息（环境温度、相对湿度、天气状况；测量起始时间，测量人员和测量仪器等）。

四、输变电站电磁辐射环境监测

目前，我国对高压输变电设施的工频电磁场强度限值进行了严格的设定。按照国家标准，工频磁场强度应该在 100μT（微特）以下，工频电场强度应该在 5kV/m 以下。所有这些高压输变电设施在正式投入运营之前，都必须要通过工频电磁场的环保检测。

在输变电线路测量中，参照 HJ/T24-2014《环境影响评价技术导则输变电工程》中的要求测 1.5m 处的工频电场强度垂直分量、磁场强度垂直分量和水平分量，理论上使用一维探头便能满足要求但在测量工频电场总强时，三维探头仪，器更加方便和准确。

测量工频电磁场时要根据不同的监测要求选择监测点位和高度。测量 500 kV 超高压送变电线路的工频电磁场强度时，沿垂直于导线水平方向场强变化较大，在现场测量工作中应注意点位和高度的选择，准确定位，便于重复测量。

另外，当仪表介入到电场中测量时，测量仪表的尺寸应使产生电场的边界面（带电或接地表面）上的电荷分布没有明显畸变；测量探头放入区域的电场应均匀或近似均匀。场强仪和邻近固定物体的距离应该不小于 1m，使固定物体对测量值的影响限制到可以接受的水平之内。测量正常运行高压架空送电线路的工频电场时，根据 DL/Z 988-2005《高压交流架空送电线路、变电站工频电场和磁场测量方法》的要求，测量地点应选在地势平坦、远离树木，没有其他电力线路、通信线路及广播线路的空地上，一般选择在导线档距中央弧垂最低位置的横截面方向上。

单回送电线路应以中间相导线对地投影点为起点，同塔多回送电线路应以对应两铁塔中央连线对地投影点为起点，测量点应均匀分布在边相导线两侧的横截面方向上。对于以铁塔对称排列的送电线路，测量点只需在铁塔一侧的横截面方向上布置。送电线路最大电场强度一般出现在边相外。除此之外，可在线下其他感兴趣的位置进行测量，要详细记录测量点以及周围的环境情况。

若在民房内测量，应在距离墙壁和其他固定物体 1.5m 外的区域进行，并测出最大值，作为评价依据。如不能满足上述与墙面距离的要求，则取房屋空间平面中心作为测量点，但测量点与周围固定物体（如墙壁）间的距离至少 1m。

若在民房阳台上测量，当阳台的几何尺寸满足民房内场强测量点布置要求时，阳台上的场强测量方法与民房内场强测量方法相同；若阳台的几何尺寸不满足民房内场强测量点布置要求，则应在阳台中央位置测量。

民房楼顶平台上测量，应在距离周围墙壁和其他固定物体（如护栏）1.5m 外的区域内进行，并得出测量最大值。若民房楼顶平台的几何尺寸不能满足此条件，则应在平台中央位置进行测量。

对于工频电磁场，在有导电物体介入的情况下，电场在幅值、方向上会改变，或者两者都改变了，从而形成畸变场。同时，由于物体的存在，电场在物体的表面上通常会产生很大的畸变。因此测量时，测试人员应离测量仪表的探头足够远，一般情况下至少要 2.5m，避免在仪表处产生较大的电场畸变。测量人员靠得过近，会使仪表受人体屏蔽，测得电场值偏低；而当测量仪表在较高位置（甚至由测量人员手持）时，则由于人体导致仪表所在空间电场的集中，往往使测试结果偏高。测量人员手持仪表进行测量是不对的，在极端情况下可能使测得的电场值成倍地偏高。

在进行工频电磁场测量时，要及时掌握被测输变电设施的工况负荷，如线路电压和运行功率等。记录工频电磁场强度测量结果对应被测输变电设施的工况条件，以便于追溯。应在无雨、无雪、无浓雾、风力不大于三级的情况下测量。特别要关注环境湿度的变化。测量时空气相对湿度不宜超过80%，否则仪器部件可能形成凝结层，产生两极泄漏，内部测量回路被部分地短接。绝缘支撑物会对测量结果产生影响，在环境潮湿时则影响更大。如有的工频电场仪测量中木质支架使测量数值偏高，改用塑料支架后测量数据恢复正常。

第八章 环境监测技术的创新发展

第一节 环境监测创新技术管理

一、网络环境监测技术管理

(一)环境监测网络概述

环境监测网是在一定区域内由环境监测站(点)组成的环境监测数据生产系统,网络的节点是监测点位或者断面。环境监测网将独立分散的环境监测单元(环境监测点位/断面)及其运行管理机构(环境监测站)联络起来,按照统一的技术规范与标准运作。其任务是联合协作,开展各项环境监测活动,汇总数据并综合分析,向各级政府及公众报告环境质量状况。

环境监测网络的基本要素包括监测点位和工作机构—环境监测点位是为获取有代表性的环境质量数据而设置的样品采集位置或场所,是开展环境监测活动的基本单元,在环境监测方案制定与执行、数据传输交换、环境质量综合分析、环境信息共享、领导决策支持等环境监测和环境管理活动中发挥重要作用。工作机构即各级环境监测站,承担着环境监测网的运行、维护、管理和各点位的具体监测工作。

（二）环境监测网络层级与信息系统

《环境保护法》规定："国家应建立、健全环境监测制度。国务院环境保护主管部门制定监测规范，会同有关部门组织监测网络，统一规划国家环境质量监测站（点）的设置，建立监测数据共享机制，加强对环境监测的管理"（第十七条）。根据组织管理结构，我国环境监测网络分为国家环境监测网、省级环境监测网、市级环境监测网、县级环境监测网四级网络。

国家环境监测网承担国家环境监测任务，由国家建设、运行和管理，即由生态环境部负责组织管理，中国环境监测总站负责技术指导与日常运行维护，省级或市级监测站作为成员单位承担监测任务。国家环境监测网开展地表水、饮用水水源地、空气、酸沉降、沙尘天气影响、近岸海域、生态、温室气体与空气背景、城市噪声等各环境要素监测和污染源监督性监测工作。

省级环境监测网是在省辖区范围内由环境监测站（点）组成的环境监测数据生产系统，网络的节点是辖区内监测点位或断面。省级环境监测网由省级地方人民政府环境保护主管部门组织建设和管理，以省级环境监测部门为业务牵头单位。省级环境监测网的任务是承担省级环境监测任务，开展辖区内各项环境监测活动，汇总数据并综合分析，提供辖区内环境质量状况基础数据与报告。市级环境监测网和县级环境监测网分别承担市级和县级的环境监测任务。县级以上地方人民政府环境保护主管部门分别负责市级环境监测网和县级环境监测网的组织建设和管理，市级环境监测站和县级环境监测站分别为市级环境监测网和县级环境监测网的业务牵头单位。

全国环境监测网由国家环境监测网、部门环境监测网、地方环境监测网三部分组成，既有收集、传输环境质量信息的功能，又要具备组织管理各级监测站点的功能。

首先必须建设完善的信息系统，分类如下：

1. 数据管理与存储系统

对于各种监测结果，针对开发软件进行录入修改、查询、打印、删除等管理操作和数据备份、恢复等存储操作，通过计算机网络将实验室的分析仪器连接起来，将分散、零乱的数据有机地组合存储起来，并且使用软件自带的计算、统计和简单分析功能，完成对数据的初级处理。改变了以往手工填制报表、人工汇总数据和查阅纸质表格的传统方式，提高了数据计算的准确性、报表生产的质量和数据检索的效率。

通过建立以实验室为中心的分布式管理体系，根据科学的实验室管理理论和计算机数据库技术，建立完善的质量保证体系，实现检验数据网络化共享、无纸化记录与办公、资源与设备管理、人员量化考核，为实验室管理水平的整体提高和实验室的全面管理提供先进的技术支持。比如实验室信息管理系统（LIMS）、空气自动监测数据库、地表水自动监测数据库、生态监测数据库，等等。

2. 数据传输和共享系统

为实现各级环保部门的数据共享，各级监测站通过建立 VPN 专线网络，将各个不同部门的服务器连接起来，通过文件夹共享、远程控制等方式，使部门之间可以读取和管理共享监测结果以及其他相关的数据。此类应用可提高科室间的数据交流效率，节省监测及数据成本。例如，空气自动监测数据传输系统，水质自动监测数据传输系统等。

3. 自动监测设备运行和管理系统

越来越多的城市空气自动监测站和水质自动监测站的建立，对大气、地表水等环境进行全天 24 小时不间断监测，当监测人员需要查看自动站的工作状况、读取监测数据、控制自动站运行时，只要在办公室通过计算机即可对远程的自动监测仪器进行操控。同时，设备的配套软件也可对数据进行统计汇总，生成图表和变化曲线，以便监测人员实时掌握空气质量状况。此类应用是通过计算机设备来控制仪器工作，具有自动化程度、采样精度和工作效率都较高的特点，已逐渐成为目前我国各地、城市最主要的城区大气及水环境监测方法。比如，水质自动监测远程监控平台，自动监测设备远程指控装置等。

4. 环境数据发布系统

随着社会大众的环境意识逐渐提高，对环境信息的知情权要求也在不断增长，监测部门可以通过网站在互联网上发布最新的空气质量报告和其他环境信息，并提供对过去发布内容的查询。此类应用一般采用自建 WEB 服务器的形式来建立网站，定时发布环境数据。比如，全国空气质量发布系统。

5. 卫星遥感及地理信息系统

通过卫星或无人机进行大面积快速遥感监测，采用 GIS（地理信息系统）技术、数据库访问技术以及多媒体技术将各种环境信息在地图上形象生动地表现出来，实现环境数据信息的可视化和地理信息分析等功能。地图包括：大气降尘、水质、城市道路噪声监测点位图；水功能区分布图；城市区域噪声网络分布图；污染源分布示意图等。例如，地面卫星移动基站，无人机遥感监测，城市灰霾卫星监测等。

（三）环境监测网络发展

随着生态文明建设和环境管理战略转型的深入推进，环境监测网的领域范围和指标频次将顺应监测预警与质量考核的需求进一步优化和拓展，形成对全部污染源排放的所有污染物以及所有纳污介质的监测能力，仪器装备向自动化、智能化方向发展，监测对象从常规污染物向有毒有害物质发展。

1. 环境监测网络功能拓展面临新需求

《中共中央关于全面深化改革若干重大问题的决定》其中要求：必须建立系统完整的生态文明制度体系，实行最严格的源头保护制度、损害赔偿制度、责任追究制度，完善环境治理和生态修复制度；要建立资源环境承载能力监测预警机制，改革生态环境保护管理体制；建立和完善严格监管所有污染物排放的环境保护管理制度，独立进行环境监管与行政执法；建立陆海统筹的生态系统保护修复和污染防治区域联动机制等。随着生态文明建设的蓝图在理论创新与实践探索中日益清晰，需要环境监测提供的支撑与服务更加丰富，环境监测网络建设需要进一步拓展功能、调整布局。

2. 环境监测网络发展趋势

环境监测网络发展建设须融入生态环境保护管理体制改革的大局中统筹考虑，与建立陆海统筹、天地一体的环境监测预警体制要求相适应、相一致。

（1）监测项目将向囊括所有污染物、所有污染源、所有污染介质的方向发展

以"山水林田湖"统一保护、统一修复为目标，对所有污染源排放的所有污染物，以及所有污染介质实施统一监测。其中污染源包括点源（如矿山）、面源（如农业）、固定源（如工厂）和移动源（如车、船、飞机）等；纳污介质包括大气、土壤、地表水、地下水和海洋等。补充完善生态、土壤、电磁波、放射性、环境振动、热污染、光污染监测，整合部门间地表水、地下水、海洋等监测资源，统一规划、统一布局、统一标准，建设"陆海统筹、天地一体"的立体生态环境监测网络体系。

（2）网络功能定位将向环境质量评价、考核、预警三位一体的方向发展

改善环境质量是环境保护工作的目的，随着环境管理战略转型的深入推进，环境质量监督管理职能得到强化，把环境质量作为环境保护目标和环境补偿机制考核的重要依据，要求环境监测网的功能也随之从以环境质量评价为主，向环境质量评价、监督考核以及环境风险预测预警等方面不断拓展。环境质量评价是环境监测量基本功能，应进一步优化监测点位和断面，健全环境质量评价标准和技术，使评价结果与人民群众的实际感受相一致。按照环境质量监督检查和考核评估要求，在重点流域、区域开展环境质量监督考核试点，合理设置和补充跨界考核点位和断面。逐步建立和完善国家、区域、省、市四级环境质量预报预警体系，在重点区域、流域、重要生态功能区增加挥发性有机物、重金属、生物毒性等有毒有害物质的自动监测能力，加强对潜在环境风险的分析评估，及时发现并跟踪重点污染源的环境风险隐患。

（3）技术手段将向自动化、智能化、信息化的方向发展

随着科学技术的发展进步，环境监测技术手段和仪器设备性能日新月异，环境监测网络信息化、智能化的运行管理体制正在逐步形成，也将是今后一段时间的发展趋势。加强物联网技术、云计算技术在环境监测网络中的应用，建设全方位、多尺度、全覆盖的网络化自动在线监控和信息管理发布系统，在提高环境监测网络生产效率的基础上，更重要的是能够随时对自动监测设备运行状况和数据处理过程进行监控和分析，提高监测数据的准确性。

二、天地一体化环境遥测技术体系

环保部门不断实践和探索"天地一体化"工作机制与模式，已经逐步形成环境遥感监测业务运行技术体系，构建了环境遥感监测与评价业务运行方案。

（一）天地一体化环境监测预警

天地一体化环境监测预警是指充分发挥卫星和航空环境遥感监测大范围、快速、动态、客观等技术特长，紧密结合地面环境监测精确性、综合性、追踪性等特点而形成的一种立体式环境监测预警体系。

"天"即指环境遥感监测预警，包括卫星环境遥感监测预警（以卫星为飞行平台搭载传感器对地表环境状况等进行宏观监测预警），以及航空环境遥感监测预警（主要以无人机为飞行平台搭载传感器对地表环境状况等进行精细监测预警）。环境遥感监测预警的特点是宏观、快速、动态、客观和数据的连续性，主要监测对象为宏观层面的水、大气、生态等环境状况。国家层面的环境遥感监测预警工作主要由生态环境部卫星环境应用中心承担，地方层面的环境遥感监测预警工作主要由地方环境监测站承担。

"地"即地面环境监测预警，即按照环境标准及相关技术规范，对水、气、土壤、辐射、生物等环境中相关因子的浓度、数量、分布等以及污染物排放状况进行分析、评价和监督的活动。地面环境监测的特点是微观、精确、网络化和数据的离散性，主要监测预警对象为监测点位覆盖范围的微观层面的水、气、生态、土壤、辐射、生物等环境状况。国家层面的地面环境监测预警主要由中国环境监测总站承担，地方层面的地面环境监测预警工作主要由地方环境监测站承担。

综上所述，环境遥感监测预警和微观层面的地面环境监测预警优势补充，同为国家环境监测预警的重要组成部分，二者有机结合形成了天地一体化的立体式环境监测预警体系。

（二）环境遥感业务运行方案

业务运行包括环境卫星遥感影像数据产品的分发、环境卫星定量反演产品的分发与服务，以及水、气、生态等方面的卫星环境遥感监测等。

1. 环境卫星遥感影像产品的生产、分发与服务

面向环境遥感业务应用，开展以环境卫星为主要数据源的基本图像数据产品生产、分发与服务，主要包括几何精校正产品、正射影像产品和大气校正产品，形成基本图像数据产品库，支持水环境、大气环境和生态环境的遥感监测与应用，同时满足向社会提供标准数据产品的需求。开展遥感专题制图产品的制作，为管理部门和地方提供标准制图服务。

2. 环境卫星专题产品生产与分发服务

通过环境专题信息的遥感反演，制作成专题数据产品，并对数据产品进行真实性检验，在此基础上，进行专题产品的生产、分发服务。生产的专题产品主要有植被指数（NDVI）、增强植被指数、植被覆盖度、叶面积指数（LAI）、光合有效辐射吸收系数（fPAR）、植被净第一生产力（NPP）、地表蒸散（ET）、地表温度（LST）、土壤含水量、土地利用/覆盖、生态系统类型、景观生态指数等数据产品。为区域生态环境遥感监测与评价应用、生态环境部与地方环境管理提供基本专题数据支持。

3. 水环境遥感监测与评价

（1）全国九大湖库水体富营养化遥感监测

利用环境卫星或其他卫星数据，结合同期的地面实测数据，对全国九大湖库水体的富营养状态进行遥感监测，主要监测指标为营养状态指数，基于营养状态指数对水体的

富营养化进行分级分析。

（2）全国重点湖库的水华遥感监测

利用环境卫星或其他卫星数据，对全国重点湖库的水华情况进行遥感监测。主要监测内容为水华分布的面积及发展趋势。日报监测范围为太湖、巢湖；周报监测范围为9个重点湖库；月报与年报的监测范围为28个重点湖库。若有突发情况可以实现按需进行监测。

（3）全国典型饮用水水源地遥感监测与评价

利用环境卫星或其他中高分辨率卫星数据，对全国典型饮用水水源地进行遥感监测与评价。主要监测内容是水体制图、水体消落带的提取、取水口周边情况排查、水源地保护生态安全评价。

（4）全国近岸海域水环境遥感监测

利用环境卫星或其他中高分辨率卫星数据，对全国近岸海域水环境进行遥感监测。主要监测内容为海岸带线提取、海岸带人类活动、近岸海域主要水质参数、泥沙堆积情况。主要监测区域为渤海的渤海湾，黄海的胶州湾，东海的舟山群岛海域，南海的港澳海域。

（5）全国跨界河流遥感监测

利用环境卫星或其他中高分辨率卫星数据，对全国跨国界河流进行遥感监测，主要监测内容为跨国界河流制图、境外河流及岸边情况调查、河道变化，主要监测范围为15条跨国界河流。

（6）全国重点河流水资源监测

利用环境卫星或其他中高分辨率卫星数据，对全国重点河流的水资源情况进行遥感监测，主要监测内容为河宽、河流的断流、封冻期等，主要监测范围是北方大中型河流，主要是黄河与松花江。

（7）全国重点流域水环境遥感监测

利用环境卫星或其他卫星数据，对全国重点流域的水环境进行遥感监测，主要监测内容为流域内水域面积、重大人类活动影响、非点源总氮、总磷、流域水环境生态评估，主要监测范围为太湖流域和鄱阳湖流域。

（8）水环境应急监测

利用环境卫星或其他卫星数据，对水环境方面的紧急情况进行应急监测，主要监测内容为溢油分布、溢油面积及变化、赤潮分布、赤潮面积以及变化。

4. 大气环境遥感监测与评价

（1）颗粒物污染遥感监测

利用环境卫星、MODIS、CBERS等数据，对华北平原、长三角、珠三角等重点研究区进行颗粒物污染监测，主要监测指标是PM10浓度分布、等级。

（2）霾等级及污染遥感监测

利用环境卫星、MODIS等数据，对全国进行霾等级及污染监测，监测指标为霾分布、等级、面积分析及统计。

（3）沙尘遥感监测

利用环境卫星、MODIS 等数据，对中国北方地区进行沙尘遥感监测，监测指标包括沙尘分布、强度、面积及分析统计。

（4）秸秆焚烧遥感监测

利用环境卫星、MODIS、NOAA 等数据，在全国范围之内开展秸秆焚烧遥感监测，监测热异常点分布及火点数目。

（5）污染气体 / 温室气体遥感监测

以 OMI、AIRS 为数据源，在全国范围内进行污染气体遥感监测，监测指标为二氧化氮、二氧化硫、一氧化碳浓度及分布；以 AIRS 为数据源，在全国范围内进行温室气体遥感监测，监测指标为甲烷、二氧化碳的分布以及浓度。

（6）区域环境空气质量遥感分析与评价

以环境卫星、MODIS 及国外卫星气体监测数据为数据源，在华北平原、长三角、珠三角等重点研究区开展区域环境空气质量评价工作，主要包括 PM10、能见度、NO2 等环境指标。

5. 生态环境遥感监测与评价

（1）国家级自然保护区遥感监测

利用环境卫星及高分辨率遥感数据，对国家级自然保护区生态环境质量现状和动态变化进行监测，监测指标包括：保护区内核心区、缓冲区和试验区城镇、居民点、工矿企业、道路和农田分布及面积；人类干扰指数、土地利用程度；归一化植被指数；景观多样性指数、景观破碎度指数；生态弹性度指数进行监测和评价。

（2）重要生态功能保护区生态遥感监测

利用环境卫星数据、生态系统分类产品数据、土地利用产品数据和其他辅助数据，监测生态系统结构及面积变化；生态类型转移分析；人类干扰与生态破坏程度；景观格局指数；主要生态功能变化等生态功能保护区的生态环境状况，并对重要生态功能区的生态系统结构和服务功能进行评价，为国家的重要生态功能区管理提供监测与评价应用数据产品和技术支持。

（3）全国生态环境状况遥感监测与评估

利用环境卫星等遥感数据，对全国生态环境质量相关因子进行遥感监测，并在此基础上，结合必要的地面监测数据，进行生态环境质量评价，为生态环境部进行宏观生态管理和生态建设提供技术支持。包括生态系统宏观结构监测、生态系统自然条件监测、生态系统生产力监测和生态系统人类胁迫信息监测。据此，进行生态环境质量指数（EI）的计算，完成对全国生态环境质量的综合评价。

（4）生物多样性遥感监测

利用环境卫星及其他高光谱、高分辨率遥感数据、不同单植被群落实测光谱数据、地面生物多样性调查数据及其他如地貌图、植被图、生态系统分类图等辅助数据，主要监测植被指数 NDVI 等、香农多样性指数、生态系统多样性、景观丰富度和景观多样性、外来入侵物种。

（5）重大工程遥感监测

利用环境卫星数据，结合其他遥感数据源和地面调查数据，对正在施工建设和已经建成的大型工程对生态环境的影响进行监测和评价。主要监测大型工程开工状态、建设过程；面积、数量、空间分布；是否属于未批先建；已建工程生态占用；工程生态影响（植被覆盖、水环境污染、粉尘污染、水土流失、景观格局变化等）等。

（6）土地退化遥感监测

利用环境卫星遥感数据，辅以地面调查数据及基础地理数据等，对全国和重点区域土壤侵蚀面积；沙化土地面积；盐碱化土地面积；土壤侵蚀强度；沙漠化强度；综合土地退化强度等土壤退化状况进行遥感监测，对土壤退化程度进行分析，为国家土壤生态环境管理提供应用数据产品与技术支持。

（7）自然灾害与次生地质灾害应急遥感监测

利用环境卫星数据，对突发性区域生态环境灾害及其造成的次生地质灾害、生态敏感目标的破坏和生态环境质量状况进行遥感应急监测和评价，为灾区生态环境规划恢复提供技术支持。主要包括雪灾冻害、地震、干旱等生态环境遥感监测。

（8）固废遥感监测

利用环境卫星及其他多源遥感数据、基础空间数据等辅助数据，通过固废信息提取，对固废堆放场空间分布和面积，空间位置及其动态变化、生态恢复状况及周边环境变化进行遥感监测，为国家固废管理提供技术支持。

（9）城市生态环境质量遥感监测与评价

利用环境卫星及部分高分辨率遥感数据，对重点城市比如直辖市、省会城市等进行生态环境质量遥感监测和评价，制作应用数据产品。内容包括城市土地利用遥感监测、城市绿地遥感监测、城市湿地遥感监测、城市热岛效应遥感监测、城市裸露土石方遥感监测等，为生态环境部城市生态管理和决策提供相关技术支持。

（10）全球变化遥感监测

利用环境卫星数据，结合其他遥感数据源和社会统计数据，对全球变化响应敏感区域的冰雪覆盖面积、雪线、海岸线及其对全球变化的反应进行遥感监测。对自然生态系统的碳排放进行遥感估算，定位碳源汇的空间分布，结合社会经济碳排放数据，对中国的碳排放进行估算。

（三）天地一体环境监测技术体系

1. 遥感数据处理与专题图制作技术体系

遥感影像的处理以解压缩、帧同步、分景后的影像为起始处理对象，经辐射定标、大气校正、几何校正等预处理生成各级产品，在此基础上可以进行融合、镶嵌、变化检测、分类、影像分析等处理，生成满足应用目标的专题产品及应用产品。

（1）辐射定标

把图像上的 DN 值转为辐亮度或反射率，以确定传感器入口处的准确辐射值。光学遥感器校正包括绝对定标和相对定标，该处理过程是遥感数据定量化的基础。

（2）大气校正

其指为消除传感器在获取地表信息过程中，大气分子、气溶胶等的吸收和散射影响而进行的辐射校正，分为绝对校正与相对校正。

（3）几何校正

原始影像元在图像坐标系中的坐标与其在地图坐标系等参考系统中的坐标之间存在差异，几何校正即为消除这种差异的过程，主要包括系统几何校正、几何精校正和正射校正。系统几何校正是根据卫星获取影像时的轨道和姿态参数，利用精轨或 GPS 轨道和相应成像时刻的卫星姿态参数，建立粗略的像点和地面点的几何关系，完成系统成像过程中几何变形的粗校正，获得具有地理编码的影像数据。

（4）图像掩膜

按照一幅图像所确定的区域，采用掩膜的方法从相应的另一幅图像中进行选择裁剪，产生一幅或若干幅输出图像。首先按研究范围建立感兴趣区，然后以此建立 mask 图，即 0 ~ 1 二值化处理图像，与子区影像数据进行相乘运算。将感兴趣范围内的光谱值乘以 1，予以保留，范围以外的光谱值乘以 0 予以取消，得到与感兴趣范围相同的图像。

（5）数据融合

将高分辨率影像的空间信息和较低分辨率的光谱信息综合起来，实现优势互补，从而补充单一影像上空间和光谱信息的不足，扩大了信息的应用范围，提高遥感影像分析的精度。

（6）影像镶嵌

将多张经几何校正遥感图像，按一定的精度要求，互相拼接镶嵌成整幅影像图的作业过程，主要包括将多幅影像从几何上拼接起来，以及消除几何拼接以后的图像上因灰度（或者颜色）差异而出现的拼接缝。

（7）区域分幅产品生产

在经几何精校正的影像和无缝镶嵌遥感影像产品基础上形成满足需求的区域或分幅产品。前者是按行政区划、重要城市化区域、重点生态脆弱区、大型工程项目区、生态建设区等区域进行分幅，按照调查区域边界范围裁切镶嵌影像。后者是按照标准分幅方式裁切，具体分幅与编号按照国家基本比例尺地形图分幅和编号规定。

（8）专题图制作

环境遥感专题地图可分为叠加地理要素的普通影像地图和叠加环境专题要素的环境影像地图。普通影像地图综合了遥感影像和地形图的特点，在影像的基础上叠加了等高线、境界线、沟渠、道路、注记等内容；专题影像地图以遥感影像做基础底图，通过解译并加绘有专题要素位置、轮廓界线和注记等，具有较强的表达能力。遥感影像必须层次丰富，清晰易读，色调均匀，反差适中。图上地物点对于附近控制点、经纬网或公里格网点的位置中误差不大于 ±0.50mm，特殊情况下不大于 ±0.75mm，根据制图需要可适当放宽，但不应超过上述指标的两倍。输出分辨率为 300 ~ 600dpi，扫描分辨率为 1200 ~ 2400dpi。图形应清晰，无发糊虚断现象，色彩应统一，色值应该正确。

（9）质量检查

质量检查标准参考规定，主要包括：检查各要素符号是否正确，尺寸是否符合标准规定；检查各要素关系是否合理，是否有重叠、压盖现象；检查各名称注记是否正确，位置是否合理，指向是否明确，字体、字号、字向是否符合规定；检查注记是否压盖重要地物或点状符号；检查图面配置、图廓内外整饰是否符合规定，是否正确、完整；检查图面要素表示方法是否符合国家有关地图管理规定。

2. 天地一体化水环境遥感监测技术体系框架

遥感在水质指标中的研究应用，从最初单纯的水域识别发展到对水质指标进行遥感监测、制图和预测，从定性发展到定量。水环境遥感监测指标体系包括空间、物理、化学、生物、综合等 5 大类 15 项指标，叶绿素、SS、CDOM、水温等可以通过光谱特征直接进行遥感分析，其他指标较难找到独立的光谱特征，需利用不同物质之间的相关关系间接进行遥感分析。

3. 天地一体化生态环境遥感监测体系框架

考虑到地面观测数据的重要作用，为更好地实现天地一体化生态环境监测，进一步增加反演模型的可靠性与精确性，需要同时开展生态系统参数野外观测。地面生态环境监测主要是通过布设不同尺度大小的样区和样地，对不同类型生态系统进行包括生物量、植被盖度、叶面积指数等参数观测，一般通过实地调查、专业仪器以及布设样线法和样方等方法获取生态参数，对不同类型生态系统，需要观测内容各不相同。

三、环境遥感监测业务

面向新时期环境保护工作要求，围绕国家已发布与即将发布的《大气污染防治行动计划》《水污染防治行动计划》《土壤污染防治行动计划》等指导思想，环保部门积极开展环境遥感监测业务，在大气环境遥感方面形成颗粒物 PM2.5、灰霾、秸秆焚烧、污染气体遥感监测四项核心业务；在水环境遥感方面形成水华、水质、饮用水水源地、良好湖泊、面源污染遥感监测五项核心业务；在生态环境遥感方面形成生态保护红线区、自然保护区、重点生态功能区、资源开发区、生物多样性优先区、跨界区域、农村生态环境遥感监测七项核心业务；在环境监管遥感方面形成污染源排查、环境专项执法、环境应急、环评遥感监测等四项核心业务，其主要包括以下方面：

（一）面向大气污染防治的环境遥感监测

1. 大气颗粒物及灰霾监测

以可吸入颗粒物（PM2.5）、灰霾为主要监测指标，对全国范围以及京津冀、长三角、珠三角、成渝地区、关中地区等重点城市群，对中东部地区、典型环境空气污染区域等进行遥感监测、预警和评价，支撑服务大气污染防治工作。

2. 重点区域污染气体监测

以二氧化硫和氮氧化物为主要监测指标，对辽宁中部、山东半岛、武汉城市群、长株潭、成渝、台湾海峡西岸等主要城市群污染气体浓度及分布进行遥感监测，对大中城市及其近郊、酸雨污染严重地区等进行遥感监测；对国控重点污染源，煤炭、冶金、石油化工、建材等行业的工业废气点污染源进行卫星遥感监测，对典型工业聚集区重点污染企业进行无人机遥感核查。

3. 全国秸秆焚烧动态监测

夏秋两季对全国主要农业区的秸秆焚烧及其环境影响进行监测、分析和评价，为国家和地方环境监察执法提供依据，保障区域环境的空气质量安全。

4. 重点区域沙尘、扬尘监测

针对我国北方沙尘集中发生区域、重点城市及周边区域扬尘等，开展沙尘分布范围、动态变化遥感监测与预警，开展沙尘天气对城市空气质量影响评价；针对中哈、中俄等跨界地区，对沙尘源头、移动路径、沙尘强度、暴发频率进行遥感监测与预警。

5. 重点区域温室气体监测

以二氧化碳、甲烷、臭氧等温室气体遥感监测为重点，开展温室气体重点排放源监测，对全球变化敏感区域的环境空气质量变化进行遥感监测、预警与评价，支撑服务我国环境履约、环境外交等等工作。

（二）面向水污染防治的环境遥感监测

1. 内陆大型水体水环境监测

以水华和叶绿素、悬浮物、透明度、富营养化指数等为主要监测指标，对太湖、巢湖、滇池、洞庭湖、鄱阳湖、丹江口水库等水体水质进行监测；以湖泊水质与湖泊岸边带人为活动、汇水区生态环境状况为监测重点，开展全国良好湖泊水环境遥感监测。

2. 饮用水安全保障与执法

针对饮用水水源保护区专项执法检查工作需要，开展城市集中式饮用水水源保护区、汇水区内违法建设项目和排污口遥感监控，开展水源地生态环境和汇水区风险源遥感监测与调查；开展南水北调工程沿线保护区风险源等遥感排查和监控。

3. 流域水环境监测

以重点流域植被覆盖、水体分布、河网密度等生境指标为主，对流域水生态质量进行遥感监测和预警；开展重点流域内闸坝建设情况、流域工业园区分布、河滨带、河滩地开发利用情况遥感监测。

4. 典型水污染源监测

以总氮、总磷、氨氮、化学需氧量为主要监测指标，开展全国重点流域面源污染遥感估算；针对沿江沿河的化工、造纸、印染等几类大型企业，开展有害物质工业污染源及工业污水排放口遥感调查，特别对水源保护区上游的大型企业群进行长期的遥感动态监控；开展全国核电厂温排水影响范围遥感监测和评估。

5. 水环境异常巡查

基于中低分辨率卫星遥感普查、高分辨率卫星/无人机遥感详查、地面核查的"三查"业务模式，开展全国重点水体湖泛、水华等水色异常问题，重点流域水生态异常，重点海域赤潮、溢油和浒苔等环境遥感巡查和应急监测。

6. 近岸海域水环境监测

以叶绿素、悬浮物、透明度等为监测重点，开展渤海、黄海、东海、长江口、珠江口等海域水环境质量遥感监测，开展环渤海、北部湾、三亚湾等近岸海域开发利用状况遥感监测，开展湄州湾、大亚湾、洋浦湾等近岸海域主要航道浮油遥感监测，开展全国典型区域海岸带滨海湿地、红树林等水生态环境遥感监测，开展了重点海域岸线遥感监测。

（三）面向国家生态保护的环境遥感监测

1. 全国生态环境变化调查与评估

根据国家生态管理需要，每五年开展一次全国尺度、典型区域尺度和省级尺度的生态环境遥感调查，动态反映生态系统格局、质量、服务功能状况，查明区域生态环境问题与胁迫，提出全国生态保护对策与政策建议；同时，需要指导地方环保部门开展生态环境遥感调查与评估，按照国家统领、省部联动的工作思路，完成各省生态环境遥感调查评估。

2. 全国生态保护红线监管

基于遥感划定全国及省级生态保护红线区域，对重点生态功能区、生态敏感区、生态脆弱区等生态红线划定区进行生态保护红线遥感监测，监控红线区域生态系统变化、生态功能与质量、人为干扰、生态风险等状况。同时，生产加工生态保护红线相关遥感影像、生态系统分类与生态参数产品，满足有关单位对遥感数据以及各级应用产品的需求。

3. 典型区生态环境监测与评估

开展自然保护区生态环境和人类活动影响监控，开展生物多样性优先区生境及外来物种入侵状况遥感监测与评估，以及易灾区、国家森林公园和国家风景名胜区生态状况遥感调查与评估；开展重要生态服务功能区动态监测，评估水源涵养、洪水调蓄、防风固沙、水土保持等生态服务功能；开展国家重点生态功能区县域生态环境质量考核无人机遥感核查。

4. 区域生态资产和生态承载力评估

开展全国和典型区域生态系统遥感动态监测与评估，构建基于遥感的生态资产与生态承载力计算与评价指标体系，开展生态资产负债表编制与区域生态承载力核定；基于区域生态承载能力和生态载荷现状评价结果，揭示区域主要生态问题，并对区域生态保护和可持续发展提出相应对策与建议。

5. 城市和农村生态环境监测

对城镇及其周边生活垃圾堆放、危险废弃物产生重点企业，以及铬渣等历史堆存和遗留危险废弃物场地进行遥感监测，对城市绿地、城市热岛、城市土地开发利用等进行遥感监测与评估；开展重点流域、区域农村面源污染遥感调查；对农村环境连片整治环境处理设施建设情况、畜禽养殖场环境治理设施以及有机食品基地环境状况进行遥感监测等。

6. 国家重大生态保护治理工程建设效果评估

对天然林保护、天然草原恢复、退耕还林、退牧还草、退田还湖、防沙治沙、水土保持等生态治理工程进行遥感监测，并且综合评估工程实施成效。

7. 土壤污染状况监测与评估

针对重金属、有机污染等不同土壤污染类型，对污灌区、固体废物堆放区、矿山区、油田区、工业废弃地等土壤污染状况进行遥感监测和评估，对铅、汞等土壤重金属污染重点防控区进行遥感监测和评估。

（四）面向环境监察执法的环境遥感监测

1. 日常环境监察执法

对重点工业聚集区大气污染源、重点水源保护区水污染源、国家重点生态功能区县域生态环境质量变化、典型生态破坏问题、热点环境污染问题、企业偷排、垃圾堆放、城市扬尘等进行卫星和无人机遥感监测。

2. 环境专项执法检查技术支持

利用遥感技术动态监测区域生态环境状况变化，支撑自然保护区专项执法检查、集中式饮用水水源保护区专项执法检查、矿产和旅游资源开发活动专项执法检查、非污染建设项目（水力、水电、公路、铁路等）专项执法检查等，服务国家与地方环境监察执法管理。

3. 资源开发区生态环境监管

对全国重点开发区生态环境变化、全国植被长势异常、资源开发活动造成的生态破坏进行监测与评估，对全国重点矿区开发建设活动生态环境影响进行监测与评估；对全国重点生态工程区生态破坏状况进行监测与评估；对磷石膏、赤泥、锰渣、铸造废砂等大宗工业固体废弃物堆存情况开展遥感调查。

4. 核电站建设情况动态监控

对全国在建和拟建核电站建设情况进行遥感动态监测，对已经建核电站生态环境影响进行监测与评估，对核电站温排水情况等进行遥感监测，对核电站泄漏及相关污染进行遥感监测预警，支撑服务国家核安全监管。

（五）面向环境应急与风险防控的环境遥感监测

1. 突发环境事件应急监测

开展重点水域赤潮、溢油以及突发水华、热污染等遥感应急监测，开展污染物泄漏、危险品爆炸、尾矿垮塌、有毒有害品扩散等遥感应急监测、预警和评估，支撑服务国家环境应急管理决策。

2. 自然灾害应急监测与评估

开展地震、泥石流、滑坡、洪涝、火灾、雪灾、风暴等自然灾害引发的环境事故遥感应急监测，以及自然灾害生态环境影响评估。

3. 重点环境风险源调查与评估

利用遥感技术调查评估我国重点环境风险源和环境敏感点，摸清环境风险高发区和敏感区，开展全国尾矿库、重点化工园区环境敏感点遥感监测，开展沿海石化、冶炼、石油开采等潜在环境风险源遥感监测，等等。

（六）面向环境影响评价的环境遥感监测

1. 国家大型工程、重大项目环保验收及环评监理

对三峡工程、南水北调、青藏铁路等国家重大工程生态环境影响进行遥感监测与评估，对沿海主要港口及航道、重点流域水电开发状况进行遥感监测，对公路、铁路、输油（气）管道等线性工程沿线环境敏感目标进行遥感监测，支持工程施工前环境影响评价、工程施工过程监理、工程竣工验收等环评管理工作。

2. 战略环评、规划环评、生态文明建设规划等

开展五大战略环评区（环渤海沿海地区、海峡西岸经济区、北部湾经济区沿海、成渝经济区、黄河中上游能源化工区）生态遥感监测和环境影响评估；针对区域、流域开发利用等综合性规划以及工业、农业、畜牧业、林业、能源、水利、交通、城市建设、旅游等专项规划，开展规划环评遥感业务；开展全国与地方生态文明建设规划遥感应用技术支持。

（七）面向跨界环境问题应对的环境遥感监测

1. 跨界流域环境问题监测与评估

开展跨界流域生态遥感监测、跨界污染纠纷调查遥感技术支持等，对东北、西北、西南等跨国界河流进行大范围遥感监测，增强了解决跨境河流争端能力，提高了我国在流域国家之间谈判的话语权。

2. 我国北方跨界生态变化监测与评估

开展我国北方、蒙古国及中亚等五国生态环境变化态势监测与评估，开展北方跨界地区沙尘遥感监测预警等工作，获取客观、准确的跨界生态环境现状以及变化信息，支撑服务于环境外交管理。

第二节 环境污染自动监测

一、空气污染自动监测

（一）空气污染连续自动监测系统的组成及功能

空气污染连续自动监测系统是一套区域性空气质量实时监测网，在严格的质量保证程序控制下连续运行，无人值守。其由一个中心站和若干个子站（包括移动子站）及信息传输系统组成。为保证系统的正常运转，获得准确、可靠的监测数据，还设有质量保证机构，负责监控、监督、改进整个系统的运行质量，及时检修出现故障的仪器设备，保管仪器设备、备件与有关器材。

中心站配有功能齐全、存储容量大的计算机，应用软件，收发传输信息的无线电台和打印、绘图、显示仪器等输出设备，以及数据存储设备。其主要功能为：向各子站发送各种工作指令，管理子站的工作；定时收集各子站的监测数据，并进行数据处理和统计检验；打印各种报表，绘制污染物质分布图；将各种监测数据储存到磁盘或光盘上，建立数据库，以便随时检索或调用；当发现污染指数超标时，向污染源行政管理部门发出警报，以便采取相应的对策。

监测子站除作为监测环境空气质量设置的固定站外，还包括突发性环境污染事故或者特殊环境应急监测用的流动站，即将监测仪器安装在汽车、轮船上，可随时开到需要场所开展监测工作。子站的主要功能为：在计算机的控制下，连续或间歇地监测预定污染物；按一定时间间隔采集和处理监测数据，并将其打印和短期储存；通过信息传输系统接收中心站的工作指令，并按中心站的要求向其传输监测数据。

（二）子站布设及监测项目

1. 子站数目和站位选址

自动监测系统中子站的设置数目取决于监测目的、监测网覆盖区域面积、地形地貌、气象条件、污染程度、人门数量及分布、国家的经济力量等因素，其数目可用经验法或统计法、模式法、综合优化法确定 C 经验法是常用的方法，包括人口数量法、功能区布点法、几何图形布点法等。

由于子站内的监测仪器长期连续运转，需要有良好的工作环境，如房屋应牢固，室内要配备控温、除湿、除尘设备；连续供电，并且电源电压稳定；仪器维护、维修和交通方便等。

2. 监测项目

监测空气污染的子站监测项目分为两类：一类是温度、湿度、大气压、风速、风向及日照量等气象参数；另一类是二氧化硫、氮氧化物、一氧化碳、可吸入颗粒物或总悬浮颗粒物、臭氧、总烃、甲烷、非甲烷烃等污染参数。随子站代表的功能区和所在位置不同，选择的监测参数亦有差异。

（三）子站内的仪器装备

子站内装备有自动采样和预处理装置、污染物自动监测仪器及其校准设备、气象参数监测仪、计算机及其外围设备、信息收发及传输设备等。

采样系统可采用集中采样和单独采样两种方式。集中采样是在每个子站设一总采样管，由引风机将空气样品吸入，各仪器均从总采样管中分别采样，但总悬浮颗粒物或可吸入颗粒物应单独采样。单独采样系指各监测仪器分别用采样泵采集空气样品。在实际工作中，应多将这两种方式结合使用。

校准设备包括校正污染监测仪器零点、量程的零气源与标准气源（如标准气发生器、标准气钢瓶）、标准流量计和气象仪器校准设备等，在计算机和控制器的控制下，每隔一定时间（如 8h 或 24h）依次将零气和标准气输入各监测仪器进行零点与量程校准，校准完毕，计算机给出零值和跨度值报告。

（四）空气污染连续自动监测仪器

用于连续或间歇自动测定空气中 SO_2 的监测仪器以脉冲紫外荧光 SO_2 自动监测仪应用最广泛，其他还有紫外荧光 SO_2 自动监测仪、电导式 SO_2 自动监测仪、库仑滴定式 SO_2 自动监测仪及比色式 SO_2 自动监测仪等。

二、污染源烟气连续监测系统

烟气连续排放监测系统是指对固定污染源排放烟气中污染物浓度及其总量和相关排气参数进行连续自动监测的仪器设备。通过该系统跟踪测定获得的数据，一是用于评价排污企业排放烟气污染物浓度和排放总量是否符合排放标准，实施实时监管；二是用于对脱硫、脱硝等污染治理设施进行监控，使其处于稳定运行状态。

（一）CEMS 的组成及监测项目

CEMS 由颗粒物（烟尘）CEMS、烟气参数测量、气态污染物 GEMS 和数据采集与处理四个子系统组成。

CEMS 监测的主要污染物有：二氧化硫、氮氧化物和颗粒物。根据燃烧设备所用燃料和燃烧工艺的不同，可能还需要监测一氧化碳、氯化氢等。监测的主要烟气参数有：含氧量、含湿量（湿度）、流量（或流速）、温度与大气压。

（二）烟气参数的测量

烟气温度、压力、流量（或流速）、含氧量、含湿量及大气压都是计算烟气污染物浓度及其排放总量需要的参数。

温度常用热电偶温度仪或热电阻温度仪测量。流量（或流速）常用皮托管流速测量仪或超声波测速仪、靶式流量计测量。烟气压力可由皮托管流速测量仪的压差传感器测得。含湿量常用测氧仪测定烟气除湿前、后含氧量计算得知，也可用电容式传感器湿度测量仪测量。含氧量用氧化锆氧分析仪或磁氧分析仪、电化学传感器氧量测量仪测量。大气压用大气压计测量。

（三）颗粒物（烟尘）自动监测仪

烟尘的测定方法有浊度法、光散射法、β 射线吸收法等。使用这些方法测定时，烟气中其他组分的干扰可忽略不计，但水滴有干扰，不适合在湿法净化设备后使用。

1. 浊度法

浊度法测定烟尘的原理基于烟气中颗粒物对光的吸收。光源与检测器组合件安装在烟囱的左侧，反光镜组合件安装在烟囱的右侧。当被斩光器调制的入射光束穿过烟气到达反光镜组合件时，被角反射镜反射后再次穿过烟气返回到检测器，根据用测定烟尘的标准方法对照确定的烟尘浓度与检测器输出信号间的关系，经仪器校准后即可显示、输出实测烟气的烟尘浓度。仪器配有空气清洗器，以保持与烟气接触的光学镜片（窗）清洁。仪器经过改进，调制、校准及光源的参比等功能用特种 LCD 材料来实现，使整个系统无运动部件，提高了稳定性。LCD 材料具有通过改变电压可以改变其通光性的特点。

2. 光散射法

光散射法基于颗粒物对光的散射作用，通过测量偏离入射光一定角度的散射光强度，间接测定烟尘的浓度。根据散射光偏离入射光的角度不同，其监测仪器有后散射烟尘监测仪、边散射烟尘监测仪和前散射烟尘监测仪。探头式后散射烟/尘监测仪的测定原理：将它安装在烟囱或烟道的一侧，用经两级过滤器处理的空气冷却和清扫光学镜窗口；手工采样利用重量法测定烟气中烟尘的浓度，建立与仪器显示数据的相关关系，并用数字电子技术实现自动校准。

光散射法比浊度法灵敏度高，仪器的最小测定范围和光路长度无关，特别适用于低浓度和小粒径颗粒物的测定。

（四）气态污染物的测定

烟气具有温度高、含湿量大、腐蚀性强和含尘量高的特点，监测环境恶劣，测定气态污染物需要选择适宜的采样、预处理方式及自动监测仪。

1. 采样方式

连续自动测定烟气中气态污染物的采样方式分为抽取采样法和直接测量法。抽取采样法又分为完全抽取采样法和稀释抽取采样法，直接测量法又可分为内置式测量法和外置式测量法。

（1）完全抽取采样法

完全抽取采样法是直接抽取烟囱或烟道中的烟气，经处理后进行监测，其采样系统有两种类型，即热—湿采样系统和冷凝—干燥采样系统。

热—湿采样系统适用于高温条件下测定的红外或紫外气体分析仪。其由带过滤器的高温采样探头、高温条件下运行的反吹清扫系统、校准系统及气样输送管路、采样泵、流量计等组成。仪器要求从采样探头到分析仪器之间所有与气体介质接触的组件均采取加热、控温措施，保持高于烟气露点温度，以防止水蒸气冷凝，造成部件堵塞、腐蚀和分析仪器故障。压缩空气沿着与气流相反的方向反吹过滤器，把过滤器孔中滞留的颗粒物吹出来，避免堵塞。反吹周期视烟气中颗粒物的特性和浓度再确定。

冷凝—干燥采样系统是在烟气进入监测仪器前进行除颗粒物、水蒸气等净化、冷却和干燥处理。如果在采样探头后离烟囱或烟道尽可能近的位置安装处理装置，称为预处理采样法，具有输送管路不需要加热、能灵活地选择监测仪器和按干烟气计算排放量等优点，但维护并不方便，且传输距离较远时仍然会使气样浓度发生变化。如果在进入监测仪器前，距离采样探头一定距离处安装处理装置，称为后处理采样法。其具有维护方便、能更灵活地选择监测仪器和按干烟气计算排放量和污染物浓度等优点，但要求整个采样管路要保持高于烟气露点的温度。

（2）稀释抽取采样法

这种采样方法是利用探头内的临界限流小孔，借助于文丘里管形成的负压作为采样动力，抽取烟气样品，用干燥气体稀释后送入监测仪器。有两种类型稀释探头，一种是烟道内稀释探头，另一种是烟道外稀释探头。二者的工作原理相同，主要不同之处在于：前者在位于烟道中的探头部分稀释烟气，输送管路不需要加热、保温；后者将临界限流小孔和文丘里管安装在烟道外探头部分内，如果距离监测仪器远，输送管路需要加热、保温。因为烟气进入监测仪器前未经除湿，故测定结果为湿基浓度。

烟道内稀释探头的工作原理：临界限流小孔的长度远远小于空腔内径，当小孔的孔后与孔前的压力比大于0.46时，气体流经小孔的速度和小孔两端的压力变化基本无关，通过小孔的气体流量恒定。

稀释抽取采样法的优点在于：烟气能以很低的流速进入探头的稀释系统，可以比完全抽取采样法的进气流量低两个数量级，如烟气流量 2 ~ 5L/min，进入探头稀释系统的流量只有 20 ~ 50mL/min，这就解决了完全抽取采样法需要过滤及调节处理大量烟气的问题，可以进入空气污染监测仪器测定。

（3）直接测量法

直接测量法类似于测量烟气烟尘，将测量探头和测量仪器安装在烟囱（道）上，直接测量烟气中的污染物。这种测量系统一般有两种类型：一种是将传感器安装在测量探头的端部，探头插入烟囱（道）内，用电化学法或光电法测量，相当于在烟囱（道）中一个点上测量，称为内置式，如用氧化锆氧量分析仪测量烟气含氧量；另一种是将测量仪器部件分装在烟囱（道）两侧，用吸收光谱法测量，如将光源和光电检测器单元安装在烟囱（道）的一侧，反射镜单元安装在另一侧，入射光穿过烟气到达反射镜单元，被反射镜反射，进入光电检测器，测量污染物对特征光的吸收，相当于线测量，这种方式将光学镜片全部装在烟囱（道）外，不易受污染，称为外置式。这种方法适用于低浓度气体测量，有单光束型和双光束型，可以用双波长法、差分吸收光谱法、气体过滤相关光谱法等测量。

2. 监测仪器

一台监测烟气中气态污染物的仪器，除采样单元外，还包括测量单元（光学部件和光电转换器或电化学传感器）、校准系统、自动控制及显示记录单元、信号处理单元等。烟气中主要气态污染物常用的监测仪器如下：

SO_2：非色散红外吸收自动监测仪、非色散紫外吸收自动监测仪、紫外荧光自动监测仪、定电位电解自动监测仪。

NO_X：化学发光自动监测仪、非色散红外吸收自动监测仪、非色散紫外吸收自动监测仪。

CO：非色散红外吸收自动监测仪、定电位电解自动监测仪。

三、水污染源连续自动监测系统

（一）水污染源连续自动监测系统的组成

水污染源连续自动监测系统由流量计、自动采样器、污染物及相关参数自动监测仪、数据采集及传输设备等组成，是水污染源防治设施的组成部分。这些仪器的主机安装在距离采样点不大于 50m、环境条件符合要求、具备必要的水电设施与辅助设备的专用房屋内。

数据采集、传输设备用于采集各自动监测仪测得的监测数据，经数据处理后，进行存储、记录和发送到远程监控中心，通过计算机进行集中控制，并与各级环境保护管理部门的计算机联网，实现远程监管，提高了科学监管能力。

（二）废（污）水处理设施连续自动监测项目

对于不同类型的水污染源，各个国家都制定了相应的排放标准，规定了排放废（污）水中污染物的允许浓度。我国已颁布了多种废（污）水排放标准，标准中要求控制的污染物项目有些是相同的，有些是行业特有的，要根据不同行业的具体情况，选择那些能综合反映污染程度、危害大、且有成熟的连续自动监测仪的项目进行监测，对于没有成熟连续自动监测仪的项目，仍需要手工分析。目前，废（污）水主要连续自动监测的项目有：pH、氧化还原电位（ORP）、溶解氧（DO）、化学需氧量（COD）、紫外吸收值（UVA）、总有机碳（TOD）、总氮（TN）、总磷（TP）、浊度（Tur）、污泥浓度（MLSS）、污泥界面、流量、水温（I）、废（污）水排放总量及污染物排放总量等。其中，COD、UVA、TOC 都是反映有机物污染的综合指标，当废（污）水中污染物组分稳定时，三者之间有较好的相关性。因为 COD 监测法消耗试剂量大，监测仪器比较复杂，容易造成二次污染，故应尽可能使用不用试剂、仪器结构简单的 UVA 连续自动监测仪测定，再换算成 COD。

企业排放废水的监测项目要根据其所含污染物的特征进行增减，如钢铁、冶金、纺织、煤炭等工业废水需增测汞、镉、铅、铬、砷等有害金属化合物和硫化物、氟化物、氧化物等有害非金属化合物。

（三）监测方法和监测仪器

pH、溶解氧、化学需氧量、总有机碳、UVA、总氮、总磷、浊度的监测方法和自动监测仪器与地表水连续自动监测系统相同；但是废（污）水的监测环境较地表水恶劣，水样进入监测仪器前的预处理系统往往比地表水复杂。

污染物排放总量是根据监测仪器输出的浓度信号和流量计输出的流量信号，由监测系统中的负荷运算器进行累积计算得到，可输出 TP、TN、COD 的 1h 排放量、1h 平均浓度、日排放量和日平均浓度。这些数据由显示器显示，打印机打印和送到存储器储存，并利用数据处理与传输设备进行信号处理，输送到远程监控中心。

第三节　环境监测新技术发展

一、超痕量分析技术

（一）超痕量分析中常用的前处理方法

1. 液-液萃取法

液–液萃取法是一种传统经典的提取方法。它是利用相似相溶原理，选择一种极性接近于待测组分的溶剂，把待测组分从水溶液中萃取出来。常用的萃取溶剂有正己烷、苯、乙醚、乙酸乙酯、二氯甲烷等，正己烷一般用于非极性物质的萃取，苯一般用于芳香族化合物的萃取，乙醚和乙酸乙酯对极性大的含氧化合物的萃取比较合适。二氯甲烷对非极性到极性的宽范围的化合物都有较高的萃取率，而且由于其沸点低，容易浓缩，密度大，分液操作方便，所以适用于多组分同时分析。但是由于二氯甲烷和苯具有强致癌性，从发展方向上来看，属于控制使用的溶剂。液–液萃取法有许多局限性，例如需要大量的有机溶剂、有时产生乳化现象影响分层以及溶剂蒸发造成样品损失等。

2. 固相萃取法

固相萃取是一种基于液固分离萃取的试样预处理技术，由液固萃取和柱液相色谱技术相结合发展而来。固相萃取具有有机溶剂用量少、简便快速等优点，作为一种环境友好型的分离富集技术在环境分析中得到了广泛应用。一般固相萃取包括预处理（活化）、加样或吸附、洗去干扰杂质和待测物质的洗脱收集四个步骤。预处理一方面可以除去吸附剂中可能存在的杂质，减少污染；另一方面也是一个活化的过程，增加吸附剂表面和样品溶液的接触面积。加样或吸附就是用正压推动或负压抽吸使样品溶液以适当的流速通过固相萃取柱，待测物质就被保留在吸附剂上。洗去干扰杂质就是去除吸附在柱子上的少量基体干扰成分。洗脱收集就是用尽可能少量的溶剂把待测物质洗脱下来，再进行分析测定。

固相萃取的核心是固相吸附剂，不但能迅速定量吸附待测物质，而且还能在合适的溶剂洗脱时迅速定量释放出待测物质，整个萃取过程最好是完全可逆的。这就要求固相吸附剂具有多孔、很大的表面积、良好的界面活性和很高的化学稳定性等特点，还要有很高的纯度以降低空白值。

吸附剂能把待测物质尽量保留下来，如何用合适的溶剂定量洗脱也很重要。洗脱溶剂的强度、后续测定的衔接和检测器是否匹配是应该考虑的几个问题。溶剂强度大，待测物质的保留因子就小，可以保证吸附在固定相上的待测物质定量洗脱下来。用于洗脱的溶剂易挥发，这样方便浓缩和溶剂转换。另外，溶剂在检测器上的响应尽可能小。

固相萃取柱基本上分两种：固相萃取柱和固相萃取盘。商品化的固相萃取柱容积为 1 ~ 6mL，填料质量多在 0.1 ~ 2g 之间，填料的粒径多为 40pm，上下各有一个筛板固定。这种结构导致了萃取过程中有沟流现象产生，降低了传质效率，使得加样流速不能太快，否则回收率会很低。样品中有颗粒物杂质时容易造成堵塞，萃取时间比较长。固相萃取盘与过滤膜十分相似，一般是由粒径很细（8 ~ 12μm）的键合硅胶或吸附树脂填料加少量聚四氟乙烯或玻璃纤维丝压制而成，其厚度约为 0.5 ~ 1mm。这种结构增大了面积，降低了厚度，提高了萃取效率，增大了萃取容量和萃取流速，也不容易堵塞。盘片内紧密填充的填料基本消除了沟流现象。固相萃取盘的规格大小用盘的直径来表示，最常用的是 47mm 萃取盘，适合于处理 0.5 ~ 1L 的水样，萃取时间 10 ~ 20min。固相萃取盘的种种优点及现有商品化固相萃取盘填料种类的多样性，使得盘式固相萃取法在各种饮用水、地下水、地表水及废水样品的痕量有机物分析测定中得到广泛的应用。

3. 固相微萃取法

固相微萃取技术是以固相萃取为基础发展而来的。最初仅利用具有很好耐热性和化学稳定性的熔融石英纤维作为吸附层进行萃取，定量定性分析茶和可乐中的咖啡因。后来又将气相色谱固定液涂渍在石英纤维表面，提高了萃取效率。20 世纪 90 年代，美国 Supelco 公司推出了商品化固相微萃取装置，使得固相微萃取作为一种较成熟的商品化技术在环境分析、医药、生物技术、食品检测等众多领域得到应用，显示出它简单、快速，集采样、萃取、浓缩和进样于一体的优点和特点。

4. 吹脱捕集法和静态顶空法

吹脱捕集和静态顶空都是气相萃取技术，它们的共同特点是用氮气、氩气或其他惰性气体将待测物质从样品中抽提出来。但吹脱捕集与静态顶空不同，它使气体连续通过样品，将其中的挥发组分萃取后在吸附剂或冷阱中捕集，是一种非平衡态的连续萃取，因此吹脱捕集法又称为动态顶空法。由于气体的连续吹扫，破坏了密闭容器中气、液两相的平衡，使挥发组分不断地从液相进入气相，也就是说在液相顶部的任何组分的分压都为零，从而使更多的挥发性组分不断逸出到气相中，所以它比静态顶空法的灵敏度更高，检测限能达到 μg/L 水平以下。但是吹脱捕集法也不能将待测物质从样品中百分百抽提出来，它与吹扫温度、待测物质在样品中的溶解度和吹扫气的流速及流量等因素有关。吹扫温度高，样品容易被吹脱，但是温度升高使水蒸气量增加，影响吸附和后续测定，一般 50℃ 比较合适。溶解度高的组分，很难被吹脱，加入盐能提高吹扫效率。吹扫气的流速太快或总流量太大，待测组分不容易被吸附或是吸附之后又被吹落，一般以 40mL/min 的流速吹扫 10 ～ 15min 为宜。

静态顶空法是将样品加入管形瓶等封闭体系中，在一定温度下放置达到气液平衡后，用气密性注射器抽取存在于上部顶空中的待测组分，注入气相色谱仪或气相色谱质谱仪中进行测定。该方法必须保持平衡条件恒定不变，才能保证样品测定的重复性，测定的灵敏度也没有吹扫捕集法高，但操作简便、成本低廉。

5. 超声提取法

用超声振荡的方法提取土壤、底泥和废弃物中的非挥发性和半挥发性有机化合物。为了保证样品和萃取溶剂的充分混合，称取 30g 样品与无水硫酸钠混合拌匀呈散沙状，加入 100mL 萃取溶剂浸没样品，用超声振荡器振荡 3min，转移出萃取溶剂上清液，再加入 100mL 新鲜萃取溶剂重复萃取 3 次。合并 3 次的提取液用减压过滤或低速离心的方法除去可能存在的样品颗粒，即可用于进一步净化或浓缩后直接分析测定。超声提取法简单快速，但有可能提取不完全。必须进行方法验证，提供方法空白值、加标回收率、替代物回收率等质控数据，以说明得到的数据结果的可信度。

6. 压力液体萃取法（PLE）和亚临界水萃取法（SWE）

压力液体萃取法和亚临界水萃取法是目前发展最快、为环境分析研究人员普遍看好的两种从固体基体中提取有机污染物的方法。压力液体萃取法也被称为加速溶剂萃取法，是在提高压力和增加温度的条件下，用萃取溶剂将固体中的目标化合物提取出来。它能大大加快萃取过程又明显减少溶剂的使用量。在高温高压的条件下，待测目标化合物的溶解度增加，样品基质对它的吸附作用或相互之间的作用力降低，加快了它从样品基质中解析出来并快速进入溶剂。增加压力使溶剂在较高温度下保持液态，提高温度也降低了溶剂的黏度，有利于溶剂分子向样品基质中扩散。它的特点是萃取时间短、消耗溶剂少、提取回收率高，正逐渐取代传统的超声提取等方法。亚临界水萃取法其实就是压力热水萃取法，是在亚临界压力和温度下（100 ～ 374℃，并加压使水保持液态），用水提取土壤、底泥和废弃物中的待测目标化合物。

（二）超痕量分析测试技术

环境样品中被测组分通常是痕量或超痕量的，除了需要采用预处理技术进行富集和净化外，还需要高灵敏度的分析方法，才能满足环境样品中痕量或超痕量组分测定的要求。

常用的具有高灵敏度的分析方法概述如下：

1. 光谱分析法

光谱分析法是基于光与物质相互作用时，测量由物质内部发生量子化的能级之间的跃迁而产生的发射或吸收光谱的波长和强度变化的分析方法。它包括荧光分析法、发光分析法、原子发射光谱法和原子吸收光谱法等。

（1）荧光分析法

荧光物质分子吸收一定波长的紫外线以后被激发至高能态，经非发光辐射损失部分能量，回到第一激发态的最低振动能级，再跃迁到基态时，发出波长大于激发光波长的荧光。根据荧光的光谱和荧光强度，对物质进行定性或定量的方法称为荧光分析法。

（2）发光分析法

发光分析是基于化学发光和生物发光而建立起来的一种新的超微量分析技术。它通过发光体系光强度测定来定量某一分析物浓度。对于一个固定的发光反应体系，发光强度正比于分析物浓度，测定发光强度的大小可以计算出分析物的含量。根据建立发光分析方法的不同反应体系，可将发光分析分为化学发光分析、生物发光分析、发光免疫分析和发光传感技术等。

发光分析因具有简便、快速、灵敏度高、样品用量少等特点，被广泛应用于环境样品中污染物的痕量检测。

（3）原子发射光谱分析法

发射光谱分析是利用物质受电能或热能的作用，产生气态的原子或离子价电子的跃迁特征光谱线来研究物质的一种检测方法。用不同元素光谱线的波长可以进行定性检测，光谱线的强度则可以用来定量分析。

原子发射光谱分析常用高压火花或电弧激发，产生原子发射特征光谱。本法选择性好，样品用量少，不需要化学分离便可同时测定多种元素，可用于汞、铅、砷、铬、镉等几十种元素的测定。近年来已用电感耦合等离子体作为原子化装置和激发源。电感耦合等离子体发射光谱法是利用高频等离子矩为能源使试样裂解为激发态原子，通过测定激发态原子回到基态时所发出谱线而实现定性定量的方法，可分析环境样品中几十种元素。

（4）原子吸收光谱法

原子吸收光谱法又称原子吸收分光光度法。它是一种测量基态原子对其特征谱线的吸收程度而进行定量分析的方法。其原理是：试样中待测元素的化合物在高温下被解离成基态原子，光源发出的特征谱线通过原子蒸气时，被蒸气中待测元素的基态原子吸收。在一定条件下，被吸收的程度与基态原子数目成正比。原子吸收光谱仪主要由光源、原子化装置、分光系统和检测系统四部分组成。使用的光源为空心阴极灯，它是用被测元素作为阴极材料制成的相应待测元素灯，此灯可发射该金属元素的特征谱线。

原子吸收光谱法具有灵敏度高、干扰小、操作简便、迅速等特点。它可测定 70 多种元素，是环境中痕量金属污染物测定的主要方法，在世界上得到普遍、广泛的应用，并成为标准测定方法实施。

2. 电化学分析法

电化学分析是应用电化学原理和实验技术建立的分析方法。通常是将待测组分以适当的形式置于化学电池中，然后测量电池的某些参数或这些参数的变化并进行定性和定量分析。

（1）电位滴定法

电位滴定是用标准溶液滴定待测离子的过程中，用指示电极的电位变化来代替指示剂颜色变化显示终点的一种方法。进行电位滴定时，在被测溶液中插入一个指示电极和一个参比电极，组成一个工作电池。随着滴定剂的加入，由于发生化学变化使被测离子浓度不断发生变化，因此指示电极的电位也相应发生变化。滴定达到终点附近离子浓度发生突变，这时指示电极电位也发生突变，由此来确定反应终点。

（2）极谱分析法

极谱分析法是以测定电解过程中所得电压－电流曲线为基础的电化学分析方法。极谱分析法有经典极谱法、单扫描极谱法、脉冲极谱法等，其中经典极谱法的灵敏度较低。目前我国常用单扫描极谱法、脉冲极谱法来测定大气中的氮氧化物，水中亚硝酸盐及铅、镉、钒等金属离子含量。

3. 色谱分析法

色谱分析法是利用不同物质在两相中吸附力、分配系数、亲和力等的不同，当两相做相对运动时，这些物质在两相中反复多次分配，从而使各物质得到完全的分离并能由检测器检测。按流动相所处的物理状态不同，色谱分析法又分为气相色谱法和液相色谱法。

（1）气相色谱法

气相色谱法是以气体为流动相对混合物组分进行分离分析的色谱分析法。根据固定相不同，气相色谱法可分为气－固色谱和气－液色谱。气－固色谱的固定相是固体吸附剂颗粒。气－液色谱的固定相是表面涂有固定液的担体。固体吸附剂品种少、重现性较差，应用较少，主要用于分离分析永久性气体和 $C_1 \sim C_4$，低分子碳氢化合物。气－液色谱的固定液纯度高，色谱性能重现性好，品种多，可供选择范围广，因此目前大多数气相色谱分析是气－液色谱法。气相色谱法具有高效、灵敏、快速、能同时分离分析多种组分、样品用量少等特点，在环境有机污染物的分析中得到广泛的应用，如苯、二甲苯、多环芳烃、酚类、农药等。

（2）高效液相色谱法

高效液相色谱法是在经典液相色谱法的基础上，采用气相色谱法的理论和技术发展起来的一类分离分析的方法。高效液相色谱法具有高效、高速、高灵敏度等特点，它已成为环境中有机污染物分析不可缺少的重要分析方法之一。按分离机制不同，高效液相色谱法分为液－固色谱、液－液色谱、离子交换色谱（离子色谱）、空间排斥色谱。

（3）色谱－质谱联用技术

气相色谱是强有力的分离手段，特别适合于分离复杂的环境有机污染物样品。同时，质谱和气相色谱在工作状态上均为气相动态分析，除了工作气压之外，色谱的每一特征都能和质谱相匹配，且都具有灵敏度高、样品用量少的共同特点。因此，GC-MS 联用既发挥了气相色谱的高分离能力，又发挥了质谱法的高鉴别力，已成为鉴定未知物结构的最有效工具之一，广泛应用于环境样品检测中。在 GC–MS 联用技术中，气相色谱仪相当于质谱仪的进样、分离装置，而质谱仪相当于气相色谱仪的检测器。

二、环境快速检测技术

随着经济社会的快速发展以及对环境监测工作高效率的迫切需要，研究高效、快速的环境污染物检测技术已成为国际环境问题的研究热点之一，尤其是水质和气体的快速检测技术发展迅速，对我国环境监测技术的发展起到了重要的推动作用。

（一）便携水质多参数检测技术

便携式仪器法是利用根据污染物的热学、光学、电化学、电磁波学、气相色谱学、生物学等特点设计的仪器进行污染物现场检测的方法。便携式仪器具有防尘、防水、质轻和耐腐蚀等特性，一些还配有手提箱，所有附件一应俱全，十分便于野外操作。下面介绍几种典型或新型的水质便携式多参数检测仪。

1. 手持电子比色计

手持电子比色计是由同济大学设计的半定量颜色快速鉴定装置，结构简单，小巧轻便，手持使用。该装置与传统的目视比色卡片不同，不受外部环境条件（光线）影响，晚上亦可正常使用。该比色计存储多种物质标准色列，用于多种环境污染物和化学物质的识别与半定量分析，配合 GEE 显色检测剂或其他水质检测包（盒）等，可对数十种化学物质或离子进行快速半定量分析，非专业人员亦可自主操作，适合于环境监测、排污监督、水质分析、食品质量检验、应急监测等。

2. 水质检验手提箱

水质检验手提箱由微型液体比色计、现场快速检测剂、显色剂、过滤工具等组成，由同济大学污染控制与资源化研究国家重点实验室研制。

根据使用目的不同配置有氮磷硫氯检测手提箱、重金属手提箱、广谱检测手提箱等多种规格，手提箱工具齐备、小巧轻便，采用高亮度手（笔）触 LED 屏，界面清晰、直观，适合于户外使用，在水质分析、环境监测、食品检验及其他分析检验领域，尤其对矿山、企事业单位、农村、山区、高原、事故现场等水质快速或应急检测具有重要价值。

水质检验手提箱中，配备的微型液体比色仪是一种全新的小型现场检测仪器，微型液体比色仪工作原理与传统分光光度计不同，直接采用颜色传感器，无滤光、信号放大系统，避免了因部件转动、光电转换引起的测量误差。颜色测量计算系统是基于 CIELab 双锥色立体而设计开发，通过色调、色度和明度的三维矢量运算处理，计算混合体系中各颜色的色矢量，在配色技术和颜色检测反应中有重要的应用价值。其中，在痕量物质检测领域，待测物标准系列采用二次函数拟合，误差小、范围宽，并设计单点校正标准曲线，方便操作人员修正因测量条件改变而引起的检测误差。

手提箱提供快速检测粉剂，胶囊包装，性能稳定，携带方便，可对氨、亚硝酸盐、

硝酸盐、磷酸盐、硫酸盐、硫化物、氯化物、余氯、溶解氧、铬、铁、铜、锌、铅、镍、锰、总硬度、甲醛、挥发酚、苯胺、肼等数十种物质（离子）进行快速定量检测，灵敏度高，重现性好。

3. 现场固相萃取仪

常规固相萃取装置只能在实验室内使用，水样流速慢，萃取时间长，不适用于水样现场快速采集。同济大学研制的微型固相萃取仪为水环境样品的现场浓缩分离提供了新的方法和技术。

与常规固相萃取装置工作原理不同，微型固相萃取仪是将 1 ~ 2g 吸附材料直接分散到 500 ~ 2000mL 水样中，对目标物进行选择性吸附后，通过蠕动泵导流到萃取柱，使液固得到分离，再使用 5 ~ 10mL 洗脱剂洗脱出吸附剂上的目标物，即可用 AAS、1CP、GC、HPLC 等分析方法对目标物进行测定。

固相萃取仪小巧轻便，采用锂电池供电，保证充电后可连续工作 8h 以上。该装置富集效率高（100 ~ 400 倍），现场使用可减少大量水样的运输和保存带来的困难，尤其适合于偏远地区、山区、高原、极地和远洋等水样品的采集。改变吸附剂，可富集水体中的目标重金属或有机物，适应性广。

该仪器已成功用于天然水体中痕量重金属和酚类化合物等污染物的现场浓缩、分离。

4. 便携式多参数水质现场监测仪

便携式多参数水质现场监测仪是专为现场水质测量的可靠性和耐用性而设计的仪器，可同时实现多个参数数据的实时读取、存储和分析。如默克密理博开发的便携式多参数水质现场监测仪 Move100，内置 430nm、530nm、560nm、580nm、610nm、660nm 的 LED 发光二极管，可以测试氨氮、COD、砷、镉、铅、六价铬、铜、镍、挥发酚等 100 多个常见水质分析项目。

仪器内置的大部分方法符合国际标准。IP68 完全密封的防护等级，可以持续浸泡在水中（水深小于 18m 至少 24h），特别适用于野外环境测试或现场测试。仪器在现场进行测试后，可以带回实验室采用红外的方式进行数据传输，IRiM（红外数据传输模块）使用现代的红外技术，将测试结果从测试仪器传输到 3 个可选端口上，通过连接电脑实现 DA Excel 或文本文件格式储存以及打印。同时，该仪器具有 AQA 验证功能，包括吸光度值验证和在此波长下的检测结果验证。

（二）大气快速监测技术

大气快速监测技术是采用便携、简易、快速的仪器或装置，在尽可能短的时间内对目标污染物的种类、浓度、污染范围及危险性做出准确科学判断的重要依据。下面对常见的几种大气污染和空气质量现场快速分析技术进行简单介绍。

1. 气体检测管

气体检测管是一种简便、快速、直读式的气体定量检测仪，可在已知有害气体或蒸气种类的条件下进行现场快速检测。其测试原理为：先用特定的试剂浸渍少量多孔性材料（如硅胶、凝胶、沸石和浮石等），然后将浸渍过试剂的多孔性材料放入玻璃管内，使空气通过玻璃管。如果空气中含有被测成分，则浸渍材料的颜色就有变化，根据其色柱长度，计算出污染物的浓度。气体检测管既可用于室内空气监测、公共场所的空气质量监测、作业现场的空气及特定气体的测试、大气环境监测等方面，也可用于需要控制气体成分的生产工艺中。

气体检测管根据其构造和用途可分为普通型、试剂型、短期测量管、长期测量管和扩散式测量管等。普通型是玻璃管内仅放置指示剂，能直接与待测物质起颜色反应而定性定试剂型是在玻璃管内不但装有指示剂，而且装有试剂溶液小瓶，在采样检测前或后，打破试剂溶液小瓶，待测物质与试剂反应产生颜色变化。扩散式测量管的特别之处是不需要抽气动力，而是利用待测物质的分子扩散作用达到采样检测的目的。气体检测管法具有体积小、质量轻、携带方便、操作简单快速、灵敏度较高和费用低等优点，且对使用人的技术要求不高，经过短时间培训就能够进行监测工作。目前，市售气体检测管种类较多，能够检测的污染物超过 500 种，可以检测的环境介质包括空气、水及土壤、有毒气体（如 CO、H_2S、Cl_2 等）、蒸气（如丙酮、苯及酒精等）、气雾及烟雾（如硫酸烟雾）等，可参照《气体检测管装置》（GB/T 7230-2008）选用合适的检测管。然而，气体检测管不能精确给出大气污染物的浓度，易受温度等因素的干扰。

2. 便携式 PM2.5 检测仪

德国 Grimm Aerosol 公司的小型颗粒物分析仪，不需要切割头，可实时分析可吸入颗粒物和可呼吸颗粒物，同时分析 8，16，32 通道不同粒径的粉尘分散度。该仪器采用激光 90° 散射，不受颗粒物颜色的影响，内置可更换的 EPA 标准 47mm PTFE 滤膜，同时进行颗粒物收集，用于称重法和化学分析。自动、精确的流量控制能够保证分析结果的可靠，特别的保护气幕使光学系统免受污染，可靠性极高，维护量少。数据存储卡可以保存 1 个月到 1 年的连续测试数据，有线或无线的通信方式，便于在线自动监测和数据下载。内置充电池，适合各种场合的工作。

我国首款便携式 PM2.5 检测仪 —— "汉王蓝天霾表"。该"霾表"能实时获取微环境下的 PM2.5 和 PM10 数据，并得到空气质量等级的提示，最长响应时间为 4s。其大小相当于一款手机，质量为 150g。该仪器采用了散射粒子加速度测量法，通过特殊传感器获得粒子质量、运动速度、粒径、反光强度，进一步对空气中颗粒物的粒径大小分布进行统计和分析，从而实时获取 PM2.5 和 PM10 的浓度。霾表侧重于个人微环境中的当前空气质量，比如吸烟、油烟、周边环境等因素对家庭健康的影响。

3. 便携式烟气二氧化硫分析仪

便携式烟气二氧化硫分析仪采用定电位电解法进行测定。仪器主要由两部分组成，即气路系统和电路系统。气路系统完成烟气的采样、处理、传送等功能；电路系统则完成气电转换、信号放大、数据处理、数据的显示打印和仪器的工作状态控制等功能。仪器预热后，烟气通过烟尘过滤器去除粗烟尘。过滤后的烟气经过采样枪进入气水分离器，在气水分离器内水分和细烟尘与烟气分离，从而使基本洁净的干烟气经过薄膜泵进入传感器气室，在气室内扩散后，采集的烟气再从气室出口排出仪器。在气室里扩散的烟气与传感器发生氧化还原反应，使传感器输出微安级的电流信号。该信号进入前置放大器后，经过电流/电压的变换和信号放大，模拟量信号经数模转换器转换成计算机可识别的数字信号，经数据处理后可将测试结果显示出来。

4. 便携式甲醛检测仪

美国 InterScan 便携式甲醛检测仪采用电压型传感器，是一种化学气体检测器，在控制扩散的条件下运行。样气的气体分子被吸收到电化学敏感电极，经过扩散介质后，在适当的敏感电极电位下气体分子发生电化学反应，这一反应产生一个与气体浓度成正比的电流，这一电流转换为电压值并送给仪表读数或记录仪记录。传感器有一个密封的储气室，这不仅使传感器寿命更长，而且消除了参比电极污染的可能性，同时可用于厌氧环境的检测。传感器电解质是不活动的类似闪光灯和镍镉电池中的电解质，所以不需要考虑电池损坏或酸对仪器的损坏。

5. 手持式多气体检测仪

PortaSens Ⅱ型仪器可用于检测现场环境空气中的各种气体，通过更换即插即用型传感器模块可以检测氯气、过氧化氢、甲醛、CO、NO、NO_2、H_2S、HF、HCN、SO_2、AsH，等三十余种不同气体。传感器不需要校准，精度一般为测量值的 5%，灵敏度为量程的 1%，可根据监测需要切换、设定量程 RS232 输出接口、专用接口电缆和专用软件用于存储气体浓度值，存储量达 12000 个数据点；采用碱性，D 型电池，质量为 1.4kg。

三、生态监测

随着人们对环境问题及其规律认识的不断深化，环境问题不再局限于排放污染物引起的健康问题，还包括自然环境的保护、生态平衡和可持续发展的资源问题。因此，环境监测正从一般意义上的环境污染因子监测开始向生态环境监测过渡和拓宽。除了常见的各类污染因子外，由于人为因素影响，灾害性天气增加，森林植被锐减，水土流失严重，土壤沙化加剧，洪水泛滥、沙尘暴、泥石流频发，酸沉降等，使得本已十分脆弱的生态环境更加恶化。这促使人们重新审视环境问题的复杂性，用新的思路和方法了解和解决环境问题。人们开始认识到，为了保护生态环境，必须对环境生态的演化趋势、特点及存在的问题建立一套行之有效的动态监测与控制体系，这就是生态监测。因此，生态监测是环境监测发展的必然趋势。

（一）生态监测的定义

所谓生态监测，是以生态学原理为理论基础，运用可比的和较成熟的方法，在时间和空间上对特定区域范围内生态系统和生态系统组合体的类型、结构和功能及其组合要素进行系统的测定，为评价和预测人类活动对生态系统的影响，为合理利用资源、改善生态环境提供决策依据。

（二）生态监测的原理

生态监测是环境监测工作的深入与发展，由于生态系统本身的复杂性，要完全将生态系统的组成、结构、功能进行全方位的监测十分困难。随着生态学理论与实践的不断发展与深入，特别是景观生态学的发展，为生态监测指标的确立、生态质量评价及生态系统的管理与调控提供了基础框架。景观生态学中的一些基础理论即等级（层次）理论、空间异质性原理等成为生态监测的基本指导思想。研究生态系统的组成要素、结构与功能、发展与演替以及人为影响与调控机制的生态系统生态学理论也为生态监测提供理论支持。生态系统生态学的研究领域主要涵盖了自然生态系统的保护和利用，生态系统的调控机制、生态系统退化的机理、恢复模型及修复技术、生态系统可持续发展问题以及全球生态问题等。

（三）生态监测、环境监测和生物监测之间的关系

在环境科学、生态学及其分支学科中，生态监测、生物监测及环境监测都有各自的特点和要求。环境监测是伴随着环境科学的形成和发展而出现的，以环境为对象，运用物理、化学和生物技术方法对其中的污染物及其有关的组成成分进行定性、定量和系统的综合分析，运用环境质量数据、资料来表征环境质量的变化趋势及污染的来龙去脉。因此，环境监测属于环境科学范畴。

长期以来，生物监测属于环境监测的重要组成部分，是利用生物在各种污染环境中所发出的各种信息，来判断环境污染的状况，即通过观察生物的分布状况，生长、发育、繁殖状况，生化指标及生态系统工程的变化规律来研究环境污染的情况、污染物的毒性，并与物理、化学监测和医药卫生学的调查结合起来，对环境污染做出正确评价。

对生态监测一直有争议的，主要表现在生态监测与生物监测的相互关系上。一种观点认为生态监测包括生物监测，是生态系统层次的生物监测，是对生态系统的自然变化及人为变化所做反应的观测和评价，包括生物监测和地球物理化学监测等方面的内容；也有的将生态监测与生物监测统一起来，统称为生态监测，认为生态监测是环境监测的组成部分，是利用各种技术测定和分析生命系统各层次对自然或人为的反应或反馈效应的综合表征来判断这些干扰对环境产生的影响、危害及其变化规律，为环境质量的评估、调控和环境管理提供科学依据。这种观点表明，生态监测是一种监测方法，是对环境监测技术的一种补充，是利用"生态"做"仪器"进行环境质量监测。

而另一种观点认为，随着环境科学的发展以及社会生产、科学研究等领域的监测工作实践，生态监测远远超出了现有的定义范畴，生态监测的内容、指标体系和监测方法都表现出了全面性、系统性，既包括对环境本质、环境污染、环境破坏的监测，也包括对生命系统（系统结构、生物污染、生态系统功能、生态系统物质循环等）的监测，还包括对人为干扰和自然干扰造成生物与环境之间相互关系的变化的监测。

因此，生态监测是指通过物理、化学、生物化学、生态学等各种手段，对生态环境中的各个要素、生物与环境之间的相互关系、生态系统结构和功能进行监控和测试，为评价生态环境质量、保护生态环境、恢复重建生态、合理利用自然资源提供依据，包括环境监测和生物监测。

（四）生态监测的类别

生态监测从时空角度可概括地分为两大类，即宏观监测或微观监测。

1. 宏观监测

宏观监测至少应在一定区域范围之内，对一个或若干个生态系统进行监测，最大范围可扩展至一个国家、一个地区乃至全球，主要监测区域范围内具有特殊意义的生态系统的分布、面积及生态功能的动态变化。

2. 微观监测

微观监测指对一个或几个生态系统内各生态要素指标进行物理、化学、生态学方面的监测。根据监测的目的一般可分为干扰性监测、污染性监测、治理性监测、环境质量现状评价监测等。

（1）干扰性监测

其是指对人类固有生产活动所造成的生态破坏的监测，例如，滩涂围垦所造成的滩涂生态系统的结构和功能、水文过程和物质交换规律的改变监测；草场过牧引起的草场退化、沙化、生产力降低监测；湿地开发环境功能下降，对周边生态系统及鸟类迁徙影响的监测等。

（2）污染性监测

其主要是对农药、一些重金属及各种有毒有害物质在生态系统中所造成的破坏及食物链传递富集的监测，如六六六、DDT、SO_2、Cl_2、H_2S 等有害物质对农田、果树污染监测；工厂污水对河流、湖泊、海洋生态系统污染的监测等。

（3）治理性监测

其指对破坏了的生态系统经人类的治理后生态平衡恢复过程的监测，如沙化土地经客土、种草治理过程的监测；退耕还林、还草过程的生态监测；停止向湖泊、水库排放超标废水后，对湖泊、水库生态系统恢复的监测等。

（4）环境质量现状评价监测

该监测往往用于较小的区域，用于环境质量本底现状评价监测，如某生态系统的本底生态监测；南极、北极等很少有人为干扰的地区生态环境质量监测；新修铁路要通过某原始森林附近，对某原始森林现状的生态监测；拟开发的风景区本底生态监测等。

总之，宏观监测必须以微观监测为基础，微观监测必须以宏观监测为指导，二者相互补充，不能相互替代。

综上所述，生态监测是环境科学与生物科学的交叉学科，包括环境监测和生物监测。它是通过物理、化学、生化、生态学原理等各种技术手段，对生态环境中的各个要素、生物与环境之间的相互关系、生态系统结构和功能进行监控和测试，为评价生态环境质量、保护生态环境、恢复重建生态、合理利用自然资源提供依据的过程。其监测的指标体系庞杂而富有系统性，所采用的技术手段也日益更新，大量的高新技术及其他领域的技术被不断引入生态监测中。

参考文献

[1] 付旭东，杜亚鲁，冉谷．环境监测与环境污染防治 [M].哈尔滨：东北林业大学出版社，2023.04.

[2] 汤涛，庞玉建．现代环境监测与环境管理研究 [M].北京：北京工业大学出版社，2023.04.

[3] 王成强，张淑贞，李志华．生态环境监测与园林绿化设计 [M].北京：中国商务出版社，2023.05.

[4] 李诚，马少华．环境监测 [M].杭州：浙江大学出版社，2023.05.

[5] 尹静章，陈擘擘，陈彦茹．水环境监测技术 [M].延吉：延边大学出版社，2023.09.

[6] 魏亚军，陈琛．环境监测与治理防护技术 [M].北京：中国农业出版社，2023.08.

[7] 邓超，周洋，邓英春．水环境监测质量保证手册 [M].北京：化学工业出版社，2023.03.

[8] 陶玲，徐娜，于坤．环境监测与环境治理探究 [M].长春：吉林科学技术出版社，2023.06.

[9] 李伟东，谢静，吴双利．环境监测与生态环境保护 [M].长春：吉林科学技术出版社，2023.07.

[10] 谢娟，肖颂娜．环境监测技术与环境管理研究 [M].长春：吉林科学技术出版社，2023.06.

[11] 鲁艳春，刘君萍．环境监测技术与方法的优化研究 [M].成都：电子科技大学出版社，2023.08.

[12] 林书乐，周俊，刘晓冰．环境监测数据管理与分析 [M].北京：化学工业出版社，

2023.09.

[13] 谢国莉 . 环境监测 [M]. 北京：化学工业出版社，2023.02.

[14] 武建，代永辉，郭金星 . 水资源管理与环境监测技术 [M]. 长春：吉林科学技术出版社，2023.06.

[15] 殷丽萍，张东飞，范志强 . 环境监测和环境保护 [M]. 长春：吉林人民出版社，2022.07.

[16] 张惠芳 . 环境监测与水资源保护 [M]. 长春：吉林科学技术出版社，2022.09.

[17] 崔淑静，王江梅，徐靖岚 . 环境监测与生态保护研究 [M]. 长春：吉林科学技术出版社，2022.09.

[18] 金民，倪洁，徐葳 . 环境监测与环境影响评价技术 [M]. 长春：吉林科学技术出版社，2022.04.

[19] 张锐 . 环境监测技术与实践应用研究 [M]. 长春：吉林科学技术出版社，2022.11.

[20] 李艳琴，王谦，黄淑芬 . 环境监测与园林生态改造研究 [M]. 长春：吉林科学技术出版社，2022.09.

[21] 张艳 . 环境监测技术与方法优化研究 [M]. 北京：北京工业大学出版社，2022.01.

[22] 李向东 . 环境监测与生态环境保护 [M]. 北京：北京工业大学出版社，2022.07.

[23] 江源，李如圆，宋晓鹏 . 环境监测技术与实践应用研究 [M]. 长春：吉林科学技术出版社，2022.09.

[24] 干雅平 . 水环境监测治理技能改革探究 [M]. 北京：中国纺织出版社，2022.03.

[25] 黄华斌，李大治 . 环境在线监测系统运维 [M]. 厦门：厦门大学出版社，2022.12.

[26] 滕洪辉 . 大气污染与应税污染物监测 [M]. 北京：中国经济出版社，2022.07.

[27] 李花粉，万亚男 . 环境监测 [M]. 北京：中国农业大学出版社，2022.01.

[28] 王海萍，彭娟莹 . 环境监测 [M]. 北京：北京理工大学出版社，2021.12.

[29] 李龙才，冒学勇，陈琳 . 污染防治与环境监测 [M]. 北京：北京工业大学出版社，2021.

[30] 代玉欣，李明，郁寒梅 . 环境监测与水资源保护 [M]. 长春：吉林科学技术出版社，2021.06.

[31] 隋鲁智，吴庆东，郝文 . 环境监测技术与实践应用研究 [M]. 北京：北京工业大学出版社，2021.10.

[32] 李冰冰，匡旭，朱涛 . 生态环境监测技术与实践研究 [M]. 哈尔滨：东北林业大学出版社，2021.12.

[33] 吴文强，陈学凯，彭文启 . 基于无人水面船的水环境监测系统研究 [M]. 郑州：黄河水利出版社，2021.09.

[34] 刘英，岳辉 . 矿区环境遥感监测与应用 [M]. 西安：西安交通大学出版社，2021.01.

[35] 李军栋，李爱兵，呼东峰 . 水文地质勘查与生态环境监测 [M]. 汕头：汕头大学出版社，2021.05.